• 复旦大学研究生教材规划项目　　　　　人工智能技术丛书

Neural Networks and Deep Learning in Practice

神经网络与深度学习

U0161854

案例与实践

邱锡鹏　飞桨教材编写组 ◎ 著

机械工业出版社
China Machine Press

图书在版编目（CIP）数据

神经网络与深度学习：案例与实践 / 邱锡鹏，飞桨教材编写组著 . -- 北京：机械工业出版社，2022.7（2025.1 重印）
（人工智能技术丛书）
ISBN 978-7-111-71197-1

Ⅰ . ①神… Ⅱ . ①邱… ②飞… Ⅲ . ①人工神经网络–研究 ②机器学习–研究 Ⅳ . ① TP183 ② TP181

中国版本图书馆 CIP 数据核字（2022）第 122339 号

神经网络与深度学习：案例与实践

出版发行：机械工业出版社（北京市西城区百万庄大街 22 号　邮政编码：100037）
责任编辑：姚　蕾　　　　　　　　　　　　　　责任校对：殷　虹
印　　刷：固安县铭成印刷有限公司　　　　　　版　　次：2025 年 1 月第 1 版第 10 次印刷
开　　本：186mm×240mm　1/16　　　　　　　印　　张：21
书　　号：ISBN 978-7-111-71197-1　　　　　　定　　价：99.00 元

客服电话：（010）88361066　68326294

序

很高兴看到《神经网络与深度学习：案例与实践》的出版. 本书由复旦大学邱锡鹏教授和飞桨教材编写组联合编写，采用理论解读和案例实践相结合的写作方式，深入浅出地讲解了深度学习的经典算法和技术原理. 本书的出版是践行"产学合作，协同育人"方针的重要体现，对培养兼具理论素养和实操能力的 AI 人才具有示范意义.

当前，新一轮科技革命和产业变革如火如荼，人工智能技术加速发展，与产业的融合也越来越广泛、越来越深入，改变了人们的生产生活方式. 作为人工智能的核心基础技术，深度学习有很强的通用性，并呈现出标准化、自动化和模块化的工业大生产特征，推动人工智能进入工业大生产阶段.

随着人工智能与各行各业的结合愈加紧密，人才的短缺将是一个长期挑战，未来需要越来越多的既懂 AI 技术又具备产业经验的复合型 AI 人才. 一直以来，飞桨联合学术界和产业界，持续探索人工智能产教融合，形成了集人才培养、科技创新、学科建设为一体的综合性产学合作创新方案，培养了大量 AI 人才.

本书即是产教融合的成果，其章节设计与邱锡鹏教授的著作《神经网络与深度学习》（蒲公英书）一一对应，案例代码基于飞桨平台，简洁易用，便于读者理解和动手实践.

虽然人工智能技术的复杂度越来越高，但得益于飞桨等深度学习平台的快速发展，人工智能应用的门槛正持续降低，人工智能技术与实际应用场景的融合创新也越来越丰富和深入. 希望本书能够帮助广大读者快速掌握深度学习技术和实践方法，以在产业智能化浪潮中大展宏图.

百度首席技术官 王海峰

2022 年 7 月

前　言

"我不能创造的东西,我就不理解(What I cannot create, I do not understand)."这是诺贝尔物理奖获得者理查德·费恩曼(Richard Feynman)在他办公室黑板上留下的一句话.深度学习的学习中也是如此,只有通过实践才能更深入地理解理论.

《神经网络与深度学习》电子版[①]从2015年年底在网上开放共享以来,收到很多读者的反馈,其中有很多宝贵的建议和意见.这些反馈也使得《神经网络与深度学习》不断改进.2020年年初,由于疫情影响我封闭在家,终于有时间把这本书正式整理出版.这本书出版后,也得到广大读者的支持.《神经网络与深度学习》主要阐述了神经网络与深度学习技术的基本原理和方法.很多读者希望能在学习的同时进行实践,以加深对理论的理解.虽然我在GitHub上留了一些实践练习的作业,但深知这些作业本身具有一定的门槛,对深度学习的入门读者有一定难度.因此,给《神经网络与深度学习》配一本实践书,一直是我的愿望.刚好百度飞桨团队也在给一些人工智能教材配备实践内容,使得我的愿望提前实现.基于教学需求和投入精力的考虑,本书只选择了《神经网络与深度学习》的前8章进行实践配套,对于其余章节,希望以后有机会再进行实践配套.飞桨是一款非常成熟的深度学习框架,其生态建设也非常完善.飞桨在2.0版本之后支持了动态图,变得更加易用.因此本书以飞桨框架来编写实践内容,同时支持在AI Studio上运行,进一步降低了使用门槛.

本书的定位是把神经网络模型、深度学习原理和工程实践结合起来,让读者在动手实践中更深入地理解深度学习的模型和原理.因此,本书在章节设计上和《神经网络与深度学习》一一对应,并以模型解读+案例实践的形式进行介绍:

1)模型解读主要聚焦如何从零开始一步步实现机器学习模型和算法,并结合简单的任务来加深读者对模型和算法的理解.

2)案例实践主要强调如何在实际应用的任务中使用飞桨API来更好地实现模型和算法,会涉及一些在实际任务上碰到的数据预处理等问题.

为了更适合深度学习的入门者使用,我们力求代码简洁,并从零开始一步步进行深度学习的实践,搭建一个轻量级的机器学习框架以及相应的算子库:

1)从学习流程角度出发,构建一个轻量级机器学习框架Runner,用它来将机器学习实践中

[①] 本书出版后因封面上专门设计了蒲公英图案,寓意帮助更多的读者进入深度学习以及人工智能领域,为人工智能领域注入新的生机与活力,而被广大读者昵称为蒲公英书.——编辑注

的要素（包括数据、模型、学习准则 [损失函数]、优化算法、评价指标）以及机器学习流程（模型准备、模型训练、模型评价以及模型预测）封装为一个整体，以方便读者快速开发一个机器学习系统来完成实际任务. Runner 类也随着学习内容的递进不断完善，最终可以用来处理大多数机器学习任务，有很高的实用性.

2）从模型构建角度出发，借鉴深度学习框架中算子的概念，本书从零开始一步步实现自定义的基本算子库，进一步通过组合自定义算子来搭建机器学习模型，最终搭建自己的机器学习模型库nndl. 这使得读者在实践过程中不仅知其然还知其所以然，更好地掌握深度学习的模型和算法，并理解深度学习框架的实现原理.

本书中构建的轻量级机器学习框架 Runner 和算子库nndl基本可以满足我们在日常实践中的大部分机器学习任务的需要，读者也可以在具体的应用中不断完善，最终打造一个适合自己的个性化机器学习框架.

此外，本书还对《神经网络与深度学习》中的一些数学公式和术语翻译进行更新：

1）在数学公式方面，《神经网络与深度学习》中使用矩阵表示一组样本时，每一列为一个样本. 而在实践中，矩阵计算是以张量（Tensor）为单位进行的. 因此，为了更加符合目前深度学习框架中的张量的特性和使用方式，本书使用每一行为一个样本. 这样就需要对原来的公式进行重新的推导，好处是可以直接根据公式快速地实现代码.

2）在术语翻译方面，机器学习领域的很多名词存在难翻译和乱翻译的现象. 在李航老师的建议下，我有幸与周志华老师、李沐、阿斯顿·张一起讨论了机器学习相关术语的翻译问题，对各自教材中不一致的译法进行统一，因此本书中采用我们当时讨论确定的最新译法，比如将 Dropout 翻译为"暂退法"，将 Normalization 翻译为"规范化"等.

本书能够完成，离不开飞桨教材编写组的安梦涛、毕然、迟恺、程军、吕健、刘其文、马艳军、文灿、吴高升、吴蕾、汪庆辉、吴甜、徐彤彤、于佃海、张翰迪、张一超、张亚娴的大力支持，他们为本书撰写了逻辑严谨的模型解读内容和简洁易用的实践代码. 特别感谢我的学生李鹏和林天扬，他们也为本书的出版付出了很多时间和精力.

因为个人能力有限，书中难免有不当和错误之处，还望读者海涵和指正，不胜感激.

最后，我衷心希望本书能为国产深度学习框架的普及做出一点点贡献.

邱锡鹏

于上海·复旦大学

2022 年 7 月

目　　录

第1章　实践基础

深度学习在很多领域中都有非常出色的表现,在图像识别、语音识别、自然语言处理、机器人、广告投放、医学诊断和金融等领域都有广泛应用. 而目前深度学习的模型还主要是各种各样的神经网络. 随着网络越来越复杂,从底层开始一步步实现深度学习系统变得非常低效,其中涉及模型搭建、梯度求解、并行计算、代码实现等多个环节. 每一个环节都需要进行精心实现和检查,耗费了开发人员很多的精力. 为此,深度学习框架(也常称为机器学习框架)应运而生,它有助于研发人员聚焦任务和模型设计本身,省去大量而烦琐的代码编写工作,其优势主要表现在如下两个方面:

- 实现简单:深度学习框架屏蔽了底层实现,用户只需关注模型的逻辑结构,同时简化了计算逻辑,降低了深度学习入门门槛.

- 使用高效:深度学习框架具备灵活的移植性,在不同设备(CPU、GPU或移动端)之间无缝迁移,使得模型训练和部署更高效.

本书使用飞桨框架作为实践的基础框架. 飞桨(PaddlePaddle)是一套面向深度学习的基础训练和推理框架. 飞桨于2016年正式开源,是主流深度学习开源框架中一款完全国产化的产品. 目前,飞桨框架已经非常成熟并且易用,可以很好地支持本书的实践设计.

在讲解本书主要内容之前,本章先对实践环节的基础知识进行介绍,主要介绍以下内容:

- 张量(Tensor):一种多维数组,是深度学习中表示和存储数据的主要形式. 在动手实践机器学习之前,需要熟悉张量的概念、性质和运算规则,了解飞桨中张量的各种API.

- 算子(Operator, Op):一种构建神经网络模型的基础组件. 每个算子有前向和反向计算过程,前向计算对应一个数学函数,而反向计算对应这个数学函数的梯度计算. 有了算子,我们就可以很方便地通过算子来搭建复杂的神经网络模型,而不需要手工计算梯度.

此外,本章汇总了在本书中自定义的算子、优化器、数据集以及轻量级训练框架Runner类.

1.1   如何运行本书的代码

> **笔记**
> 本书涉及大量代码实践,通过运行代码理解如何构建模型及训练网络. 本书中的代码有两种运行方式:本地运行或AI Studio 运行. 下面我们分别介绍两种运行方式的环境准备及操作方法.

1.1.1   本地运行

本书代码基于 Python 语言与飞桨框架开发,如果选择在本地运行,需要准备一个本地环境来运行本书代码.

1.1.1.1   环境准备

首先确认本机的运行环境,包括操作系统、Python 以及 pip 版本是否满足飞桨支持的环境. 目前飞桨支持的环境如下:

- Linux 版本(64 bit)

  - CentOS 7 以上版本(GPU 版本支持 CUDA 10.1/10.2/11.0/11.1/11.2)

  - Ubuntu 16.04 以上版本(GPU 版本支持 CUDA 10.1/10.2/11.0/11.1/11.2)

- Python 版本 3.6/3.7/3.8/3.9(64 bit)

- pip 或 pip3 版本 20.2.2 及更高版本(64 bit)

使用如下命令查看本机的操作系统和位数信息:

```
1  uname -m && cat /etc/*release
```

使用如下命令确认 Python 版本是否为 3.6/3.7/3.8/3.9:

```
1  python --version
```

使用如下命令确认 pip 版本是否满足要求:

```
1  python -m ensurepip
2  python -m pip --version
```

确认 Python 和 pip 是 64 bit 版本,且处理器是 x86_64(或称作x64、Intel 64、AMD64). 需要注意,目前飞桨不支持 arm64 架构.

```
1  python -c "import platform;print(platform.architecture()[0]);print(platform.machine())"
```

该命令第一行输出为“64 bit”,第二行输出为“x86_64”“x64”或“AMD64”即符合要求.

1.1.1.2　快速安装

本书第 1 章内容使用 CPU 即可完成, 不需要其他硬件设备. 但从第 2 章开始, 建议使用支持 CUDA 的 GPU, 书中代码默认在 32GB 内存的 Tesla V100 上运行, 如使用其他配置的 GPU 可适当调整模型训练参数或直接通过 AI Studio 平台运行代码.

> **笔记**
>
> 在 GPU 上运行模型训练代码可以大幅缩短模型训练时间, 但使用 GPU 并不是必需的.
> 如果本地计算机没有 GPU 硬件设备, 本书代码在仅使用 CPU 的情况下仍可以跑通, 只是模型训练所需时间会增加. 在这种情况下, 可以使用 AI Studio 平台的免费 GPU 算力运行代码. 使用方法详见第 1.1.3 节.　　

目前推荐使用飞桨开源框架 2.2 及以上版本, 后续可在飞桨官网查看最新的稳定版本. 通过如下命令安装 CPU 版本:

```
1  python -m pip install paddlepaddle==2.2.2 -i https://mirror.baidu.com/pypi/simple
```

通过如下命令安装 GPU 版本:

```
1  python -m pip install paddlepaddle-gpu==2.2.2 -i https://mirror.baidu.com/pypi/simple
```

默认 GPU 环境为 CUDA 10.2, 如需安装基于其他 CUDA 版本的飞桨框架, 可在 2.2.2 后面加上版本后缀, 比如 CUDA 10.1 版本的飞桨框架对应 `paddlepaddle-gpu==2.2.2.post101`.

> **动手练习 1.1**
>
> 1) 使用 `python` 命令进入 Python 解释器, 输入 `import paddle`, 验证安装是否成功.
> 2) 输入 `paddle.__version__` 验证版本安装是否正确.
> 3) 输入 `paddle.utils.run_check()`, 如出现 "PaddlePaddle is installed successfully!", 则说明已正确安装.　　♣

1.1.2　代码下载与使用方法

推荐使用 Jupyter Notebook 来本地运行本书的代码. 代码下载以及使用方法都可以参考本书对应的 GitHub 项目.

项目地址为: https://github.com/nndl/practice-in-paddle.

有关本书的问题和讨论也可以在项目的 Issue 中提出.

项目地址二维码

1.1.3 在线运行

本书的内容在 AI Studio 上提供配套的 BML Codelab 项目,可以在线运行. AI Studio 是基于飞桨的人工智能学习与实训社区,提供免费的算力支持. BML Codelab 是面向个人和企业开发者的 AI 开发工具,基于 Jupyter 提供了在线的交互式开发环境.

项目地址为: https://aistudio.baidu.com/aistudio/course/introduce/25793.

项目地址二维码

BML Codelab 目前默认使用飞桨 2.2.2 版本,无须额外安装. 如图1.1所示,通过选择"启动环境"→"基础版"即可在 CPU 环境下运行,选择"至尊版GPU"即可在 32GB RAM 的 Tesla V100 上运行代码,至尊版 GPU 每天有 8 小时的免费使用时间.

选择运行环境   ×

每日运行即获赠8点GPU免费额度(最多16小时)。

CPU	基础版 (免费使用)	8.0 算力卡/小时
	CPU: 2 Cores. RAM: 8GB. Disk: 100GB	

高级GPU	高级版	1.0 算力卡/小时
	GPU: Tesla V100. Video Mem: 16GB	
	CPU: 2 Cores. RAM: 16GB. Disk: 100GB	

至尊GPU	至尊版	1.0 算力卡/小时
	GPU: Tesla V100. Video Mem: 32GB	
	CPU: 4 Cores. RAM: 32GB. Disk: 100GB	

图 1.1 AI Studio 项目运行环境选择

选择环境进入项目后,项目的整体布局如图1.2所示. 项目页面(Notebook)由侧边栏、菜单栏、快捷工具栏、状态监控栏和代码编辑区组成. 这里我们重点介绍代码编辑区和快捷工具栏,其余边栏的使用方法可参见 BML Codelab 环境使用说明(https://ai.baidu.com/ai-doc/AISTUDIO/Gktuwqf1x).

图 1.2 BML Codelab 项目布局

代码编辑区主要由代码编写单元（Code Cell）组成,在代码编写单元内编写 Python 代码或 shell 命令,单击"运行"按钮,代码或命令将在云端执行,并将结果返回到代码编写单元,直接显示在项目页面中.图1.3中我们简单定义了两行代码,通过运行代码编写单元,得到输出结果.

图 1.3 代码编写单元交互式运行

快捷工具栏如图1.4所示,各工具的主要功能为:

- 运行:运行当前选中的代码编写单元.

- 停止运行:停止 Notebook 的运行状态.

- 重启内核:重启代码内核,清空环境中的环境变量、缓存变量、输出结果等.

- 保存:保存 Notebook 项目文件.

- 插入:添加指定类型的单元,支持 Code 和 Markdown 两种类型.

- 定位:定位到正在执行的单元.

图 1.4 快捷工具栏

1.2　张量

在深度学习的实践中，通常使用向量或矩阵运算来提高计算效率. 比如 $w_1x_1 + w_2x_2 + \cdots + w_Dx_D$ 的计算可以用 $\boldsymbol{w}^\mathrm{T}\boldsymbol{x}$ 来代替（其中 $\boldsymbol{w} = [w_1 w_2 \cdots w_D]^\mathrm{T}$，$\boldsymbol{x} = [x_1 x_2 \cdots x_D]^\mathrm{T}$），这样可以充分利用计算机的并行计算能力，特别是利用 GPU 来实现高效矩阵运算.

在深度学习框架中，数据经常用张量（Tensor）的形式来存储. 张量是矩阵的扩展与延伸，可以认为是高阶的矩阵. 1 阶张量为向量，2 阶张量为矩阵. 如果你对 Numpy 熟悉，那么张量是类似于 Numpy 的多维数组（ndarray）的概念，可以具有任意多的维度.

> **笔记**
>
> 注意：这里的"维度"是"阶"的概念，和线性代数中向量的"维度"含义不同.

张量的大小可以用形状（Shape）来描述. 比如一个三维张量的形状是 [2，2，5]，表示每一维 [也称为轴（Axis）] 的元素的数量，即第 0 轴上元素数量是 2，第 1 轴上元素数量是 2，第 2 轴上元素数量是 5. 图1.5给出了 3 种维度的张量可视化表示.

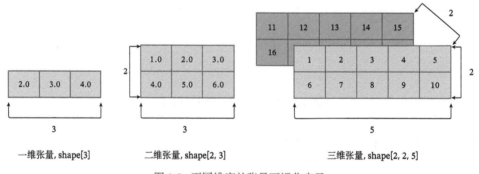

一维张量, shape[3]   二维张量, shape[2, 3]   三维张量, shape[2, 2, 5]

图 1.5　不同维度的张量可视化表示

张量中元素的类型可以是布尔型数据、整数、浮点数或者复数，但同一张量中所有元素的数据类型均相同. 因此我们可以给张量定义一个数据类型（dtype）来表示其元素的类型.

1.2.1　创建张量

创建一个张量可以有多种方式，如：指定数据创建、指定形状创建、指定区间创建等.

1.2.1.1　指定数据创建张量

通过给定 Python 列表（List）数据，可以创建任意维度的张量.

1）通过指定的 Python 列表数据 [2.0，3.0，4.0]，创建一个一维张量.

```
1  # 导入PaddlePaddle
2  import paddle
3  # 创建一维张量
4  ndim_1_Tensor = paddle.to_tensor([2.0, 3.0, 4.0])
5  print(ndim_1_Tensor)
```

输出结果为：

```
Tensor(shape=[3], dtype=float32, place=CPUPlace, stop_gradient=True,
       [2., 3., 4.])
```

2）通过指定的 Python 列表数据来创建类似矩阵（matrix）的二维张量.

```
1  # 创建二维张量
2  ndim_2_Tensor = paddle.to_tensor([[1.0, 2.0, 3.0],
3                                    [4.0, 5.0, 6.0]])
4  print(ndim_2_Tensor)
```

输出结果为：

```
Tensor(shape=[2, 3], dtype=float32, place=CPUPlace, stop_gradient=True,
       [[1., 2., 3.],
        [4., 5., 6.]])
```

3）同样，还可以创建维度为 3,4,...,N 等更复杂的多维张量.

```
1  # 创建多维张量
2  ndim_3_Tensor = paddle.to_tensor([[[1, 2, 3, 4, 5],
3                                     [6, 7, 8, 9, 10]],
4                                    [[11, 12, 13, 14, 15],
5                                     [16, 17, 18, 19, 20]]])
6  print(ndim_3_Tensor)
```

输出结果为：

```
Tensor(shape=[2, 2, 5], dtype=int64, place=CPUPlace, stop_gradient=True,
       [[[1 , 2 , 3 , 4 , 5 ],
         [6 , 7 , 8 , 9 , 10]],
        [[11, 12, 13, 14, 15],
         [16, 17, 18, 19, 20]]])
```

需要注意的是，张量在任何一个维度上的元素数量必须相等. 下面尝试定义一个在同一维度上元素数量不等的张量.

```
1  # 尝试定义在不同维度上元素数量不等的张量
2  ndim_2_Tensor = paddle.to_tensor([[1.0, 2.0],
3                                    [4.0, 5.0, 6.0]])
```

输出结果为：

```
ValueError:
        Failed to convert input data to a regular ndarray :
        – Usually this means the input data contains nested lists with different lengths.
```

从输出结果看，这种定义情况会抛出异常，提示在任何维度上的元素数量必须相等.

1.2.1.2　指定形状创建张量

如果要创建一个指定形状、元素数据相同的张量，可以使用 `paddle.zeros`、`paddle.ones`、`paddle.full` 等 API.

```
 1  m, n = 2, 3
 2
 3  # 使用paddle.zeros创建数据全为0，形状为[m, n]的张量
 4  zeros_Tensor = paddle.zeros([m, n])
 5
 6  # 使用paddle.ones创建数据全为1，形状为[m, n]的张量
 7  ones_Tensor = paddle.ones([m, n])
 8
 9  # 使用paddle.full创建数据全为指定值，形状为[m, n]的张量，这里我们指定数据为10
10  full_Tensor = paddle.full([m, n], 10)
11
12  print('zeros Tensor: ', zeros_Tensor)
13  print('ones Tensor: ', ones_Tensor)
14  print('full Tensor: ', full_Tensor)
```

输出结果为：

```
zeros Tensor:  Tensor(shape=[2, 3], dtype=float32, place=CPUPlace, stop_gradient=True,
        [[0.,   0.,   0.],
         [0.,   0.,   0.]])
ones Tensor:  Tensor(shape=[2, 3], dtype=float32, place=CPUPlace, stop_gradient=True,
        [[1.,   1.,   1.],
         [1.,   1.,   1.]])
full Tensor:  Tensor(shape=[2, 3], dtype=float32, place=CPUPlace, stop_gradient=True,
        [[10.,   10.,   10.],
         [10.,   10.,   10.]])
```

1.2.1.3　指定区间创建张量

如果要在指定区间内创建张量，可以使用 `paddle.arange`、`paddle.linspace` 等 API.

```
 1  # 使用paddle.arange创建以步长step均匀分隔数值区间[start, end)的一维张量
 2  arange_Tensor = paddle.arange(start=1, end=5, step=1)
 3
```

```
4  # 使用paddle.linspace创建以元素个数num均匀分隔数值区间[start, stop]的张量
5  linspace_Tensor = paddle.linspace(start=1, stop=5, num=5)
6
7  print('arange Tensor: ', arange_Tensor)
8  print('linspace Tensor: ', linspace_Tensor)
```

输出结果为:

```
arange Tensor:  Tensor(shape=[4], dtype=int64, place=CPUPlace, stop_gradient=True,
     [1, 2, 3, 4])
linspace Tensor:  Tensor(shape=[5], dtype=float32, place=CPUPlace, stop_gradient=True,
     [1., 2., 3., 4., 5.])
```

1.2.2 张量的属性

1.2.2.1 张量的形状

张量具有如下形状属性:

- Tensor.ndim:张量的维度,例如向量的维度为1,矩阵的维度为2.
- Tensor.shape:张量每个维度上元素的数量.
- Tensor.shape[n]:张量第 n 维的大小.
- Tensor.size:张量中全部元素的个数.

为了更好地理解 ndim、shape、axis、size 四种属性间的区别,创建一个如图1.6所示的四维张量.

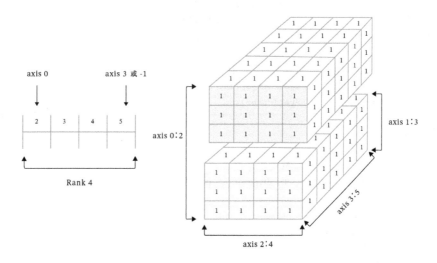

图 1.6　形状为 [2, 3, 4, 5] 的四维张量

创建一个四维张量,并打印出 shape、ndim、shape[n]、size 属性.

```
1  ndim_4_Tensor = paddle.ones([2, 3, 4, 5])
2
3  print("Number of dimensions:", ndim_4_Tensor.ndim)
4  print("Shape of Tensor:", ndim_4_Tensor.shape)
5  print("Elements number along axis 0 of Tensor:", ndim_4_Tensor.shape[0])
6  print("Elements number along the last axis of Tensor:", ndim_4_Tensor.shape[-1])
7  print('Number of elements in Tensor: ', ndim_4_Tensor.size)
```

输出结果为:

```
Number of dimensions: 4
Shape of Tensor: [2, 3, 4, 5]
Elements number along axis 0 of Tensor: 2
Elements number along the last axis of Tensor: 5
Number of elements in Tensor:  120
```

1.2.2.2　形状的改变

除了查看张量的形状外,重新设置张量的形状也具有重要意义.我们可以调用`paddle.reshape`函数来改变张量的形状.

```
1  # 定义一个形状为[3,2,5]的三维张量
2  ndim_3_Tensor = paddle.to_tensor([[[1, 2, 3, 4, 5],
3                                     [6, 7, 8, 9, 10]],
4                                    [[11, 12, 13, 14, 15],
5                                     [16, 17, 18, 19, 20]],
6                                    [[21, 22, 23, 24, 25],
7                                     [26, 27, 28, 29, 30]]])
8  print("the shape of ndim_3_Tensor:", ndim_3_Tensor.shape)
9
10 # paddle.reshape 可以保持在输入数据不变的情况下，改变数据形状. 这里我们设置reshape为[2,5,3]
11 reshape_Tensor = paddle.reshape(ndim_3_Tensor, [2, 5, 3])
12 print("After reshape:", reshape_Tensor)
```

输出结果为:

```
the shape of ndim_3_Tensor: [3, 2, 5]
After reshape: Tensor(shape=[2, 5, 3], dtype=int64, place=CPUPlace, stop_gradient=True,
     [[[1 , 2 , 3 ],
      [4 , 5 , 6 ],
      [7 , 8 , 9 ],
      [10, 11, 12],
      [13, 14, 15]],
     [[16, 17, 18],
```

```
   [19, 20, 21],
   [22, 23, 24],
   [25, 26, 27],
   [28, 29, 30]]])
```

从输出结果看,将张量从[3,2,5]的形状 reshape 为[2,5,3]的形状时,张量内的数据不会发生改变,元素顺序也没有发生改变,只有数据形状发生了改变.

笔记

使用 **reshape** 时存在一些技巧,比如:

- −1 表示这个维度的值是从张量的元素总数和剩余维度推断出来的. 因此,有且只有一个维度可以被设置为 −1.
- 0 表示实际的维数是从张量的对应维数中复制出来的,因此 shape 中 0 所对应的索引值不能超过张量的总维度.

分别对上文定义的 **ndim_3_Tensor** 进行 reshape 为 [−1] 和 reshape 为[0,5,2]两种操作,观察新张量的形状.

```
1  new_Tensor1 = ndim_3_Tensor.reshape([-1])
2  print('new Tensor 1 shape: ', new_Tensor1.shape)
3  new_Tensor2 = ndim_3_Tensor.reshape([0, 5, 2])
4  print('new Tensor 2 shape: ', new_Tensor2.shape)
```

输出结果为:

```
new Tensor 1 shape:  [30]
new Tensor 2 shape:  [3, 5, 2]
```

从输出结果看,第一行代码中的第一个 reshape 操作将张量 reshape 为元素数量为 30 的一维向量. 第三行代码中的第二个 reshape 操作中,0 对应的维度的元素个数与原张量在该维度上的元素个数相同.

除使用 **paddle.reshape** 进行张量形状的改变外,还可以通过 **paddle.unsqueeze** 在张量的一个或多个维度中插入尺寸为 1 的维度.

```
1  ones_Tensor = paddle.ones([5, 10])
2  new_Tensor1 = paddle.unsqueeze(ones_Tensor, axis=0)
3  print('new Tensor 1 shape: ', new_Tensor1.shape)
4  new_Tensor2 = paddle.unsqueeze(ones_Tensor, axis=[1, 2])
5  print('new Tensor 2 shape: ', new_Tensor2.shape)
```

输出结果为:

```
new Tensor 1 shape:  [1, 5, 10]
new Tensor 2 shape:  [5, 1, 1, 10]
```

1.2.2.3 张量的数据类型

飞桨中可以通过Tensor.dtype来查看张量的数据类型，支持 bool、float16、float32、float64、uint8、int8、int16、int32、int64 和复数类型数据.

1）通过 Python 元素创建的张量，可以用 dtype 来指定数据类型，如果未指定：

- 对于 Python 整型数据，默认会创建 int64 型张量.
- 对于 Python 浮点型数据，默认会创建 float32 型张量.

2）通过 Numpy 数组创建的张量，与其原来的数据类型相同，使用paddle.to_tensor()函数可以将 Numpy 数组转化为张量.

```
1  # 使用paddle.to_tensor通过已知数据来创建一个张量
2  print("Tensor dtype from Python integers:", paddle.to_tensor(1).dtype)
3  print("Tensor dtype from Python floating point:", paddle.to_tensor(1.0).dtype)
```

输出结果为：

```
Tensor dtype from Python integers: paddle.int64
Tensor dtype from Python floating point: paddle.float32
```

如果想改变张量的数据类型，可以通过调用paddle.cast函数来实现.

```
1  # 定义dtype为float32的张量
2  float32_Tensor = paddle.to_tensor(1.0)
3  # paddle.cast可以将输入数据的数据类型转换为指定的dtype并输出. 支持输出和输入数据类型相同
4  int64_Tensor = paddle.cast(float32_Tensor, dtype='int64')
5  print("Tensor after cast to int64:", int64_Tensor.dtype)
```

输出结果为：

```
Tensor after cast to int64: paddle.int64
```

1.2.2.4 张量的设备位置

初始化张量时可以通过 place 来指定其分配的设备位置，可支持的设备位置有三种：CPU、GPU和固定内存.

固定内存也称为不可分页内存或锁页内存，它与GPU之间具有更高的读写效率，并且支持异步传输，这对网络的整体性能会有进一步提升，但它的缺点是分配空间过多时可能会降低主机系统的性能，因为它减少了用于存储虚拟内存数据的可分页内存. 当未指定设备位置时，张量默认设备位置和安装的飞桨版本一致，如安装了GPU版本的飞桨，则设备位置默认为GPU.

如下代码分别创建了CPU、GPU和固定内存上的张量,并通过Tensor.place查看张量所在的设备位置.

```
1  # 创建CPU上的张量
2  cpu_Tensor = paddle.to_tensor(1, place=paddle.CPUPlace())
3  # 通过Tensor.place查看张量所在设备位置
4  print('cpu Tensor: ', cpu_Tensor.place)
5  # 创建GPU上的张量
6  gpu_Tensor = paddle.to_tensor(1, place=paddle.CUDAPlace(0))
7  print('gpu Tensor: ', gpu_Tensor.place)
8  # 创建固定内存上的张量
9  pin_memory_Tensor = paddle.to_tensor(1, place=paddle.CUDAPinnedPlace())
10 print('pin memory Tensor: ', pin_memory_Tensor.place)
```

输出结果为:

```
cpu Tensor:   CPUPlace
gpu Tensor:   CUDAPlace(0)
pin memory Tensor: CUDAPinnedPlace
```

1.2.3　张量与Numpy数组转换

张量和Numpy数组可以相互转换. 从第1.2.2.3节中我们了解到paddle.to_tensor()函数可以将Numpy数组转化为张量,也可以通过Tensor.numpy()函数将张量转化为Numpy数组.

```
1  ndim_1_Tensor = paddle.to_tensor([1., 2.])
2  # 将当前张量转化为numpy.ndarray
3  print('Tensor to convert: ', ndim_1_Tensor.numpy())
```

输出结果为:

```
Tensor to convert:   [1. 2.]
```

1.2.4　张量的访问

1.2.4.1　索引和切片

可以通过索引或切片操作方便地访问、修改张量. 飞桨使用标准的Python索引规则与Numpy索引规则,具有以下特点:

1)基于0-n的下标进行索引,如果下标为负数,则从尾部开始计算.

2)通过冒号“:”分隔切片参数start:stop:step来进行切片操作,也就是访问start到stop范围内的部分元素并生成一个新的序列. 其中start为切片的起始位置,stop为切片的截止位置,step是切片的步长,这三个参数均可缺省.

1.2.4.2　访问张量

针对一维张量,对单个轴进行索引和切片.

```
1  # 定义1个一维张量
2  ndim_1_Tensor = paddle.to_tensor([0, 1, 2, 3, 4, 5, 6, 7, 8])
3
4  print("Origin Tensor:", ndim_1_Tensor)
5  print("First element:", ndim_1_Tensor[0])
6  print("Last element:", ndim_1_Tensor[-1])
7  print("All element:", ndim_1_Tensor[:])
8  print("Before 3:", ndim_1_Tensor[:3])
9  print("Interval of 3:", ndim_1_Tensor[::3])
10 print("Reverse:", ndim_1_Tensor[::-1])
```

输出结果为:

```
Origin Tensor: Tensor(shape=[9], dtype=int64, place=CUDAPlace(0), stop_gradient=True,
    [0, 1, 2, 3, 4, 5, 6, 7, 8])
First element: Tensor(shape=[1], dtype=int64, place=CUDAPlace(0), stop_gradient=True,
    [0])
Last element: Tensor(shape=[1], dtype=int64, place=CUDAPlace(0), stop_gradient=True,
    [8])
All element: Tensor(shape=[9], dtype=int64, place=CUDAPlace(0), stop_gradient=True,
    [0, 1, 2, 3, 4, 5, 6, 7, 8])
Before 3: Tensor(shape=[3], dtype=int64, place=CUDAPlace(0), stop_gradient=True,
    [0, 1, 2])
Interval of 3: Tensor(shape=[3], dtype=int64, place=CUDAPlace(0), stop_gradient=True,
    [0, 3, 6])
Reverse: Tensor(shape=[9], dtype=int64, place=CUDAPlace(0), stop_gradient=True,
    [8, 7, 6, 5, 4, 3, 2, 1, 0])
```

针对二维及以上维度的张量,在多个维度上进行索引或切片.索引或切片的第一个值对应第 0 维,第二个值对应第 1 维,以此类推,如果某个维度上未指定索引,则默认为":".

```
1  # 定义1个二维张量
2  ndim_2_Tensor = paddle.to_tensor([[0, 1, 2, 3],
3                                    [4, 5, 6, 7],
4                                    [8, 9, 10, 11]])
5  print("Origin Tensor:", ndim_2_Tensor)
6  print("First row:", ndim_2_Tensor[0])
7  print("First row:", ndim_2_Tensor[0, :])
8  print("First column:", ndim_2_Tensor[:, 0])
9  print("Last column:", ndim_2_Tensor[:, -1])
10 print("All element:", ndim_2_Tensor[:])
11 print("First row and second column:", ndim_2_Tensor[0, 1])
```

输出结果为：

Origin Tensor: Tensor(shape=[3, 4], dtype=int64, place=CUDAPlace(0), stop_gradient=True,
    [[0 , 1 , 2 , 3],
    [4 , 5 , 6 , 7],
    [8 , 9 , 10, 11]])
First row: Tensor(shape=[4], dtype=int64, place=CUDAPlace(0), stop_gradient=True,
    [0, 1, 2, 3])
First row: Tensor(shape=[4], dtype=int64, place=CUDAPlace(0), stop_gradient=True,
    [0, 1, 2, 3])
First column: Tensor(shape=[3], dtype=int64, place=CUDAPlace(0), stop_gradient=True,
    [0, 4, 8])
Last column: Tensor(shape=[3], dtype=int64, place=CUDAPlace(0), stop_gradient=True,
    [3 , 7 , 11])
All element: Tensor(shape=[3, 4], dtype=int64, place=CUDAPlace(0), stop_gradient=True,
    [[0 , 1 , 2 , 3],
    [4 , 5 , 6 , 7],
    [8 , 9 , 10, 11]])
First row and second column: Tensor(shape=[1], dtype=int64, place=CUDAPlace(0), stop_gradient=True,
    [1])

1.2.4.3 修改张量

与访问张量类似，可以在单个或多个轴上通过索引或切片操作来修改张量.

> **提醒**
>
> 慎重通过索引或切片操作来修改张量，此操作仅会原地修改张量的数值，且原值不会被保存.如果被修改的张量参与梯度计算，将仅会使用修改后的数值，这可能会给梯度计算引入风险.

```
1   # 定义1个二维张量
2   ndim_2_Tensor = paddle.ones([2, 3], dtype='float32')
3   print('Origin Tensor: ', ndim_2_Tensor)
4   # 修改第1维为0
5   ndim_2_Tensor[0] = 0
6   print('change Tensor: ', ndim_2_Tensor)
7   # 修改第1维为2.1
8   ndim_2_Tensor[0:1] = 2.1
9   print('change Tensor: ', ndim_2_Tensor)
10  # 修改全部张量
11  ndim_2_Tensor[...] = 3
12  print('change Tensor: ', ndim_2_Tensor)
```

输出结果为：

```
Origin Tensor:  Tensor(shape=[2, 3], dtype=float32, place=CUDAPlace(0), stop_gradient=True,
        [[1.,  1.,  1.],
         [1.,  1.,  1.]])
change Tensor:  Tensor(shape=[2, 3], dtype=float32, place=CUDAPlace(0), stop_gradient=True,
        [[0.,  0.,  0.],
         [1.,  1.,  1.]])
change Tensor:  Tensor(shape=[2, 3], dtype=float32, place=CUDAPlace(0), stop_gradient=True,
        [[2.09999990, 2.09999990, 2.09999990],
         [1.        , 1.        , 1.        ]])
change Tensor:  Tensor(shape=[2, 3], dtype=float32, place=CUDAPlace(0), stop_gradient=True,
        [[3.,  3.,  3.],
         [3.,  3.,  3.]])
```

1.2.5　张量的运算

张量支持基础数学运算、逻辑运算、矩阵运算等 100 余种运算. 以加法为例, 有如下两种实现方式:

1) 使用飞桨 API`paddle.add(x,y)`.

2) 使用张量类成员函数`x.add(y)`.

代码实现如下:

```
1  # 定义两个张量
2  x = paddle.to_tensor([[1.1, 2.2], [3.3, 4.4]], dtype="float64")
3  y = paddle.to_tensor([[5.5, 6.6], [7.7, 8.8]], dtype="float64")
4  # 第一种调用方法：paddle.add逐元素相加算子，并将各个位置的输出元素保存到返回结果中
5  print('Method 1: ', paddle.add(x, y))
6  # 第二种调用方法
7  print('Method 2: ', x.add(y))
```

输出结果为:

```
Method 1: Tensor(shape=[2, 2], dtype=float64, place=CPUPlace, stop_gradient=True,
        [[6.60000000 , 8.80000000 ],
         [11.        , 13.20000000]])
Method 2: Tensor(shape=[2, 2], dtype=float64, place=CPUPlace, stop_gradient=True,
        [[6.60000000 , 8.80000000 ],
         [11.        , 13.20000000]])
```

从输出结果看, 使用张量类成员函数和飞桨 API 具有相同的效果.

笔记

由于张量类成员函数操作更为方便,以下均从张量类成员函数的角度对常用张量操作进行介绍.

笔记

更多张量操作相关的 API,请参考飞桨官方文档.

1.2.5.1 数学运算

张量类的基础数学函数如下:

```
1   x.abs()              # 逐元素取绝对值
2   x.ceil()             # 逐元素向上取整
3   x.floor()            # 逐元素向下取整
4   x.round()            # 逐元素四舍五入
5   x.exp()              # 逐元素计算自然常数为底的指数
6   x.log()              # 逐元素计算x的自然对数
7   x.reciprocal()       # 逐元素求倒数
8   x.square()           # 逐元素计算平方
9   x.sqrt()             # 逐元素计算平方根
10  x.sin()              # 逐元素计算正弦
11  x.cos()              # 逐元素计算余弦
12  x.add(y)             # 逐元素加
13  x.subtract(y)        # 逐元素减
14  x.multiply(y)        # 逐元素乘（积）
15  x.divide(y)          # 逐元素除
16  x.mod(y)             # 逐元素除并取余
17  x.pow(y)             # 逐元素幂
18  x.max()              # 指定维度上元素最大值, 默认为全部维度
19  x.min()              # 指定维度上元素最小值, 默认为全部维度
20  x.prod()             # 指定维度上元素累乘, 默认为全部维度
21  x.sum()              # 指定维度上元素的和, 默认为全部维度
```

同时,为了更方便地使用张量,飞桨对 Python 数学运算相关的魔法函数进行了重写,以下操作与上述结果相同.

```
1   x + y  -> x.add(y)        # 逐元素加
2   x - y  -> x.subtract(y)   # 逐元素减
3   x * y  -> x.multiply(y)   # 逐元素乘（积）
4   x / y  -> x.divide(y)     # 逐元素除
5   x % y  -> x.mod(y)        # 逐元素除并取余
6   x ** y -> x.pow(y)        # 逐元素幂
```

1.2.5.2 逻辑运算

张量类的逻辑运算函数如下:

```
1   x.isfinite()              # 判断张量中元素是否是有限的数字, 即不包括inf与nan
2   x.equal_all(y)            # 判断两个张量的全部元素是否相等, 并返回形状为[1]的布尔型张量
3   x.equal(y)                # 判断两个张量的每个元素是否相等, 并返回形状相同的布尔型张量
4   x.not_equal(y)            # 判断两个张量的每个元素是否不相等
5   x.less_than(y)            # 判断张量x的元素是否小于张量y的对应元素
6   x.less_equal(y)           # 判断张量x的元素是否小于或等于张量y的对应元素
7   x.greater_than(y)         # 判断张量x的元素是否大于张量y的对应元素
8   x.greater_equal(y)        # 判断张量x的元素是否大于或等于张量y的对应元素
9   x.allclose(y)             # 判断两个张量的全部元素是否接近, 并返回形状为[1]的布尔型张量
```

同样,飞桨对Python逻辑比较相关的魔法函数也进行了重写,这里不再赘述.

1.2.5.3 矩阵运算

张量类还包含了矩阵运算相关的函数,如矩阵的转置、范数计算和乘法等.

```
1   x.t()                     # 矩阵转置
2   x.transpose([1, 0])       # 交换第0维与第1维的顺序
3   x.norm('fro')             # 矩阵的弗罗贝尼乌斯范数
4   x.dist(y, p=2)            # 矩阵 (x-y) 的2范数
5   x.matmul(y)               # 矩阵乘积
```

有些矩阵运算也支持大于两维的张量,比如matmul函数,对最后两个维度进行矩阵乘. 比如x是形状为$[j, k, n, m]$的张量,y是形状为$[j, k, m, p]$的张量,则x.matmul(y)输出的张量形状为$[j, k, n, p]$.

1.2.5.4 广播机制

飞桨的一些API在计算时支持广播(Broadcasting)机制,允许在一些运算时使用不同形状的张量. 通常来讲,如果有一个形状较小和一个形状较大的张量,会希望多次使用形状较小的张量来对形状较大的张量执行某些操作,看起来像是形状较小的张量首先被扩展到和形状较大的张量一致,然后再做运算.

广播机制的条件 飞桨的广播机制主要遵循如下规则(参考Numpy广播机制):

1)每个张量至少为一维张量.

2)从后往前比较张量的形状,当前维度的大小要么相等,要么其中一个等于1,要么其中一个不存在.

代码实现如下:

```
1   # 当两个张量的形状一致时, 可以广播
2   x = paddle.ones((2, 3, 4))
3   y = paddle.ones((2, 3, 4))
```

```
4  z = x + y
5  print('broadcasting with two same shape tensor: ', z.shape)
6
7  x = paddle.ones((2, 3, 1, 5))
8  y = paddle.ones((3, 4, 1))
9  # 从后往前依次比较：
10 # 第一次：y的维度大小是1
11 # 第二次：x的维度大小是1
12 # 第三次：x和y的维度大小相等，都为3
13 # 第四次：y的维度不存在
14 # 所以x和y是可以广播的
15 z = x + y
16 print('broadcasting with two different shape tensor:', z.shape)
```

输出结果为：

broadcasting with two same shape tensor: [2, 3, 4]
broadcasting with two different shape tensor: [2, 3, 4, 5]

从输出结果看，x与y在上述两种情况下均遵循广播规则，因此在张量相加时可以广播. 我们再定义两个shape分别为[2，3，4]和[2，3，6]的张量，观察这两个张量是否能够通过广播操作相加.

```
1  x = paddle.ones((2, 3, 4))
2  y = paddle.ones((2, 3, 6))
3  z = x + y
```

输出结果为：

ValueError: (InvalidArgument) Broadcast dimension mismatch.

从输出结果看，此时x和y是不能广播的，因为在第一次从后往前的比较中，4和6不相等，不符合广播规则.

广播机制的计算规则   现在我们知道在什么情况下两个张量是可以广播的. 两个张量进行广播后的形状计算规则如下：

1）如果两个张量的形状长度不一致，那么需要在较小长度的形状前添加1，直到两个张量的形状长度相等.

2）保证两个张量的形状长度相等之后，每个维度上的结果维度就是当前维度上较大的那个.

以张量x和y进行广播为例，张量x的形状为[2，3，1，5]，张量y的形状为[3，4，1]. 首先张量y的形状长度较小，因此要将该张量形状补齐为[1，3，4，1]，再对两个张量的每一维进行比较. 从第一维看，x在一维上的大小为2，y为1，因此，结果张量在第一维的大小为2. 以此类推，对每一维进行比较，得到结果张量的形状为[2，3，4，5].

由于矩阵乘积函数paddle.matmul在深度学习中使用非常多,这里需要特别说明它的广播规则:

1)　如果两个张量均为一维,则获得点积结果.

2)　如果两个张量都是二维的,则获得矩阵与矩阵的乘积.

3)　如果张量x是一维,y是二维,则将x的形状转换为[1,D],与y进行矩阵相乘后再删除前置尺寸.

4)　如果张量x是二维,y是一维,则获得矩阵与向量的乘积.

5)　如果两个张量都是$N(N>2)$维,则根据广播规则广播非矩阵维度(除最后两个维度外的其余维度).比如,如果输入x是形状为[$j, 1, n, m$]的张量,y是形状为[k, m, p]的张量,则输出张量的形状为[j, k, n, p].

张量乘积的代码实现如下:

```
1  x = paddle.ones([10, 1, 5, 2])
2  y = paddle.ones([3, 2, 5])
3  z = paddle.matmul(x, y)
4  print('After matmul: ', z.shape)
```

输出结果为:

After matmul: [10, 3, 5, 5]

从输出结果看,计算张量乘积时会用到广播机制.

笔记

飞桨的API有原位(inplace)操作和非原位操作之分.原位操作即在原张量上保存操作结果,非原位操作则不会修改原张量,而是返回一个新的张量来表示运算结果.在飞桨框架V2.1及之后版本,部分API有对应的原位操作版本,在API后加上"_"表示,如:x.add(y)是非原位操作,x.add_(y)是原位操作.

动手练习 1.2

尝试本节中的各种张量运算,特别是掌握张量计算时的广播机制.

1.3　算子

一个复杂的机器学习模型(比如神经网络)可以看作一个复合函数,输入是数据特征,输出是标签的值或概率.为简单起见,假设一个由L个函数复合的神经网络定义为

$$y = f_L\big(\cdots f_2(f_1(x))\big),\tag{1.1}$$

其中 $f_l(\cdot)$ 可以为带参数的函数，也可以为不带参数的函数，x 为输入特征，y 为某种损失. 我们将从 x 到 y 的计算看作一个前向计算过程，而神经网络的参数学习需要计算损失函数对所有参数的偏导数（即梯度）. 假设函数 $a_l = f_l(a_{l-1})$ 包含参数 θ_l，根据链式法则

$$\frac{\partial y}{\partial \theta_l} = \frac{\partial a_l}{\partial \theta_l}\frac{\partial y}{\partial a_l} \tag{1.2}$$

$$= \frac{\partial f_l}{\partial \theta_l}\frac{\partial a_{l+1}}{\partial a_l}\cdots\frac{\partial y}{\partial a_{L-1}}, \tag{1.3}$$

其中 $y = a_L$ 为函数 f_L 的输出.

在实践中，一种比较高效的计算 y 关于 a_l 的偏导数的方式是利用递归进行反向计算. 令 $\delta_l \triangleq \frac{\partial y}{\partial a_l}$，则有

$$\delta_{l-1} = \frac{\partial a_l}{\partial a_{l-1}}\delta_l \tag{1.4}$$

$$\triangleq b_l(\delta_l). \tag{1.5}$$

如果将函数 $a_l = f_l(a_{l-1})$ 称为前向函数，则函数 $\delta_{l-1} = b_l(\delta_l)$ 称为其对应的反向函数.

如果我们实现每个基础函数的前向函数和反向函数，就可以非常方便地通过这些基础函数组合出复杂函数，并通过链式法则反向计算复杂函数的偏导数. 在深度学习框架中，这些基础函数的实现称为算子. 有了算子，就可以像搭积木一样构建复杂的模型.

1.3.1 算子定义

算子是构建复杂机器学习模型的基础组件，它包含一个函数 $f(x)$ 的前向函数和反向函数. 为了更便捷地进行算子组合，本书中定义算子Op的接口如下：

```
1  class Op(object):
2      def __init__(self):
3          pass
4
5      def __call__(self, inputs):
6          return self.forward(inputs)
7
8      # 前向函数
9      # 输入：张量inputs
10     # 输出：张量outputs
11     def forward(self, inputs):
12         # return outputs
13         raise NotImplementedError
14
15     # 反向函数
16     # 输入：最终输出对outputs的梯度outputs_grads
```

```
17        # 输出：最终输出对inputs的梯度inputs_grads
18    def backward(self, outputs_grads):
19        # return inputs_grads
20        raise NotImplementedError
```

在上面的接口中，forward是自定义Op的前向函数，必须被子类重写，它的参数为输入对象，参数的类型和数量任意. backward是自定义Op的反向函数，必须被子类重写，它的参数为forward输出张量的梯度outputs_grads，它的输出为forward输入张量的梯度inputs_grads.

> **笔记**
> 在飞桨中，可以直接调用模型的forward()方法进行前向执行，也可以调用__call__()，从而执行在forward()中定义的前向计算逻辑.

下面我们以 $g = \exp(a \times b + c \times d)$ 为例，分别实现加法、乘法和指数运算三个算子，通过算子组合计算 g 值.

1.3.1.1　加法算子

图1.7展示了加法算子的前向和反向计算过程.

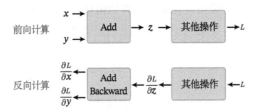

图 1.7　加法算子的前向和反向计算过程

前向计算　当进行前向计算时，加法计算输出 $z = x + y$.

反向计算　假设经过一个其他操作后，最终输出为 L，令 $\delta_z = \frac{\partial L}{\partial z}$，$\delta_x = \frac{\partial L}{\partial x}$，$\delta_y = \frac{\partial L}{\partial y}$. 加法算子的反向计算的输入是梯度 δ_z，输出是梯度 δ_x 和 δ_y.

根据链式法则，$\delta_x = \delta_z \times 1$，$\delta_y = \delta_z \times 1$.

加法算子的代码实现如下：

```
1  class add(Op):
2      def __init__(self):
3          super(add, self).__init__()
4
5      def __call__(self, x, y):
6          return self.forward(x, y)
7
8      def forward(self, x, y):
```

```
9          self.x = x
10         self.y = y
11         outputs = x + y
12         return outputs
13
14     def backward(self, grads):
15         grads_x = grads * 1
16         grads_y = grads * 1
17         return grads_x, grads_y
```

定义 $x = 1$、$y = 4$,根据反向计算,得到 x、y 的梯度. 代码实现如下:

```
1  x = 1
2  y = 4
3  add_op = add()
4  z = add_op(x, y)
5  grads_x, grads_y = add_op.backward(grads=1)
6  print("x's grad is: ", grads_x)
7  print("y's grad is: ", grads_y)
```

输出结果为:

```
x's grad is:  1
y's grad is:  1
```

1.3.1.2 乘法算子

同理,对于乘法 $z = x * y$,其反向计算的输入是梯度 δ_z,输出是梯度 δ_x 和 δ_y. 根据链式法则,$\delta_x = \delta_z \times y, \delta_y = \delta_z \times x$.

乘法算子的代码实现如下:

```
1  class multiply(Op):
2      def __init__(self):
3          super(multiply, self).__init__()
4
5      def __call__(self, x, y):
6          return self.forward(x, y)
7
8      def forward(self, x, y):
9          self.x = x
10         self.y = y
11         outputs = x * y
12         return outputs
13
14     def backward(self, grads):
15         grads_x = grads * self.y
```

```
16          grads_y = grads * self.x
17          return grads_x, grads_y
```

1.3.1.3   指数算子

同理，对于指数运算 $z = \exp(x)$，其反向计算的输入是梯度 δ_z，输出是梯度 δ_x。根据链式法则，$\delta_x = \delta_z \times \exp(x)$。

指数算子的代码实现如下：

```
1  import math
2
3  class exponential(Op):
4      def __init__(self):
5          super(exponential, self).__init__()
6
7      def forward(self, x):
8          self.x = x
9          outputs = math.exp(x)
10         return outputs
11
12     def backward(self, grads):
13         grads = grads * math.exp(self.x)
14         return grads
```

分别指定 a、b、c、d 的值，通过实例化算子，调用加法、乘法和指数运算算子，计算得到 g。

```
1  a, b, c, d = 2, 3, 2, 2
2  # 实例化算子
3  multiply_op = multiply()
4  add_op = add()
5  exp_op = exponential()
6  g = exp_op(add_op(multiply_op(a, b), multiply_op(c, d)))
7  print('g: ', g)
```

输出结果为：

```
g:  22026.465794806718
```

动手练习 1.3

执行上述算子的反向过程，并验证梯度是否正确。

1.3.2 自动微分机制

目前大部分深度学习平台都支持自动微分（Automatic Differentiation），即根据forward()函数来自动构建backward()函数.

> **笔记**
>
> 自动微分的原理是将所有的数值计算都分解为基本的原子操作，并构建计算图（Computational Graph）. 计算图上的每个节点都是一个原子操作，保留前向和反向的计算结果，很方便通过链式法则来计算梯度. 自动微分的详细介绍可以参考《神经网络与深度学习》第4.5节.

飞桨的自动微分是通过 trace 的方式，记录各种算子和张量的前向计算，并自动创建相应的反向函数和反向张量来实现反向梯度的计算.

> **笔记**
>
> 在飞桨中，可以通过paddle.grad() API 或张量类成员函数x.grad来查看张量的梯度.

下面用一个比较简单的例子来了解整个过程. 定义两个张量a和b，并用stop_gradient属性设置是否传递梯度. 当a的stop_gradient属性设置为False时，会自动为a创建一个反向张量. 当b的stop_gradient属性设置为True时，不会为b创建反向张量.

```
1  # 定义张量a, stop_gradient=False代表进行梯度传导
2  a = paddle.to_tensor(2.0, stop_gradient=False)
3  # 定义张量b, stop_gradient=True代表不进行梯度传导
4  b = paddle.to_tensor(5.0, stop_gradient=True)
5  c = a * b
6  # 自动计算反向梯度
7  c.backward()
8  print("Tensor a's grad is: {}".format(a.grad))
9  print("Tensor b's grad is: {}".format(b.grad))
10 print("Tensor c's grad is: {}".format(c.grad))
```

输出结果为：

```
Tensor a's grad is: Tensor(shape=[1], dtype=float32, place=CPUPlace, stop_gradient=False,
       [5.])
Tensor b's grad is: None
Tensor c's grad is: Tensor(shape=[1], dtype=float32, place=CPUPlace, stop_gradient=False,
       [1.])
```

下面我们解释上面代码的执行逻辑.

1.3.2.1 前向执行

在上面的代码中,第7行c.backward()被执行前,会为每个张量和算子创建相应的反向张量和反向函数.

当创建张量或执行算子的前向计算时,会自动创建反向张量或反向算子. 这里以上面代码中乘法为例来进行说明.

1）当创建张量a时,由于其属性stop_gradient=False,因此会自动为a创建一个反向张量,也就是图1.8中的a_grad. 由于a不依赖其他张量或算子,a_grad的grad_op为None.

2）当创建张量b时,由于其属性stop_gradient=True,因此不会为b创建一个反向张量.

3）执行乘法c=a*b时,乘法 * 是一个前向算子Mul,为其构建反向算子MulBackward. 由于Mul的输入是a和b,输出是c,对应反向算子MulBackward的输入是张量c的反向张量c_grad,输出是a和b的反向张量. 如果输入定义stop_gradient=True,反向张量即为None. 在此例子中就是a_grad和None.

4）反向算子MulBackward中的grad_pending_ops用于在自动构建反向网络时,明确该反向算子的下一个可执行的反向算子. 可以理解为在反向计算中,该算子衔接的下一个反向算子.

5）当c通过乘法算子Mul被创建后,c会创建一个反向张量c_grad,它的grad_op为该乘法算子的反向算子,即MulBackward.

由于此时还没有进行反向计算,因此这些反向张量和反向算子中的具体数值为空（data = None）.此时,上面代码对应的计算图状态如图1.8所示.

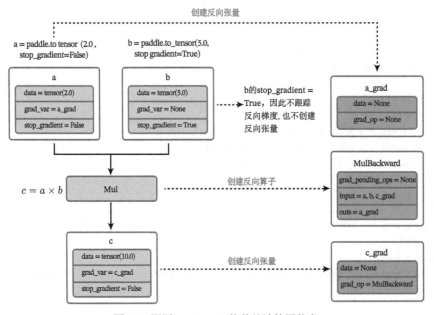

图 1.8　调用backward()前的计算图状态

1.3.2.2 反向执行

调用backward()后,执行计算图上的反向过程,即通过链式法则自动计算每个张量或算子的微分,计算过程如图1.9所示.经过自动反向梯度计算,获得c_grad和a_grad的值.

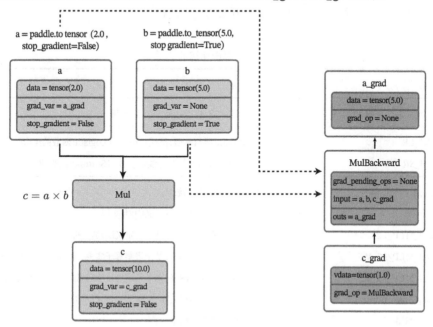

图 1.9 调用backward()后的计算图状态

1.3.3 预定义的算子

从零开始构建各种复杂的算子和模型是一个很复杂的过程,在开发的过程中容易出现冗余代码,因此飞桨提供了基础算子(比如$+,-,\times,/,\exp()$等)和中间算子(比如仿射变换、Logistic函数、卷积等),可以便捷地实现复杂模型.

在深度学习中,大多数模型都是以各种神经网络为主,由一系列层(Layer)组成,层是模型的基础逻辑执行单元.飞桨提供了paddle.nn.Layer类来方便快速地实现自己的层和模型.模型和层都可以基于paddle.nn.Layer扩充实现,模型只是一种特殊的层.

当我们实现的算子继承paddle.nn.Layer类时,就不用再定义backward函数.飞桨的自动微分机制可以自动完成反向传播过程,让我们只关注模型构建的前向过程,不必再进行烦琐的梯度求导.

1.3.4 本书中实现的算子

为了更深入地理解深度学习的模型和算法,在本书中我们也手动实现自己的算子库(nndl)并基于自己的算子库来构建机器学习模型.本书中的自定义算子分为两类:一类是继承在第1.3.1节中定义的Op类,这些算子是为了更好地展示模型的实现细节,需要自己动手计算并实现其反向函数.另一类是继承飞桨的`paddle.nn.Layer`类,这更方便搭建复杂算子,并和飞桨预定义算子混合使用.

本书中实现的算子见表1.1,其中`Model_`开头为完整的模型.

表 1.1　本书中使用的算子

算子名	章节	功能
Linear	2.2.2.1	线性算子,基于自定义Op类实现
Model_LR	3.1.2	Logistic 回归模型,是线性函数与 Logistic 函数的组合
Model_SR	3.2.2.2	Softmax 回归模型,是线性函数与 Softmax 函数的组合
Logistic	4.2.4.3	Logistic 激活函数算子,基于自定义Op类实现
Linear	4.2.4.4	线性层算子,基于自定义Op类实现
Model_MLP_L2	4.2.4.5	两层前馈神经网络,基于自定义Op类实现
Model_MLP_L2_V2	4.3.1	两层前馈神经网络,基于飞桨算子实现,激活函数为 Sigmoid
Model_MLP_L2_V2	4.5.3	两层前馈神经网络,基于飞桨算子实现,输出层不带激活函数
BinaryCrossEntropy	4.2.4.2	二分类交叉熵损失函数,基于自定义Op类实现
Model_MLP_L5	4.4.2.1	五层前馈神经网络
Conv2D	5.2.1	带步长和零填充的二维卷积层算子
Pool2D	5.2.2	汇聚层算子
Model_LeNet	5.3.2	LeNet-5 网络
ResBlock	5.4.1.1	浅层残差网络中的残差单元结构
Model_ResNet18	5.4.1.2	ResNet18 残差网络
SRN	6.1.2.2	SRN 层算子
Model_RNN4SeqClass	6.1.2.4	基于 RNN 的序列分类模型,使用最后时刻的状态进行分类
LSTM	6.3.1	LSTM 层算子
Model_BiLSTM_FC	6.4.2	基于双向 LSTM 的文本分类模型
MLP	7.4.2.1	自定义多层感知器,指定层数、初始化方法、激活函数等
BatchNorm	7.5.1.1	批量规范化算子
LayerNorm	7.5.2.1	层规范化算子
BinaryCrossEntropyWithLogits	7.6.2.3	基于对率的二分类交叉熵损失函数,基于自定义Op类实现
BinaryCrossEntropyWithLogits	7.6.3	基于对率的二分类交叉熵损失函数,支持带 ℓ_2 正则化项
AdditiveScore	8.1.2.1	加性注意力打分算子

（续）

算子名	章节	功能
DotProductScore	8.1.2.1	点积注意力打分算子
Model_LSTMAttention	8.1.2.5	双向LSTM和注意力机制网络
QKVAttention	8.2.1.2	QKV注意力算子
MultiHeadSelfAttention	8.2.1.3	多头自注意力算子
Model_LSTMSelftAttention	8.2.2.1	双向LSTM和多头自注意力机制网络
TransformerEmbeddings	8.3.2.1	Transformer嵌入层
TransformerBlock	8.3.2.2	Transformer组块
Model_Transformer	8.3.2.3	Transformer模型（编码器部分）

1.3.5 本书中实现的优化器

针对继承Op类的算子的优化，本书还实现了自定义的优化器，见表1.2所示.

表1.2 本书中实现的优化器

优化器	章节	功能
Optimizer	3.1.4.2	优化器基类
SimpleBatchGD	3.1.4.3	梯度下降法优化器
BatchGD	4.2.4.6	梯度下降法梯度下降，支持更复杂的多层模型
AdaGrad	7.3.2.1	Adagrad优化器
RMSprop	7.3.2.2	RMSprop优化器
Momentum	7.3.3.1	Momentum优化器
Adam	7.3.3.2	Adam优化器

1.4 本书中使用的数据集和实现的 Dataset 类

为了更好地实践，本书在模型解读部分主要使用简单任务和数据集，在案例实践部分主要使用公开的实际案例数据集. 下面介绍我们使用的数据集以及对应构建的Dataset类.

1.4.1 数据集

本书中使用的数据集如下：

1）线性回归数据集 ToyLinear150：在第2.2.1.2节中构建，用于简单的线性回归任务. Toy-Linear150 数据集包含150条带噪声的样本数据，其中训练集数据100条、测试集数据50条，由第2.2.1.1节中的`create_toy_data`函数构建.

2）非线性回归数据集 ToySin25：在第2.3.1节中构建，用于简单的多项式回归任务. ToySin25 数据集包含25条样本数据，其中训练集数据15条、测试集数据10条. ToySin25 数据集同样使用第2.2.1.1节中的 `create_toy_data`函数进行构建.

3）波士顿房价预测数据集：波士顿房价预测数据集共506条样本数据，每条样本数据包含了12种可能影响房价的因素和该类房屋价格的中位数. 该数据集在第2.5节中使用.

4）二分类数据集 Moon1000：在第3.1节中构建，二分类数据集 Moon1000 是从两个带噪声的弯月形状数据分布中采样得到的，每个样本包含2个特征，其中训练集数据640条、验证集数据160条、测试集数据200条. 该数据集在本书第3.1节和第4.2节中使用. 数据集构建函数`make_moons`在第7.4.2.3节和第7.6节中使用.

5）三分类数据集 Multi1000：在第3.2.1节中构建三分类数据集 Multi1000，其中训练集数据640条、验证集数据160条、测试集数据200条. 该数据集来自三个不同的簇，每个簇对应一个类别.

6）鸢尾花数据集：鸢尾花数据集包含了3种鸢尾花类别（Setosa、Versicolour、Virginica），每种类别有50个样本，共计150个样本. 每个样本中包含了4个属性：花萼长度、花萼宽度、花瓣长度以及花瓣宽度. 该数据集在第3.3节和第4.5节中使用.

7）MNIST 数据集：MNIST 手写体数字识别数据集是计算机视觉领域的经典入门数据集，包含了训练集数据60 000条、测试集数据10 000条. MNIST 数据集在第5.3.1节和第7.2节中使用.

8）CIFAR-10 数据集：CIFAR-10 数据集是计算机视觉领域的经典数据集，包含了10种不同的类别，共60 000张图像，其中每个类别的图像都是6 000张，图像大小均为32×32 像素. CIFAR-10 数据集在第5.5节中使用.

9）IMDB 电影评论数据集：IMDB 电影评论数据集是一个关于电影评论的经典二分类数据集. IMDB 按照评分的高低筛选出了积极评论和消极评论. 如果评分 ≥ 7，则认为是积极评论. 如果评分 ≤ 4，则认为是消极评论. 数据集中包含训练集和测试集数据，数量各为25 000条，每条数据都是一段用户关于某部电影的真实评价，以及观众对这部电影的情感倾向. IMDB 数据集在第6.4节、第8.1节和第8.2节中使用.

10）数字求和数据集 DigitSum：在第6.1.1节中构建，用于数字求和任务. 数字求和任务的输入是一串数字，前两个位置的数字为0~9，其余数字随机生成（主要为0），预测目标是输入序列中前两个数字的和，用来测试模型对序列数据的记忆能力.

11）LCQMC 通用领域问题匹配数据集：LCQMC 数据集是百度知道领域的中文问题匹配数据集，目的是弥补中文领域大规模问题匹配数据集的缺失. 该数据集从百度知道不同领域的用户问题中抽取构建数据. LCQMC 数据集共包含训练集数据238 766条、验证集数据4 401条和测试集数据4 401条. LCQMC 数据集在第8.3节中使用.

1.4.2 `Dataset`类

为了更好地支持使用随机梯度下降法进行参数学习,我们构建了`Dataset`类,以便更好地进行数据迭代.

本书中构建的`Dataset`类见表1.3. 关于`Dataset`类的具体介绍见第4.5.1.1节.

表 1.3 本书中构建的`Dataset`类

Dataset类	章节	对应的数据集
IrisDataset	4.5.2.1	鸢尾花数据集
MNISTDataset	5.3.1.2	手写体数字识别数据集
CIFAR10Dataset	5.5.1.3	CIFAR10 数据集
DigitSumDataset	6.1.1.3	数字求和数据集
IMDBDataset	6.4.1.2	IMDB 数据集
LCQMCDataset	8.3.1.2	LCQMC 数据集

1.5　本书中实现的 Runner 类

在一个任务上应用机器学习方法的流程一般包括数据集构建、模型构建、损失函数定义、优化器定义、评价指标定义、模型训练、模型评价和模型预测等环节. 为了将上述环节规范化,我们将机器学习模型的基本要素封装成一个Runner类,以便更方便地进行机器学习实践. 除上述提到的要素外,Runner类还包括模型保存、模型加载等功能. Runner类的具体介绍可参见第2.4节.

这里我们对本书中实现的三个版本的Runner类进行汇总,说明每一个版本Runner类的构成方式.

1) RunnerV1:在第2.5.3节中实现,用于线性回归模型的训练,其中训练过程通过直接求解解析解的方式得到模型参数,没有模型优化及计算损失函数过程,模型训练结束后保存模型参数.

2) RunnerV2:在第3.1.6节中实现. RunnerV2 主要增加的功能为:①在训练过程中引入梯度下降法进行模型优化. ②在模型训练过程中计算训练集和验证集上的损失及评价指标并打印,在训练过程中保存最优模型. 我们在第4.3.2节和第4.3.2节分别对 RunnerV2 进行了完善,加入自定义日志输出、模型阶段控制等功能.

3) RunnerV3:在第4.5.4节中实现. RunnerV3 主要增加三个功能:使用随机梯度下降法进行参数优化. 训练过程使用DataLoader加载批量数据. 模型加载与保存中,模型参数使用`state_dict`方法获取,使用 `state_dict`加载.

RunnerV3基本上可以应用于大多数机器学习任务,后续章节都基于RunnerV3结合具体案例进行微调.

1.6 小结

本章介绍了我们在后面实践中需要的一些基础知识. 在后续章节中, 我们会逐步学习和了解更多的实践知识. 此外, 如需查阅张量、算子或其他飞桨的知识, 可参阅飞桨的帮助文档 (https://www.paddlepaddle.org.cn/tutorials).

第2章 机器学习概述

机器学习（Machine Learning，ML）就是让计算机从数据中进行自动学习，得到某种知识（或规律）. 在实践中，机器学习通常指一类学习问题以及解决这类问题的方法，即如何从观测数据（样本）中寻找规律，并利用学习到的规律（模型）对未知或无法观测的数据进行预测.

本章内容基于《神经网络与深度学习》第2章（机器学习概述）相关内容进行设计. 在阅读本章之前，建议先了解如图2.1所示的关键知识点，以便更好地理解并掌握相应的理论和实践知识.

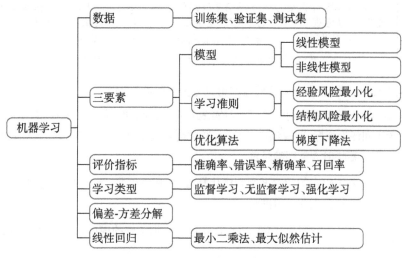

图 2.1　机器学习关键知识点回顾

本章内容主要包含两部分：

- 模型解读：介绍机器学习在实践中的五要素（数据、模型、学习准则、优化算法、评价指标）的原理剖析和相应的代码实现. 通过理论和代码的结合，加深读者对机器学习的理解.
- 案例实践：基于机器学习线性回归方法，通过数据处理、模型构建、训练配置、组装训练框架Runner、模型训练和模型预测等过程完成波士顿房价预测任务.

2.1   机器学习实践五要素

要通过机器学习来解决一个特定的任务时,我们需要准备5个方面的要素:

1) 数据:收集任务相关的数据集来进行模型训练和测试,数据集可分为训练集、验证集和测试集.

2) 模型:实现从样本特征到样本标签的映射,通常为带参数的函数.机器学习的目标就是学习一组最优的参数使得模型的预测最"准确".

3) 学习准则:模型优化的目标,通常为训练集的平均损失和正则化项的加权组合.有了学习准则之后,机器学习问题就转化为最优化问题.

4) 优化算法:寻找最优参数的算法,通常为数学优化中的经典算法,比如梯度下降法等.

5) 评价指标:评价学习到的机器学习模型的性能,即如何衡量模型预测的"准确"程度.

> **笔记**
> 《神经网络与深度学习》第2.2节详细介绍了机器学习的三个基本要素:"模型""学习准则"和"优化算法".在机器学习实践中,"数据"和"评价指标"也非常重要.因此,本书将机器学习在实践中的主要元素归结为五要素.

此外,从流程角度看,机器学习实践流程可以分为下面4个阶段:

1) 模型准备:准备上面提到的机器学习实践五要素,即数据、待学习的模型、学习准则(损失函数)、优化算法和评价指标.在模型准备阶段,通常会对数据进行一些预处理,比如将数据特征进行归一化,将类别标签映射为类别编号等.

2) 模型训练:基于给定的学习准则和优化算法,使用训练集、验证集来进行模型选择或学习模型参数,使得模型达到最优的学习准则.

3) 模型评价:也称为模型测试(**Model Test**),使用训练好的模型,在测试集上用给定的评价指标进行评价.

4) 模型预测:也称为模型推断(**Model Inference**),使用训练好的模型,预测新样本的标签.由于训练好的模型只能处理预处理好的数据,因此在模型预测阶段,需要先预处理数据,然后将处理好的数据输入给模型进行预测,最后将模型的输出转换为类别标签.

> **笔记**
> 在应用机器学习的实际场景中,通常还会有模型部署(**Model Deployment**)阶段,即将学习好的模型部署到生产环境中,提供预测服务,也包括效率优化、在线更新、日志管理等环节.
> 在模型部署阶段,还可以进行模型优化,加快模型推断效率.

图2.2给出了机器学习实践流程中五要素在模型训练和模型评价阶段的使用示例. 模型训练阶段需要用到训练集、验证集、待学习的模型、损失函数、优化算法, 输出学习到的模型. 模型评价阶段需要用到测试集、学习到的模型、评价指标, 得到模型的性能评价.

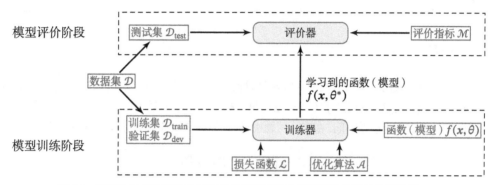

图 2.2 机器学习实践流程中五要素在模型训练和模型评价阶段的使用示例

在本节中, 我们分别对机器学习实践中5个基本要素进行简单的介绍.

2.1.1 数据

在实践中, 数据的质量会很大程度上影响模型最终的性能, 通常数据预处理是完成机器学习实践的第一步, 噪声越少、规模越大、覆盖范围越广的数据集往往能够训练出性能更好地模型. 数据预处理可分为两个环节: 先对收集到的数据进行基本的预处理, 如基本的统计、特征归一化和异常值处理等, 再将数据划分为训练集、验证集和测试集.

- 训练集: 用于模型训练时调整模型的参数, 在训练集上的损失被称为训练误差, 也称为经验误差或经验风险.

- 验证集: 对于复杂的模型, 常常有一些超参数需要调节, 因此需要尝试多种超参数的组合来分别训练多个模型, 然后对比它们在验证集上的表现, 选择一组相对最好的超参数, 最后才使用这组参数下训练的模型在测试集上进行模型评价.

- 测试集: 用于评价模型的好坏. 机器学习的目的是从训练数据中总结规律, 并用规律来预测未知数据. 因此测试集上的评价指标更能反映模型的好坏.

数据划分时要考虑到两个因素: 更多的训练数据会降低参数估计的方差, 从而得到更可信的模型. 而更多的测试数据会降低模型评价的方差, 从而得到更可信的模型评价. 如果对给定的数据没有做任何划分, 我们一般可以大致按照7:3或者8:2的比例来划分训练集和测试集, 再根据7:3或者8:2的比例从训练集中再次划分出训练集和验证集.

> **提醒**
> 需要强调的是,测试集只能用来评测模型最终的性能.在整个模型训练过程中,测试集是不可见的.不能在训练中利用测试集的任何信息.

2.1.2 模型

有了数据后,我们可以用数据来训练模型,即让计算机从一个函数集合 $\mathcal{F} = \{f_1(\boldsymbol{x}), f_2(\boldsymbol{x}), \cdots\}$ 中自动寻找一个"最优"的函数 $f^*(\boldsymbol{x})$ 来近似每个样本的特征向量 $\boldsymbol{x}$ 和标签 y 之间的真实映射关系.函数集合 $\mathcal{F}$ 也称为假设空间.在实际问题中,假设空间 $\mathcal{F}$ 通常为一个参数化的函数族:

$$\mathcal{F} = \{f(\boldsymbol{x}; \theta) \mid \theta \in \mathbb{R}^D\}, \tag{2.1}$$

其中 $f(\boldsymbol{x}; \theta)$ 是参数为 θ 的函数,也称为模型,D 为参数的数量.

常见的假设空间可以分为线性和非线性两种.线性模型的假设空间为一个参数化的线性函数族,即

$$f(\boldsymbol{x}; \theta) = \boldsymbol{w}^{\mathsf{T}}\boldsymbol{x} + b, \tag{2.2}$$

其中参数 θ 包含了权重向量 $\boldsymbol{w}$ 和偏置 b.

线性模型可以由非线性基函数 $\boldsymbol{\phi}(\boldsymbol{x})$ 变为非线性模型,从而增强模型能力.

$$f(\boldsymbol{x}; \theta) = \boldsymbol{w}^{\mathsf{T}}\boldsymbol{\phi}(\boldsymbol{x}) + b, \tag{2.3}$$

其中 $\boldsymbol{\phi}(\boldsymbol{x}) = [\phi_1(\boldsymbol{x}), \phi_2(\boldsymbol{x}), \cdots, \phi_K(\boldsymbol{x})]^{\mathsf{T}}$ 为 K 个非线性基函数组成的向量,参数 θ 包含了权重向量 $\boldsymbol{w}$ 和偏置 b.

2.1.3 学习准则

为了衡量一个模型的好坏,我们需要定义一个损失函数(Loss Function)$\mathcal{L}(y, f(\boldsymbol{x}; \theta))$.损失函数是一个非负实数函数,用来量化模型预测标签和真实标签之间的差异.常见的损失函数有 0-1 损失函数、平方损失函数、交叉熵损失函数等.

机器学习的目标是使得模型在真实数据分布上损失函数的期望最小.然而在实际应用中,我们无法获得真实数据分布,通常会使用训练集上的平均损失替代.

一个模型在训练集 $\mathcal{D} = \{(\boldsymbol{x}^{(n)}, y^{(n)})\}_{n=1}^N$ 上的平均损失称为经验风险(Empirical Risk),即

$$\mathcal{R}_{\mathcal{D}}^{\text{emp}}(\theta) = \frac{1}{N}\sum_{n=1}^N \mathcal{L}\big(y^{(n)}, f(\boldsymbol{x}^{(n)}; \theta)\big). \tag{2.4}$$

在通常情况下,我们可以通过使得经验风险最小化来获得具有预测能力的模型. 然而,当模型比较复杂或训练数据量比较少时,经验风险最小化获得的模型在测试集上的效果比较差. 而模型在测试集上的性能才是我们真正关心的指标. 当一个模型在训练集上错误率很低,而在测试集上错误率较高时,通常意味着发生了过拟合(Overfitting)现象. 为了缓解模型的过拟合问题,我们通常会在经验损失上加上一定的正则化项来限制模型能力.

过拟合通常是由于模型复杂度比较高引起的. 在实践中,最常用的正则化方式是对模型的参数进行约束,比如 ℓ_1 或者 ℓ_2 范数约束. 这样,我们就得到了结构风险(Structure Risk).

$$\mathcal{R}_{\mathcal{D}}^{\text{struct}}(\theta) = \mathcal{R}_{\mathcal{D}}^{\text{emp}}(\theta) + \lambda \ell_p(\theta), \tag{2.5}$$

其中 λ 为正则化系数,$p = 1$ 或 2 表示 ℓ_1 或者 ℓ_2 范数.

2.1.4 优化算法

给定学习准则之后,机器学习问题就转化为优化问题,我们可以利用已知的优化算法来求解最优的模型参数. 当优化函数(即模型+风险函数)为凸函数时,可以直接令风险函数关于模型参数的偏导数等于 0 来计算最优参数的解析解. 当优化函数为非凸函数时,可以用一阶优化算法来进行优化.

目前机器学习中最常用的优化算法是梯度下降法(Gradient Descent Method). 在使用梯度下降法时要十分注意学习率的设置. 过大的学习率会导致训练不收敛,而过小的学习率会使得训练效率很低.

当使用梯度下降法进行参数优化时,还可以使用早停法(Early Stopping)避免模型在训练集上过拟合. 早停法是一种常用并且十分有效的正则化方法. 在训练过程中引入验证集,如果验证集上的评价指标或损失不再下降,就提早停止模型的优化过程.

2.1.5 评价指标

评价指标(Evaluation Metric)用于评价模型效果,即给定一个测试集,用模型对测试集中的每个样本进行预测,并根据预测结果计算评价分数. 回归任务的评价指标一般使用预测值与真实值的均方误差,而分类任务的评价指标一般使用准确率、召回率、F1 值等.

> **笔记**
> 对于一个机器学习任务,损失函数和评价指标之间存在一定的关联. 一般会根据任务需求来定义评价指标,再根据评价指标来选择损失函数. 由于评价指标不可微等问题,损失函数往往并不能完全和评价指标一致,但应尽量选择和评价指标相近的损失函数.

2.2　实现一个简单的线性回归模型

回归（Regression）是一类典型的监督机器学习任务，对样本的输入和输出之间关系进行建模分析，其输出通常为一个连续值，比如房屋价格预测、电影票房预测等. 线性回归（Linear Regression）是指一类利用线性函数来对输入和输出之间关系进行建模的回归任务.

在本节中，我们动手实现一个简单的线性回归模型，并使用最小二乘法来求解参数，以对机器学习任务有更直观的认识.

2.2.1　数据集构建

在开始任务之前，我们先构造一个用于线性回归的简单的小规模数据集.

2.2.1.1　数据集构建函数`create_toy_data()`

实现一个用来生成样本的函数`create_toy_data()`，用来生成满足指定函数或分布的数据集.

`create_toy_data()`函数需要传入指定的函数`func`、自变量取值范围以及样本数目等. 此外，为了使得生成的样本带有一定的噪声，还可以定义高斯噪声的标准差、是否生成异常数据以及异常数据的占比参数.

`create_toy_data()`函数的代码实现如下：

```
1  import paddle
2
3  def create_toy_data(func, interval, sample_num, noise = 0.0, add_outlier = False,
       outlier_ratio = 0.001):
4      """
5      根据给定的函数，生成样本
6      输入：
7         - func: 函数
8         - interval:  x的取值范围
9         - sample_num:  样本数目
10        - noise:  噪声均方差
11        - add_outlier: 是否生成异常值
12        - outlier_ratio：异常值占比
13     输出：
14        - X: 特征数据, shape=[n_samples,1]
15        - y: 标签数据, shape=[n_samples,1]
16     """
17
18     # 均匀采样
19     # 使用paddle.rand生成sample_num个随机数
20     X = paddle.rand(shape = [sample_num]) * (interval[1]-interval[0]) + interval[0]
21     y = func(X)
```

```
22
23      # 生成高斯分布的标签噪声
24      # 使用paddle.normal生成0均值, noise标准差的数据
25      epsilon = paddle.normal(0,noise,paddle.to_tensor(y.shape[0]))
26      y = y + epsilon
27      if add_outlier:   # 生成额外的异常点
28          outlier_num = int(len(y)*outlier_ratio)
29          if outlier_num != 0:
30              # 使用paddle.randint生成服从均匀分布的、范围在[0, len(y))的随机张量
31              outlier_idx = paddle.randint(len(y),shape = [outlier_num])
32              y[outlier_idx] = y[outlier_idx] * 5
33      return X, y
```

2.2.1.2 构建线性回归数据集：ToyLinear150

假设输入特征和输出标签的维度都为1,需要被拟合的函数代码实现为：

```
1   # 真实函数的参数缺省值为 w=1.2, b=0.5
2   def linear_func(x, w=1.2, b=0.5):
3       y = w*x + b
4       return y
```

使用paddle.rand()函数来随机采样输入特征x,并代入上面函数得到输出标签y. 为了模拟真实环境中样本通常包含噪声的问题,采样过程中加入高斯噪声和异常点.

利用上面的样本函数,生成150个带噪声的样本,其中100个训练样本,50个测试样本. 我们将这个数据集命名为ToyLinear150. 代码实现为：

```
1   %matplotlib inline
2   from matplotlib import pyplot as plt # matplotlib 是 Python 的绘图库
3
4   # 生成训练数据
5   X_train, y_train = create_toy_data(func=linear_func, interval=(-10, 10), sample_num=100,
        noise = 2, add_outlier = False)
6   # 生成测试数据
7   X_test, y_test = create_toy_data(func=linear_func, interval=(-10, 10), sample_num=50,
        noise = 2, add_outlier = False)
8   # 生成用来绘制函数曲线的数据
9   # 返回一个张量, 值为在区间start和stop上均匀间隔的num个值, 输出张量的长度为num
10  X_underlying = paddle.linspace(-10,10,100)
11  y_underlying = linear_func(X_underlying)
12
13  # 可视化ToyLinear150数据集
14  plt.scatter(X_train, y_train, facecolor="none", edgecolor="b", s=50, label="train data")
15  plt.scatter(X_test, y_test, facecolor="none", edgecolor="r", s=50, label="test data")
16  plt.plot(X_underlying, y_underlying, c="g", label=r"underlying distribution")
```

```
17  plt.legend()
18  plt.show()
```

打印出训练数据的可视化分布,输出结果如图2.3所示.

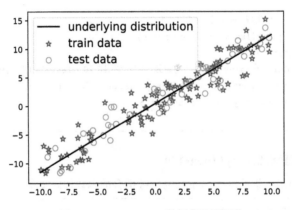

图 2.3   ToyLinear150数据集的可视化

> **提醒**
>
> 本书中给出的图例的颜色和实际代码的设置有一定差异.

2.2.2   模型构建

在线性回归中,样本的输入是特征向量 $x \in \mathbb{R}^D$,输出是连续值的标签 $y \in \mathbb{R}$. 线性回归的模型定义为

$$f(x; w, b) = w^\mathsf{T} x + b, \tag{2.6}$$

其中权重向量 $w \in \mathbb{R}^D$ 和偏置 $b \in \mathbb{R}$ 都是可学习的参数.

> **笔记**
>
> 注意:《神经网络与深度学习》中为了表示的简洁性,使用增广权重向量来定义模型. 而在本书中,为了和代码实现保持一致,我们使用非增广向量的形式来定义模型.

在实践中,为了提高预测样本的效率,我们通常会将 N 个样本归为一组进行成批预测,这样可以更好地利用GPU设备的并行计算能力.公式(2.6)可以写为

$$y = Xw + b, \tag{2.7}$$

其中 $X \in \mathbb{R}^{N \times D}$ 为 N 个样本的特征矩阵, $y \in \mathbb{R}^N$ 为 N 个预测值组成的列向量.

> **提醒**
>
> 为了和代码实现保持一致,这里使用形状为"样本数量×特征维度"的张量来表示一组样本.样本的矩阵 X 是由 N 个 x 的行向量组成的.而《神经网络与深度学习》中 x 为列向量,其特征矩阵与本书中的特征矩阵刚好为转置关系.

2.2.2.1 线性算子

实现公式(2.7)中的线性函数非常简单,我们直接利用如下张量运算来实现.

```
1  # X: tensor, shape=[N,D]
2  # y_pred: tensor, shape=[N]
3  # w: shape=[D,1]
4  # b: shape=[1]
5  y_pred = paddle.matmul(X,w)+b
```

但为了实现一个统一的机器学习框架,我们使用第1.3节中介绍的算子来实现公式(2.7).

```
1  import paddle
2  from nndl import Op
3
4  paddle.seed(10) #设置随机种子
5  # 线性算子
6  class Linear(Op):
7      def __init__(self, input_size):
8          """
9          输入:
10              - input_size:模型要处理的数据特征向量长度
11          """
12          self.input_size = input_size
13          # 模型参数
14          self.params = {}
15          self.params['w'] = paddle.randn(shape=[self.input_size,1],dtype='float32')
16          self.params['b'] = paddle.zeros(shape=[1],dtype='float32')
17
18      def __call__(self, X):
19          return self.forward(X)
20
21      # 前向函数
22      def forward(self, X):
23          """
24          输入:
25              - X: tensor, shape=[N,D]
26              注意,这里的X矩阵是由N个x列向量的转置拼接成的,与原教材的表示方式不一致
```

```
27          输出:
28            - y_pred: tensor, shape=[N]
29          """
30          N,D = X.shape
31
32          if self.dim == 0:
33              return paddle.full(shape=[N,1], fill_value=self.params['b'])
34
35          assert D == self.input_size # 输入数据维度合法性验证
36          # 使用paddle.matmul计算两个张量的乘积
37          y_pred = paddle.matmul(X,self.params['w'])+self.params['b']
38          return y_pred
39
40  # 注意，这里的X矩阵是由N个x列向量的转置拼接成的，与原教材的表示方式不一致
41  input_size = 3
42  N = 2
43  X = paddle.randn(shape=[N, input_size],dtype='float32') # 生成2个维度为3的数据
44  model = Linear(input_size)
45  y_pred = model(X)
46  print("y_pred:",y_pred) # 输出结果的个数也是2个
```

输出结果为:

```
y_pred: Tensor(shape=[2, 1], dtype=float32, place=CPUPlace, stop_gradient=True,
        [[0.54838145],
         [2.03063798]])
```

2.2.3　损失函数

回归任务是对连续值的预测,希望模型能根据数据的特征输出一个连续值作为预测值. 因此回归任务中常用的评价指标是均方误差(Mean Squared Error,MSE).

令 $y \in \mathbb{R}^N, \hat{y} \in \mathbb{R}^N$ 分别为 N 个样本的真实标签和预测标签,均方误差的定义为

$$\mathcal{L}(y,\hat{y}) = \frac{1}{2N}\|\hat{y}-y\|^2 = \frac{1}{2N}\|Xw+b-y\|^2, \tag{2.8}$$

其中 b 为 N 维向量,所有元素取值都为 b.

均方误差的代码实现如下:

```
1  import paddle
2
3  def mean_squared_error(y_true, y_pred):
4      """
5      输入:
```

```
6        - y_true: tensor, 样本真实标签
7        - y_pred: tensor, 样本预测标签
8    输出:
9        - error: float, 误差值
10   """
11   assert y_true.shape[0] == y_pred.shape[0]
12
13   # paddle.square计算输入的平方值
14   # paddle.mean沿axis计算x的平均值, 默认axis是None, 则对输入的全部元素计算平均值.
15   error = paddle.mean(paddle.square(y_true - y_pred))
16   return error
17
18 # 构造一个简单的样例进行测试:[N,1], N=2
19 y_true = paddle.to_tensor([[-0.2],[4.9]], dtype='float32')
20 y_pred = paddle.to_tensor([[1.3],[2.5]], dtype='float32')
21
22 error = mean_squared_error(y_true=y_true, y_pred=y_pred).item()
23 print("error:",error)
```

输出结果为:

error: 4.005000114440918

2.2.4 优化器

采用经验风险最小化, 线性回归可以通过最小二乘法求出参数 w, b 的解析解. 计算公式(2.8)中均方误差对参数 b 的偏导数, 得到

$$\frac{\partial \mathcal{L}(y, \hat{y})}{\partial b} = \mathbf{1}^{\mathsf{T}}(Xw + b - y), \tag{2.9}$$

其中 $\mathbf{1}$ 为 N 维的全1向量.

> **提醒**
>
> 这里为了简单起见, 省略了均方误差的系数 $\frac{1}{N}$, 并不影响最后的结果.

令上式等于0, 得到

$$b^* = \bar{y} - \bar{x}^{\mathsf{T}} w, \tag{2.10}$$

其中 $\bar{y} = \frac{1}{N} \mathbf{1}^{\mathsf{T}} y$ 为所有标签的平均值, $\bar{x} = \frac{1}{N}(\mathbf{1}^{\mathsf{T}} X)^{\mathsf{T}}$ 为所有特征向量的平均值. 将 b^* 代入公式(2.8)中计算均方误差对参数 w 的偏导数, 得到

$$\frac{\partial \mathcal{L}(y, \hat{y})}{\partial w} = (X - \bar{x}^{\mathsf{T}})^{\mathsf{T}} \Big((X - \bar{x}^{\mathsf{T}})w - (y - \bar{y})\Big), \tag{2.11}$$

其中 $(X - \bar{x}^\top)$ 的计算利用了张量运算的广播机制，即对 X 的每一行都减去 $\bar{x}^\top$.

令上式等于0，得到最优的参数为

$$w^* = \left((X - \bar{x}^\top)^\top(X - \bar{x}^\top)\right)^{-1}(X - \bar{x}^\top)^\top(y - \bar{y}), \tag{2.12}$$

$$b^* = \bar{y} - \bar{x}^\top w^*. \tag{2.13}$$

若使用结构风险最小化，对参数 w 加上 ℓ_2 正则化，则最优的 w^* 变为

$$w^* = \left((X - \bar{x}^\top)^\top(X - \bar{x}^\top) + \lambda I\right)^{-1}(X - \bar{x}^\top)^\top(y - \bar{y}), \tag{2.14}$$

其中 $\lambda > 0$ 为预先设置的正则化系数，$I \in \mathbb{R}^{D \times D}$ 为单位矩阵.

动手练习 2.1

验证公式(2.14).

这种直接计算线性回归模型解析解的方法称为最小二乘法（Least Square Method，LSM）. 最小二乘法的训练过程就是求解析解的过程，通过下面的optimizer_lsm函数实现.

```
1  def optimizer_lsm(model, X, y, reg_lambda=0):
2      """
3      输入:
4        - model: 模型
5        - X: tensor, 特征数据, shape=[N,D]
6        - y: tensor, 标签数据, shape=[N]
7        - reg_lambda: float, 正则化系数, 默认为0
8      输出:
9        - model: 优化好的模型
10     """
11     N, D = X.shape
12
13     # 对输入特征数据所有特征向量求平均值
14     x_bar_tran = paddle.mean(X,axis=0).T
15
16     # 求标签的平均值,shape=[1]
17     y_bar = paddle.mean(y)
18
19     # paddle.subtract通过广播的方式实现矩阵减向量
20     x_sub = paddle.subtract(X,x_bar_tran)
21
22     # 使用paddle.all判断输入张量是否全0
23     if paddle.all(x_sub == 0):
24         model.params['b'] = y_bar
```

```
25    model.params['w'] = paddle.zeros(shape=[D])
26    return model
27
28    # paddle.inverse求方阵的逆
29    tmp = paddle.inverse(paddle.matmul(x_sub.T, x_sub)+
30        reg_lambda*paddle.eye(num_rows = (D)))
31
32    w = paddle.matmul(paddle.matmul(tmp,x_sub.T), (y-y_bar))
33    b = y_bar-paddle.matmul(x_bar_tran,w)
34
35    model.params['b'] = b
36    model.params['w'] = paddle.squeeze(w,axis=-1)
37
38    return model
```

2.2.5 模型训练

在准备了数据、模型、损失函数和参数学习的实现之后,我们开始模型的训练. 在回归任务中,模型的评价指标和损失函数一致,都为均方误差.

通过上文实现的线性回归类来拟合训练数据,并输出模型在训练集上的损失.

```
1 input_size = 1
2 model = Linear(input_size)
3
4 model = optimizer_lsm(model,X_train.reshape([-1, 1]),y_train.reshape([-1, 1]))
5 print("w_pred:",model.params['w'].item(), "b_pred: ", model.params['b'].item())
6
7 y_train_pred = model(X_train.reshape([-1, 1])).squeeze()
8 train_error = mean_squared_error(y_true=y_train, y_pred=y_train_pred).item()
9 print("train error: ",train_error)
```

输出结果为:

```
w_pred: 1.1839350461959839 b_pred: 0.4914666712284088
train error: 3.5612473487854004
```

从输出结果看,预测结果与真实值w=1.2,b=0.5有一定的差距.

2.2.6 模型评价

下面用训练好的模型预测测试集的标签,并计算在测试集上的损失.

```
1 y_test_pred = model(x_test.reshape([-1, 1])).squeeze()
2 test_error = mean_squared_error(y_true=y_test, y_pred=y_test_pred).item()
```

```
3  print("test error: ",test_error)
```

输出结果为：

test error: 2.627575397491455

动手练习 **2.2**

为了加深读者对机器学习模型的理解,请自己动手完成以下实验:

1) 调整训练数据的样本数量,由 100 调整到 5000,观察对模型性能的影响.

2) 调整正则化系数,观察对模型性能的影响.

2.3　多项式回归

多项式回归是回归任务的一种形式,使用 M 次多项式函数来建模输入和输出之间的关系,即

$$f(x;w,b) = w_1 x + w_2 x^2 + ... + w_M x^M + b \tag{2.15}$$

$$= w^\mathsf{T} \phi(x) + b, \tag{2.16}$$

其中 $w = [w_1, \cdots, w_M]^\mathsf{T}$ 为多项式的系数,$\phi(x)$ 为多项式基函数(Polynomial Basis Function),将原始特征 x 映射为 M 维的向量:

$$\phi(x) = [x, x^2, \cdots, x^M]^\mathsf{T}, \tag{2.17}$$

其中 M 为多项式的阶数. 当 $M = 0$ 时,$f(x;w) = b$.

笔记

这里为了简单起见,令样本 x 的特征维度为 1. 当 x 的特征维度大于 1 时,存在不同特征之间交互的情况. 当 x 的特征维度为 2,多项式阶数为 2 时的多项式回归模型为

$$f(x;w,b) = w_1 x_1 + w_2 x_2 + w_3 x_1^2 + w_4 x_1 x_2 + w_5 x_2^2 + b.$$

2.3.1　数据集构建:ToySin25

准备一个用于多项式回归实验的数据集. 要拟合的非线性函数为一个缩放后的 sin 函数. 代码实现如下:

```
1  import math
2
3  # sin函数: sin(2 * pi * x)
4  def sin(x):
5      y = paddle.sin(2 * math.pi * x)
6      return y
```

这里仍然使用第2.2.1.1节中定义的create_toy_data()函数来构建训练数据和测试数据,其中训练样本15个,测试样本10个,高斯噪声标准差为0.1,自变量范围为(0,1). 我们将这个数据集命名为ToySin25. 数据生成的代码实现如下:

```
1  # 生成数据
2  X_train, y_train = create_toy_data(func=sin, interval=(0,1), sample_num=15, noise = 0.1)
3  X_test, y_test = create_toy_data(func=sin, interval=(0,1), sample_num=10, noise = 0.1)
4
5  # X_underlying,y_underlying为绘制曲线而生成的数据
6  X_underlying = paddle.linspace(interval[0],interval[1],num=100)
7  y_underlying = sin(X_underlying)
8
9  # 绘制图像
10 plt.rcParams['figure.figsize'] = (8.0, 6.0)
11 plt.scatter(X_train, y_train, facecolor="none", edgecolor="b", s=50,label="training data")
12 plt.plot(X_underlying, y_underlying, c="g", label=r"$\sin(2\pi x)$")
13 plt.legend()
14 plt.show()
```

输出结果如图2.4所示,其中曲线是周期为1的sin函数曲线,圆圈为生成的样本数据.

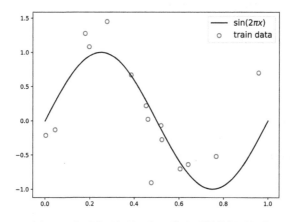

图 2.4 多项式回归的目标函数和采样数据可视化

2.3.2　模型构建

通过多项式回归模型的定义,即公式(2.16)可以看出,多项式回归可以看作一种广义的线性回归,只不过需要使用多项式基函数 $\phi(x)$ 进行特征变换. 在得到 $\phi(x)$ 之后,我们可以套用求解线性回归参数的方法来求解多项式回归参数 w 和 b.

> **笔记**
>
> 当输入和输出之间并不是线性关系时,可以定义非线性基函数(Non-linear Basis Function)对特征进行变换,从而可以使得线性回归算法实现非线性的曲线拟合.

因此,我们可以复用第2.2节中定义的Linear算子和最小二乘法优化器optimizer_lsm(),这里只需要实现多项式基函数polynomial_basis_function对原始特征 x 进行变换即可,代码实现如下:

```
1   # 多项式变换
2   def polynomial_basis_function(x, degree = 2):
3       """
4       输入:
5         - x: tensor,输入的数据, shape=[N,1]
6         - degree: int,多项式的阶数
7       example Input: [[2], [3], [4]], degree=2
8       example Output: [[2^1, 2^2], [3^1, 3^2], [4^1, 4^2]]
9       注意:degree为0时生成形状与输入相同的全1张量
10      输出:
11        - x_result:  tensor
12      """
13      # degree为0时生成形状与输入相同的全1张量
14      if degree==0:
15          return paddle.ones(shape = x.shape,dtype='float32')
16
17      x_tmp = x
18      x_result = x_tmp
19
20      for i in range(2, degree+1):
21          x_tmp = paddle.multiply(x_tmp,x) # 逐元素相乘
22          x_result = paddle.concat((x_result,x_tmp),axis=-1)
23      return x_result
24
25  # 简单测试
26  data = [[2], [3], [4]]
27  X = paddle.to_tensor(data = data,dtype='float32')
28  degree = 3
```

```
29  transformed_X = polynomial_basis_function(X,degree=degree)
30  print("变换前: ",X)
31  print("阶数为",degree,"变换后: ",transformed_X)
```

输出结果为:

变换前: Tensor(shape=[3, 1], dtype=float32, place=CUDAPlace(0), stop_gradient=True,
　　　　[[2.],
　　　　 [3.],
　　　　 [4.]])
阶数为 3 变换后: Tensor(shape=[3, 3], dtype=float32, place=CUDAPlace(0), stop_gradient=True,
　　　　[[2. , 4. , 8.],
　　　　 [3. , 9. , 27.],
　　　　 [4. , 16., 64.]])

2.3.3 模型训练

对于多项式回归,使用在第2.2节线性回归中定义的Linear算子、训练函数train、均方误差函数mean_squared_error. 拟合训练数据的目标是最小化损失函数,同线性回归一样,也可以通过最小二乘法直接求出参数 w 和 b 的值.

令多项式阶数 M 的取值分别为 0、1、3、8,在 ToySin25 训练集上进行训练,观察样本数据对 sin 曲线的拟合结果.

```
1   plt.rcParams['figure.figsize'] = (12.0, 8.0)
2
3   for i, degree in enumerate([0, 1, 3, 8]): # []中为多项式的阶数
4       model = Linear(degree)
5       X_train_transformed = polynomial_basis_function(X_train.reshape([-1, 1]), degree)
6       X_underlying_transformed = polynomial_basis_function(X_underlying.reshape([-1, 1]),
            degree)
7
8       model = optimizer_lsm(model,X_train_transformed,y_train.reshape([-1, 1])) # 拟合得到参数
9       # 绘制多项式模型的曲线
10      y_underlying_pred = model(X_underlying_transformed).squeeze()
11      print(model.params)
12      # 绘制图像
13      plt.subplot(2, 2, i + 1)
14      plt.scatter(X_train, y_train, facecolor="none", edgecolor="b", s=50,label="train data")
15      plt.plot(X_underlying, y_underlying, c="g", label=r"$\sin(2\pi x)$")
16      plt.plot(X_underlying, y_underlying_pred, c="r", label="predicted function")
17      plt.ylim(-2, 1.5)
18      plt.annotate("M={}".format(degree), xy=(0.95, -1.4))
19
```

```
20  plt.legend(bbox_to_anchor=(1.05, 0.64), loc=2, borderaxespad=0.)
21  plt.show()
```

不同阶多项式分布拟合数据的结果如图2.5所示.

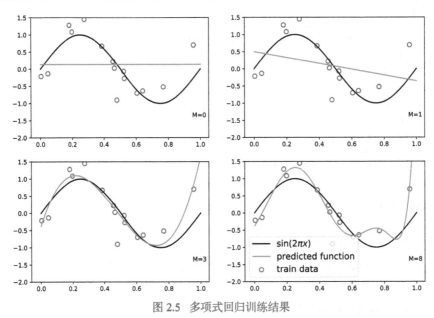

图 2.5 多项式回归训练结果

从输出结果可以看出,当 $M = 0$ 或 $M = 1$ 时,拟合曲线较简单,模型欠拟合. 当 $M = 3$ 时,模型拟合比较合理,和目标函数比较接近. 当 $M = 8$ 时,拟合曲线较复杂,模型过拟合.

2.3.4 模型评价

下面通过均方误差来衡量训练误差(train error)、测试误差(test error)以及在没有噪声的加入下 sin 函数值与多项式回归值之间的误差(distribution error),更加真实地反映拟合结果. 多项式分布阶数从 0 到 8 进行遍历.

```
1   # 训练误差和测试误差
2   training_errors = []
3   test_errors = []
4   distribution_errors = []
5
6   # 遍历多项式阶数
7   for i in range(9):
8       model = Linear(i)
9       # 计算指数分布
10      X_train_transformed = polynomial_basis_function(X_train.reshape([-1, 1]), i)
11      X_test_transformed = polynomial_basis_function(X_test.reshape([-1, 1]), i)
```

```
12      optimizer_lsm(model,X_train_transformed,y_train.reshape([-1, 1]))
13      y_train_pred = model(X_train_transformed).squeeze()
14      y_test_pred = model(X_test_transformed).squeeze()
15      # 计算训练集上的均方误差
16      train_mse = mean_squared_error(y_true=y_train, y_pred=y_train_pred).item()
17      training_errors.append(train_mse)
18      # 计算测试集上的均方误差
19      test_mse = mean_squared_error(y_true=y_test, y_pred=y_test_pred).item()
20      test_errors.append(test_mse)
21
22  print ("train errors: \n",training_errors)
23  print ("test errors: \n",test_errors)
24
25  # 绘制图像
26  plt.rcParams['figure.figsize'] = (8.0, 6.0)
27  plt.plot(training_errors, 'o-', mfc="none", mec="b", ms=10, c="b", label="Training")
28  plt.plot(test_errors, 'o-', mfc="none", mec="r", ms=10, c="r", label="Test")
29  plt.legend()
30  plt.xlabel("degree")
31  plt.ylabel("MSE")
32  plt.show()
```

输出结果如图2.6所示. 我们可以看到：①当阶数较低（0~2）时，模型的表示能力有限，训练误差和测试误差都很高，代表模型欠拟合；②随着阶段增加（3~5），模型表示能力也增加，训练误差继续降低；③当阶数继续增加（6~8）时，虽然模型表示能力强，但将训练数据中的噪声也作为特征进行学习，一般情况下训练误差继续降低而测试误差显著升高，表明模型过拟合.

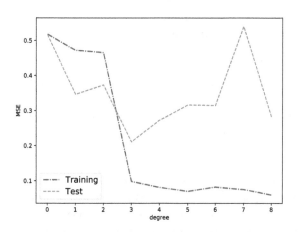

图 2.6 多项式阶数对模型性能的影响

思考
此处多项式阶数大于或等于 5 时,训练误差并没有下降,尤其是在多项式阶数为 7 时,训练误差变得非常大,请分析背后的原因.

2.3.5　通过引入正则化项来缓解过拟合

对于模型过拟合的情况,可以引入正则化方法,通过向误差函数中添加一个惩罚项来避免系数倾向于较大的取值. 下面加入 ℓ_2 正则化项,查看拟合结果.

```
 1  degree = 8 # 多项式阶数
 2  reg_lambda = 0.0001 # 正则化系数
 3  X_train_transformed = polynomial_basis_function(X_train.reshape([-1, 1]), degree)
 4  X_test_transformed = polynomial_basis_function(X_test.reshape([-1, 1]), degree)
 5  X_underlying_transformed = polynomial_basis_function(X_underlying.reshape([-1, 1]), degree
        )
 6
 7  # 训练没有正则化项的模型
 8  model = Linear(degree)
 9  optimizer_lsm(model, X_train_transformed, y_train.reshape([-1, 1]))
10  # 预测
11  y_test_pred=model(X_test_transformed).squeeze()
12  y_underlying_pred=model(X_underlying_transformed).squeeze()
13
14  # 训练有正则化项的模型
15  model_reg = Linear(degree)
16  optimizer_lsm(model_reg, X_train_transformed, y_train.reshape([-1, 1]), reg_lambda=
        reg_lambda)
17  # 预测
18  y_test_pred_reg = model_reg(X_test_transformed).squeeze()
19  y_underlying_pred_reg = model_reg(X_underlying_transformed).squeeze()
20
21  # 计算测试集上的损失
22  mse = mean_squared_error(y_true=y_test, y_pred=y_test_pred).item()
23  print("mse:",mse)
24  mes_reg = mean_squared_error(y_true=y_test, y_pred=y_test_pred_reg).item()
25  print("mse_with_l2_reg:",mes_reg)
26
27  # 绘制图像
28  plt.scatter(X_train, y_train, facecolor="none", edgecolor="b", s=50, label="train data")
29  plt.plot(X_underlying, y_underlying, c="g", label=r"$\sin(2\pi x)$")
30  plt.plot(X_underlying, y_underlying_pred, c="#E20079", linestyle="--", label="$deg. = 8$")
31  plt.plot(X_underlying, y_underlying_pred_reg, c="#946279", linestyle="-.", label="$deg. =
        8, \ell_2 reg$")
```

```
32  plt.ylim(-1.5, 1.5)
33  plt.annotate("lambda={}".format(reg_lambda), xy=(0.82, -1.4))
34  plt.legend()
35  plt.show()
```

正则化效果如图2.7所示,加入 ℓ_2 正则化项后的拟合效果明显好于未加入 ℓ_2 正则化项的拟合效果.

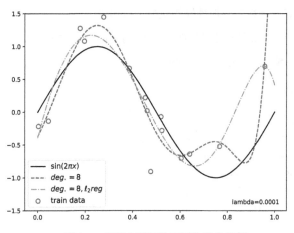

图 2.7　多项式回归的正则化效果示例

动手练习 2.3

调整训练数据的样本数量,观察在不同模型的复杂度情况下,避免过拟合情况对样本数量的要求.

思考

给定一个现实场景的任务,我们可以有两种选择:①使用复杂的模型,并增大正则化系数来避免过拟合;②直接使用简单模型.思考哪种选择更好.

2.4　构建 Runner 类

我们通过上面的实践可以看到,在一个任务上应用机器学习方法的流程基本上包括:数据集构建、模型构建、损失函数定义、优化器定义、评价指标定义、模型训练、模型评价以及模型预测等环节.

为了更方便地将上述环节规范化,我们将机器学习模型的基本要素封装成一个Runner类.除上述提到的要素外,再加上模型保存、模型加载等功能.

Runner类的成员函数定义如下：

- __init__函数：实例化Runner类时默认调用，需要传入模型、损失函数、优化器和评价指标等.
- train函数：完成模型训练，指定模型训练需要的训练集和验证集.
- evaluate函数：通过对训练好的模型进行评价，在验证集或测试集上查看模型训练效果.
- predict函数：选取一条数据对训练好的模型进行预测.
- save_model函数：模型在训练过程和训练结束后需要进行保存.
- load_model函数：调用加载之前保存的模型.

Runner类的框架定义如下：

```
1   class Runner(object):
2       def __init__(self, model, optimizer, loss_fn, metric):
3           self.model = model       # 模型
4           self.optimizer = optimizer # 优化器
5           self.loss_fn = loss_fn # 损失函数
6           self.metric = metric     # 评价指标
7
8       # 模型训练
9       def train(self, train_dataset, dev_dataset=None, **kwargs):
10          pass
11
12      # 模型评价
13      def evaluate(self, data_set, **kwargs):
14          pass
15
16      # 模型预测
17      def predict(self, x, **kwargs):
18          pass
19
20      # 模型保存
21      def save_model(self, save_path):
22          pass
23
24      # 模型加载
25      def load_model(self, model_path):
26          pass
```

Runner类的使用流程如图2.8所示，可以分为4个阶段：

1）模型准备：即初始化阶段，确定好模型、损失函数、优化器和评价指标，传入Runner，并准备好数据集.

2)模型训练:基于训练集调用train()函数训练模型,基于验证集通过evaluate()函数验证模型,通过save_model()函数保存模型.

3)模型评价:基于测试集通过evaluate()函数得到指标性能.

4)模型预测:给定样本,通过predict()函数得到该样本标签.这一步除了调用模型的前向函数外,通常还需要两步:一是将样本的原始特征映射为模型的输入向量,二是将模型预测的类别条件概率转换为一个预测的标签.

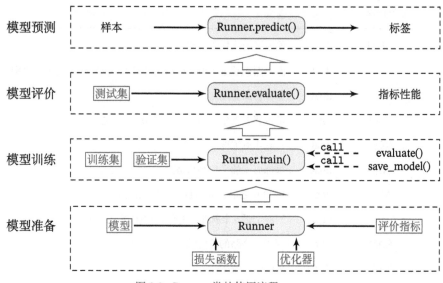

图 2.8 Runner类的使用流程

2.5 实践:基于线性回归的波士顿房价预测

本实践使用线性回归来对马萨诸塞州波士顿郊区的房价进行预测,实验流程主要包含如下步骤:

1)数据处理:包括数据清洗(缺失值分析和异常值处理)、数据集划分,以便数据可以被模型正常读取,并具有良好的泛化性.

2)模型构建:定义线性回归模型类.

3)完善Runner类:用于管理模型训练、评价和预测过程.

4)模型训练:利用Runner进行模型训练.

5)模型评价:利用Runner进行模型评价.

6)模型预测:利用Runner进行模型预测.

2.5.1　数据处理

2.5.1.1　数据集介绍

波士顿房价预测数据集共506条样本数据,每条样本包含了12种可能影响房价的因素和该类房屋价格的中位数,各字段含义如表2.1所示.

表 2.1　波士顿房价字段含义

字段名	类型	含义
CRIM	float	该地区的人均犯罪率
ZN	float	占地面积超过25 000英尺^2(约2322.6米^2)的住宅用地比例
INDUS	float	非零售商业用地比例
CHAS	int	是否邻近查尔斯河,1= 邻近,0= 不邻近
NOX	float	一氧化氮浓度
RM	float	每栋房屋的平均客房数
AGE	float	1940年之前建成的自用单位比例数
DIS	float	到波士顿5个就业中心的加权距离
RAD	int	到径向公路的可达性指数
TAX	int	全值财产税率
PTRATIO	float	学生与教师的比例
LSTAT	f loat	低收入人群占比
MEDV	float	同类房屋价格的中位数

> **笔记**
> 在数据分析中,经常使用 Pandas 工具包. Pandas 工具包提出了可以快速处理数据的函数和方法,是一套强大而高效的数据分析工具.

使用 Pandas 工具包加载 csv 格式的数据,并预览前5条数据. 代码实现如下:

```
1  import pandas as pd # 开源数据分析和操作工具
2  # 利用pandas加载波士顿房价数据集
3  data=pd.read_csv("./boston_house_prices.csv")
4  # 预览前5行数据
5  data.head()
```
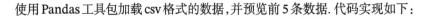

输出结果为：

	CRIM	ZN	INDUS	CHAS	NOX	RM	AGE	DIS	RAD	TAX	PTRATIO
0	0.00632	18.0	2.31	0	0.538	6.575	65.2	4.0900	1	296	15.3
1	0.02731	0.0	7.07	0	0.469	6.421	78.9	4.9671	2	242	17.8
2	0.02729	0.0	7.07	0	0.469	7.185	61.1	4.9671	2	242	17.8
3	0.03237	0.0	2.18	0	0.458	6.998	45.8	6.0622	3	222	18.7
4	0.06905	0.0	2.18	0	0.458	7.147	54.2	6.0622	3	222	18.7

	LSTAT	MEDV
0	4.98	24.0
1	9.14	21.6
2	4.03	34.7
3	2.94	33.4
4	5.33	36.2

从输出结果看，波士顿房价预测数据集中的特征类型差异很大，特征值的取值范围也不同. 因此在输入机器学习模型之前，需要对这些特征进行预处理.

2.5.1.2 数据清洗

数据清洗（Data cleaning）是指对原始比如"杂乱"的数据进行重新整理和加工，删除冗余信息，纠正错误信息，并验证数据一致性. 在机器学习实践中，我们通常会对数据集中的缺失值或异常值等情况进行分析和处理，确保数据可以被机器模型正常读取.

缺失值分析 通过isna()方法判断数据中各元素是否缺失，然后通过sum()方法统计每个字段缺失情况.

```
1  # 查看各字段缺失值统计情况
2  data.isna().sum()
```

输出结果为：

```
CRIM       0
ZN         0
INDUS      0
CHAS       0
NOX        0
RM         0
AGE        0
DIS        0
RAD        0
TAX        0
PTRATIO    0
LSTAT      0
MEDV       0
dtype: int64
```

从输出结果看,波士顿房价预测数据集中不存在缺失值的情况.

异常值处理   通过箱线图可以直观地显示数据分布,并观测数据中的异常值. 箱线图一般由五个统计值组成:上边缘、上四分位数、中位数、下四分位数和下边缘. 一般来说,如果观测到的数据大于上边缘或者小于下边缘,则判断为异常值,其中

$$上边缘 = 上四分位数 + 1.5 \times (上四分位数 - 下四分位数), \tag{2.18}$$

$$下边缘 = 下四分位数 - 1.5 \times (上四分位数 - 下四分位数). \tag{2.19}$$

这里通过箱线图来进行特征的可视化. 图2.9是箱线图的示例和说明.

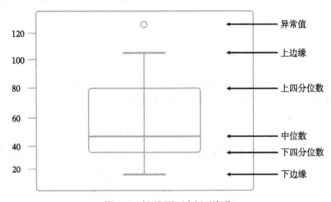

图 2.9   箱线图示例和说明

代码实现如下:

```
1   import matplotlib.pyplot as plt # 可视化工具
2
3   # 箱线图查看异常值分布
4   def boxplot(data):
5       # 绘制每个属性的箱线图
6       data_col = list(data.columns)
7
8       plt.figure(figsize=(5, 5), dpi=300)
9       plt.subplots_adjust(wspace=0.6)
10      for i, col_name in enumerate(data_col):
11          plt.subplot(3, 5, i+1)
12          plt.boxplot(data[col_name],
13                      showmeans=True,
14                      whiskerprops={"color":"g", "linewidth":0.4, 'linestyle':"--"},
15                      flierprops={"markersize":0.4},
16                      meanprops={"markersize":1})
17          plt.title(col_name, fontdict={"size":5}, pad=2)
18          plt.yticks(fontsize=4, rotation=90)
19          plt.tick_params(pad=0.5)
```

```
20        plt.xticks([])
21      plt.show()
22  boxplot(data)
```

输出结果如图2.10所示.

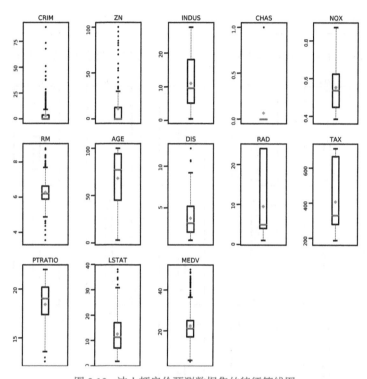

图 2.10   波士顿房价预测数据集的特征箱线图

从输出结果看,数据中存在较多的异常值(图中上下边缘以外的小圆圈).利用四分位数筛选出箱线图中分布的异常值,并将这些数据视为噪声,其将被临界值取代.

```
1   # 利用四分位数识别异常值
2   num_features = data.select_dtypes(exclude=['object','bool']).columns.tolist()
3
4   for feature in num_features:
5       if feature =='CHAS':
6           continue
7
8       Q1 = data[feature].quantile(q=0.25)
9       Q3 = data[feature].quantile(q=0.75)
10      # 利用临界值替代异常值
11      IQR = Q3-Q1
12      top = Q3+1.5*IQR
```

```
13      bot = Q1-1.5*IQR
14      values=data[feature].values
15      values[values > top] = top
16      values[values < bot] = bot
17      data[feature] = values.astype(data[feature].dtypes)
18
19  boxplot(data)
```

输出结果如图2.11所示. 从输出结果看, 经过异常值处理后, 箱线图中异常值得到了改善.

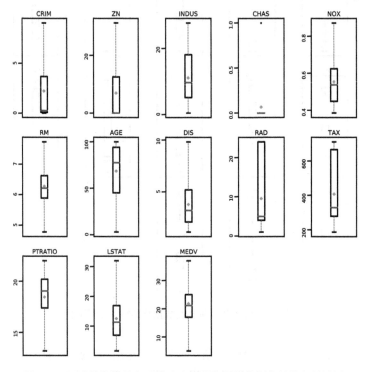

图 2.11 经过异常值处理后的波士顿房价预测数据集的特征箱线图

2.5.1.3 数据集划分

由于本实验比较简单, 将数据集按照8:2的比例划分为训练集和测试集, 不包括验证集.

```
1  import paddle
2
3  paddle.seed(10)
4
5  # 划分训练集和测试集
6  def train_test_split(X, y, train_percent=0.8):
7      n = len(X)
8      shuffled_indices = paddle.randperm(n)  # 返回一个数值在0到n-1、随机排列的一维张量
```

```
 9      train_set_size = int(n*train_percent)
10      train_indices = shuffled_indices[:train_set_size]
11      test_indices = shuffled_indices[train_set_size:]
12
13      X = X.values
14      y = y.values
15
16      X_train = X[train_indices]
17      y_train = y[train_indices]
18
19      X_test = X[test_indices]
20      y_test = y[test_indices]
21
22      return X_train, X_test, y_train, y_test
23
24  X = data.drop(['MEDV'], axis=1)
25  y = data['MEDV']
26
27  X_train, X_test, y_train, y_test = train_test_split(X,y)
```

2.5.1.4　特征归一化

由于度量单位不同，不同特征值的取值范围差别很大．为了消除这种影响，在模型训练前，需要对特征数据进行特征缩放（Feature Scaling），使得不同特征之间具有可比性．一种常见的特征缩放方法是归一化，将每一维特征都缩放到 [0, 1] 区间内．

 归一化是规范化（Normalization）的一种，数据缩放到 [0, 1] 区间内．规范化还包括常见的标准化（Standardization），即将每一维特征的分布规范为均值为 0，方差为 1．

特征归一化的代码实现如下：

```
 1  import paddle
 2
 3  X_train = paddle.to_tensor(X_train,dtype='float32')
 4  X_test = paddle.to_tensor(X_test,dtype='float32')
 5  y_train = paddle.to_tensor(y_train,dtype='float32')
 6  y_test = paddle.to_tensor(y_test,dtype='float32')
 7
 8  X_min = paddle.min(X_train,axis=0)
 9  X_max = paddle.max(X_train,axis=0)
10  # 特征归一化
11  X_train = (X_train-X_min)/(X_max-X_min)
```

```
12  X_test = (X_test-X_min)/(X_max-X_min)
13  # 训练集构造
14  train_dataset = (X_train,y_train)
15  # 测试集构造
16  test_dataset = (X_test,y_test)
```

2.5.2 模型构建

使用第2.2.2.1节中定义的Linear算子，并实例化一个线性模型，特征维度为12. 代码实现如下：

```
1  # 模型实例化
2  input_size = 12
3  model = Linear(input_size)
```

2.5.3 完善 Runner 类：RunnerV1

准备好数据和模型之后，我们还需要配置损失函数、优化器、评价指标以及模型相关的一些其他信息（如模型存储路径等），并进行模型准备、模型评价、模型预测.

先构建第一个用来训练模型的RunnerV类：RunnerV1. 损失函数是均方误差，并直接用最小二乘法计算出解析解. 因此，这里训练过程实际上是直接通过解析解的方式得到模型参数，模型训练结束后保存模型参数. 代码实现如下：

```
1  import paddle
2  import os
3
4  class RunnerV1(object):
5      def __init__(self, model, optimizer, loss_fn, metric):
6          # 优化器和损失函数为None,不再关注
7          # 模型
8          self.model = model
9          # 评价指标
10         self.metric = metric
11         # 优化器
12         self.optimizer = optimizer
13
14     def train(self,dataset,reg_lambda,model_dir):
15         X,y = dataset
16         self.optimizer(self.model,X,y,reg_lambda)
17         # 保存模型
18         self.save_model(model_dir)
19
```

```
20    def evaluate(self, dataset, **kwargs):
21        X,y = dataset
22        y_pred = self.model(X)
23        result = self.metric(y_pred, y)
24        return result
25
26    def predict(self, X, **kwargs):
27        return self.model(X)
28
29    def save_model(self, model_dir):
30        if not os.path.exists(model_dir):
31            os.makedirs(model_dir)
32        params_saved_path = os.path.join(model_dir,'params.pdtensor')
33        paddle.save(model.params,params_saved_path)
34
35    def load_model(self, model_dir):
36        params_saved_path = os.path.join(model_dir,'params.pdtensor')
37        self.model.params=paddle.load(params_saved_path)
```

在组装完成Runner类之后,我们将开始进行模型训练、评价和预测.

2.5.4 模型训练

我们先实例化Runner类. 输入的信息有:①数据集为波士顿房价预测数据集;②模型为线性回归模型;③损失函数为均方误差, 这里用飞桨提供的nn.MSELoss函数实现;④优化器为第2.2.4节中实现的最小二乘法优化器optimizer_lsm().

在实例化RunnerV1时, 传入的损失函数为空, 这是由于优化器已经蕴含了使用均方误差的损失函数. 代码实现如下:

```
1  import paddle.nn as nn
2
3  # 实例化RunnerV1
4  runner = RunnerV1(model, optimizer = optimizer_lsm, loss_fn=None, metric = nn.MSELoss())
5  # 模型训练
6  runner.train(train_dataset,reg_lambda=0,model_dir='./checkpoint')
```

打印出训练得到的权重:

```
1  columns_list = data.columns.to_list()
2  weights = runner.model.params['w'].tolist()
3  b = runner.model.params['b'].item()
4
5  for i in range(len(weights)):
6      print(columns_list[i],"weight:",weights[i])
```

```
7
8  print("b:",b)
```

输出结果为：

```
CRIM weight: −6.7268967628479
ZN weight: 1.28081214427948
INDUS weight: −0.4696650803089142
CHAS weight: 2.235346794128418
NOX weight: −7.0105814933776855
RM weight: 9.76220417022705
AGE weight: −0.8556219339370728
DIS weight:  −9.265738487243652
RAD weight: 7.973038673400879
TAX weight: −4.365403175354004
PTRATIO weight: −7.105883598327637
LSTAT weight: −13.165120124816895
b:  32.12007522583008
```

从输出结果看，CRIM、PTRATIO 等的权重为负数，表示该地区的人均犯罪率与房价负相关，学生与教师比例越大，房价越低. RAD 和 CHAS 等的权重为正数，表示到径向公路的可达性指数越高，房价越高. 此外，越邻近查尔斯河，房价也越高.

2.5.5 模型评价

使用Runner中load_model函数加载保存好的模型，在测试集上得到模型的均方误差指标.

```
1  # 加载模型权重
2  runner.load_model(saved_dir)
3  mse = runner.evaluate(test_dataset)
4  print('MSE:', mse.item())
```

输出结果为：

```
MSE: 12.345974922180176
```

2.5.6 模型预测

加载训练好的模型参数，使用predict进行模型预测.

```
1  runner.load_model(saved_dir)
2  pred = runner.predict(X_test[:1])
3  print("真实房价: ",y_test[:1].item())
4  print("预测的房价: ",pred.item())
```

输出结果为：

真实房价：33.099998474121094
预测的房价：33.04654312133789

从输出结果看,预测房价接近真实房价.

动手练习 2.4
如果在第2.5.1.4节中不对特征进行归一化处理,会对模型的学习有什么样的
影响?

思考
如果训练数据中存在一些异常样本,会对最终模型有何影响?怎样处理可以尽
可能减少异常样本对模型的影响?

2.6 小结

在本章中,我们通过实现线性回归模型对机器学习的实践有了初步的了解,并介绍了实践机器学习的五个基本要素:数据、模型、学习准则(损失函数)、优化算法和评价指标. 为此,我们构建了机器学习的训练和评价框架 Runner,可以将数据、模型、损失函数、优化器、评价指标传入 Runner 来进行模型的训练、评价和预测. 为了使得我们的模型可复用,我们使用了算子来定义模型. 在后续的章节中,会不断地完善 Runner 类和增加更多的算子.

在实践部分,我们实现了基于线性回归的波士顿房价预测. 首先介绍了如何使用箱线图来观察特征以及如何进行数据清洗,实现了第一个Runner类RunnerV1. 基于RunnerV1,我们完成了一个完整的机器学习实践流程,包括准备阶段(数据处理、模型构建、损失函数定义、优化器构建、评价指标定义)、模型训练、模型评价以及模型预测等主要阶段.

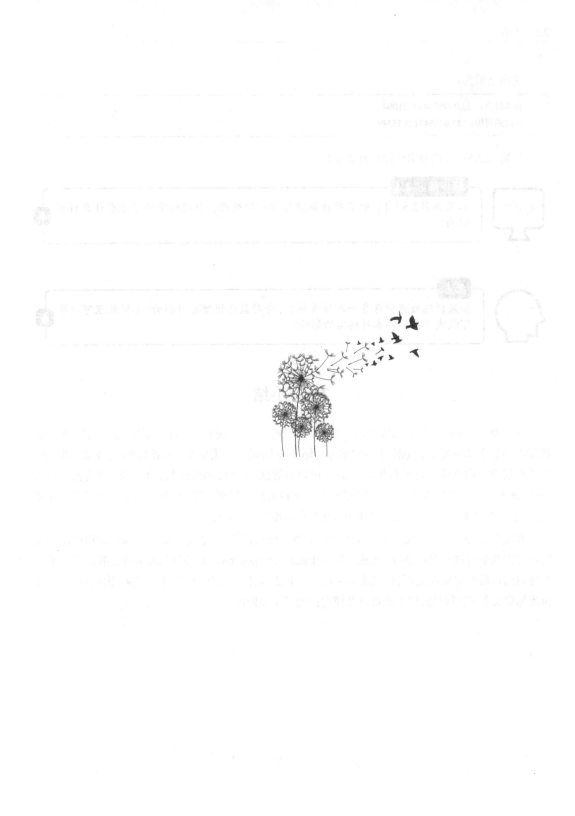

第3章　线性分类

分类是机器学习中最常见的一类任务,其预测标签是一些离散的符号,也称为类别.根据分类任务的类别数量,分类任务又可以分为二分类任务和多分类任务.

线性分类是指利用一个或多个线性函数加上决策规则将样本进行分类.所谓线性并不是说从输入特征到预测标签之间的映射是线性的,而是指在样本空间中不同类别的分界面是一个超平面.不同线性分类模型之间的区别主要是模型、损失函数和优化算法的不同.常用的线性分类模型有感知器、支持向量机、Logistic回归和Softmax回归等.Logistic回归是一种常用的处理二分类问题的线性模型.Softmax回归是Logistic回归在多分类问题上的推广.

本章内容基于《神经网络与深度学习》第3章(线性模型)相关内容进行设计.在阅读本章之前,建议先了解如图3.1所示的关键知识点,以便更好地理解并掌握相应的理论和实践知识.

图 3.1　线性模型关键知识点回顾

本章内容主要包含两部分:

- 模型解读:介绍两个最常用的线性分类模型 Logistic 回归和 Softmax 回归.我们构建简单的分类数据集,实现相应的 Logitic 模型和 Softmax 模型,并通过梯度下降法来优化模型参数.通过理论和代码的结合,加深读者对线性模型的理解.

- 案例实践:基于 Softmax 回归算法完成鸢尾花分类任务,并熟悉使用机器学习进行实践的基本流程.

3.1　基于 Logistic 回归的二分类任务

Logistic 回归是一种常用的处理二分类问题的线性模型. 与线性回归一样, Logistic 回归也会将输入特征与权重做线性叠加. 不同之处在于, Logistic 回归引入了非线性函数 $g : \mathbb{R}^D \to (0, 1)$, 预测类别标签的后验概率 $p(y = 1|\boldsymbol{x})$, 从而解决连续的线性函数不适合进行分类的问题.

$$p(y = 1|\boldsymbol{x}) = \sigma(\boldsymbol{w}^\top \boldsymbol{x} + b), \tag{3.1}$$

其中判别函数 $\sigma(\cdot)$ 为 Logistic 函数, 也称为激活函数, 作用是将线性函数 $f(\boldsymbol{x}; \boldsymbol{w}, b)$ 的输出从实数区间"挤压"到 $(0, 1)$ 之间, 用来表示概率. Logistic 函数定义为

$$\sigma(x) = \frac{1}{1 + \exp(-x)}. \tag{3.2}$$

Logistic 函数　Logistic 函数的代码实现如下:

```
1  # 定义Logistic函数
2  def logistic(x):
3      return 1 / (1 + paddle.exp(-x))
4
5  #在[-10,10]的范围内生成一系列的输入值，用于绘制函数曲线
6  x = paddle.linspace(-10, 10, 10000)
7  plt.figure()
8  plt.plot(x.tolist(), logistic(x).tolist(), color="red", label="Logistic Function")
```

输出结果如图3.2所示. 当输入在 0 附近时, Logistic 函数近似为线性函数. 而当输入值非常大或非常小时, 函数会对输入进行抑制. 输入越小, 则越接近 0. 输入越大, 则越接近 1. 正因为 Logistic 函数具有这样的性质, 使得其输出可以直接看作概率分布.

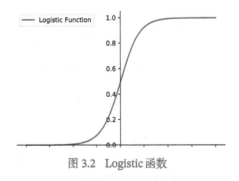

图 3.2　Logistic 函数

在本节中, 我们实现一个 Logistic 回归模型, 并对一个简单的数据集进行二分类实验.

3.1.1 数据集构建

我们构建一个二分类数据集：Moon1000 数据集，包含 1000 条样本，每个样本包含 2 个特征.本数据集的样本来自带噪声的两个弯月形状函数，每个弯月对一个类别.

数据集的构建函数 make_moons 的代码实现如下：

```python
import math
import copy
import paddle

def make_moons(n_samples=1000, shuffle=True, noise=None):
    """
    生成带噪声的弯月形状数据
    输入:
        - n_samples: 样本数量, 数据类型为int
        - shuffle: 是否打乱数据, 数据类型为bool
        - noise: 以多大的程度增加噪声, 数据类型为None或float, noise为None时表示不增加噪声
    输出:
        - X: 特征数据, shape=[n_samples,2]
        - y: 标签数据, shape=[n_samples]
    """
    n_samples_out = n_samples // 2
    n_samples_in = n_samples - n_samples_out
    # 采集第1类数据, 特征为(x,y)
    # 使用'paddle.linspace'在0到pi上均匀取n_samples_out个值
    # 使用'paddle.cos'计算上述取值的余弦值作为特征1, 使用'paddle.sin'计算上述取值的正弦值作为特征2
    outer_circ_x = paddle.cos(paddle.linspace(0, math.pi, n_samples_out))
    outer_circ_y = paddle.sin(paddle.linspace(0, math.pi, n_samples_out))
    # 采集第2类数据, 特征为(x,y)
    inner_circ_x = 1 - paddle.cos(paddle.linspace(0, math.pi, n_samples_in))
    inner_circ_y = 0.5 - paddle.sin(paddle.linspace(0, math.pi, n_samples_in))
    # 使用'paddle.concat'将两类数据的特征1和特征2分别延维度0拼接在一起, 得到全部特征1和特征2
    # 使用'paddle.stack'将两类特征延维度1堆叠在一起
    X = paddle.stack( [paddle.concat([outer_circ_x, inner_circ_x]),
        paddle.concat([outer_circ_y, inner_circ_y])], axis=1 )
    # 使用'paddle.zeros'将第1类数据的标签全部设置为0
    # 使用'paddle.ones'将第2类数据的标签全部设置为1
    y = paddle.concat(
        [paddle.zeros(shape=[n_samples_out]), paddle.ones(shape=[n_samples_in])] )
    # 如果shuffle为True, 将所有数据打乱
    if shuffle:
        # 生成随机排列的索引. 'paddle.randperm(n)'生成一个数值在0到n-1, 随机排列的一维张量
        idx = paddle.randperm(X.shape[0])
        X = X[idx]
```

```
39        y = y[idx]
40    # 如果noise不为None，则给特征值加入噪声
41    if noise is not None:
42        # 使用'paddle.normal'生成符合正态分布的随机张量作为噪声，并加到原始特征上
43        X += paddle.normal(mean=0.0, std=noise, shape=X.shape)
44    return X, y
```

随机采集1000个样本，并进行可视化. 代码实现如下：

```
1    n_samples = 1000 # 采样1000个样本
2    X, y = make_moons(n_samples=n_samples, shuffle=True, noise=0.5)
3    # 可视化生产的数据集，不同颜色代表不同类别
4    %matplotlib inline
5    import matplotlib.pyplot as plt
6    plt.figure(figsize=(5,5))
7    plt.scatter(x=X[:, 0].tolist(), y=X[:, 1].tolist(), marker='*', c=y.tolist())
8    plt.show()
```

数据可视化如图3.3所示.

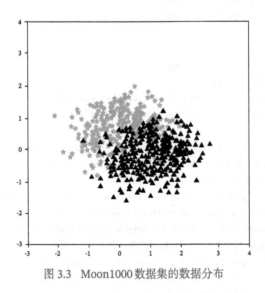

图 3.3 Moon1000数据集的数据分布

将1000条样本数据拆分成训练集、验证集和测试集，其中训练集数据640条、验证集数据160条、测试集数据200条. 代码实现如下：

```
1    num_train = 640
2    num_dev = 160
3    num_test = 200
4
5    X_train, y_train = X[:num_train], y[:num_train]
```

```
6   X_dev, y_dev = X[num_train:num_train + num_dev], y[num_train:num_train + num_dev]
7   X_test, y_test = X[num_train + num_dev:], y[num_train + num_dev:]
8
9   y_train = y_train.reshape([-1, 1])
10  y_dev = y_dev.reshape([-1, 1])
11  y_test = y_test.reshape([-1, 1])
```

这样,我们完成了Moon1000数据集的构建.下面打印数据集形状,代码实现如下:

```
1   # 打印X_train和y_train的维度
2   print("X_train shape: ", X_train.shape, "y_train shape: ", y_train.shape)
```

输出结果为:

X_train shape: [640, 2] y_train shape: [640, 1]

动手练习 3.1

打印前 5 个数据的标签,检查数据划分后的格式是否正确.

3.1.2 模型构建

Logistic 回归模型 Logistic 回归模型其实就是线性层函数与 Logistic 函数的组合,通常会将 Logistic 回归模型中的权重和偏置初始化为 0,同时,为了提高预测样本的效率,我们将 N 个样本归为一组进行成批预测.计算方法为

$$\hat{\boldsymbol{y}} = p(\boldsymbol{y}|\boldsymbol{x}) = \sigma(\boldsymbol{X}\boldsymbol{w} + b), \tag{3.3}$$

其中 $\boldsymbol{X} \in \mathbb{R}^{N \times D}$ 为 N 个样本的特征矩阵,$\hat{\boldsymbol{y}}$ 为 N 个样本的预测值构成的 N 维向量.

Logistic 回归模型的代码实现如下:

```
1   from nndl import op
2
3   class Model_LR(op.Op):
4       def __init__(self, input_size):
5           super(Model_LR, self).__init__()
6           self.params = {}
7           # 将线性层的权重参数全部初始化为0
8           self.params['w'] = paddle.zeros(shape=[input_size, 1])
9           #将线性层的偏置参数初始化为0
10          self.params['b'] = paddle.zeros(shape=[1])
11
12      def __call__(self, inputs):
```

```
13          return self.forward(inputs)
14
15      def forward(self, inputs):
16          """
17          输入:
18              - inputs: shape=[N,D], N是样本数量, D为特征维度
19          输出:
20              - outputs: 预测标签为1的概率, shape=[N,1]
21          """
22          # 线性计算
23          score = paddle.matmul(inputs, self.params['w']) + self.params['b']
24          # Logistic函数
25          outputs = logistic(score)
26          return outputs
```

思考

在实际预测中, 我们不需要计算 Logistic 函数, 只需要判断 score 是否大于 0 就可以确定是哪个类别. 思考一下, 是否还有更好的改进方法?

测试一下　随机生成 3 条长度为 4 的数据输入 Logistic 回归模型, 观察输出结果.

```
1  # 固定随机种子, 保持每次运行结果一致
2  paddle.seed(0)
3  # 随机生成3条长度为4的数据
4  inputs = paddle.randn(shape=[3,4])
5  print('Input is:', inputs)
6  # 实例化模型
7  model = Model_LR(4)
8  outputs = model(inputs)
9  print('Output is:', outputs)
```

输出结果为:

```
Input is: Tensor(shape=[3, 4], dtype=float32, place=CUDAPlace(0), stop_gradient=True,
        [[-4.08041382, -1.37199533,  0.25684971,  1.23514259],
         [ 1.85156298, -0.87903994,  0.03754762, -0.25850555],
         [ 0.49341807,  0.11120424,  0.23374186, -1.31872869]])
Output is: Tensor(shape=[3, 1], dtype=float32, place=CUDAPlace(0), stop_gradient=True,
        [[0.50000000],
         [0.50000000],
         [0.50000000]])
```

从输出结果看, 模型最终的输出 $g(\cdot)$ 恒为 0.5. 这是由于采用全 0 初始化后, 不论输入值的大小为多少, Logistic 函数的输入值恒为 0, 因此输出恒为 0.5.

3.1.3 损失函数

在模型训练过程中,需要使用损失函数来量化预测值和真实值之间的差异. 给定一个分类任务, $\boldsymbol{y}$ 表示样本 $\boldsymbol{x}$ 的标签的真实概率分布,向量 $\hat{\boldsymbol{y}} = p(\boldsymbol{y}|\boldsymbol{x})$ 表示预测的标签概率分布. 训练目标是使得 $\hat{\boldsymbol{y}}$ 尽可能地接近 $\boldsymbol{y}$,通常可以使用交叉熵损失函数. 在给定 $\boldsymbol{y}$ 的情况下,如果预测的标签概率分布 $\hat{\boldsymbol{y}}$ 与标签的真实概率分布 $\boldsymbol{y}$ 越接近,交叉熵越小. 如果 $\hat{\boldsymbol{y}}$ 和 $\boldsymbol{y}$ 越远,交叉熵就越大.

对于二分类任务,我们只需要计算 $\hat{y} = p(y=1|\boldsymbol{x})$,用 $1-\hat{y}$ 来表示 $p(y=0|\boldsymbol{x})$. 给定有 N 个训练样本的训练集 $\{(\boldsymbol{x}^{(n)}, y^{(n)})\}_{n=1}^{N}$,使用交叉熵损失函数,Logistic 回归的风险函数计算方式为

$$\mathcal{R}(\boldsymbol{w}, b) = -\frac{1}{N} \sum_{n=1}^{N} \left(y^{(n)} \log \hat{y}^{(n)} + (1 - y^{(n)}) \log(1 - \hat{y}^{(n)}) \right). \tag{3.4}$$

向量形式可以表示为

$$\mathcal{R}(\boldsymbol{w}, b) = -\frac{1}{N} \left(\boldsymbol{y}^{\mathsf{T}} \log \hat{\boldsymbol{y}} + (1 - \boldsymbol{y})^{\mathsf{T}} \log(1 - \hat{\boldsymbol{y}}) \right), \tag{3.5}$$

其中 $\hat{\boldsymbol{y}} \in [0, 1]^N$ 为 N 个样本的预测值构成的 N 维向量.

二分类任务的交叉熵损失函数的代码实现如下:

```
1   # 实现交叉熵损失函数
2   class BinaryCrossEntropyLoss(op.Op):
3       def __init__(self):
4           self.predicts = None
5           self.labels = None
6           self.num = None
7
8       def __call__(self, predicts, labels):
9           return self.forward(predicts, labels)
10
11      def forward(self, predicts, labels):
12          """
13          输入:
14              - predicts: 预测值, shape=[N, 1], N为样本数量
15              - labels: 真实标签, shape=[N, 1]
16          输出:
17              - 损失值: shape=[1]
18          """
19          self.predicts = predicts
20          self.labels = labels
21          self.num = self.predicts.shape[0]
22          loss = -1. / self.num * (paddle.matmul(self.labels.t(), paddle.log(self.predicts)) +
                       paddle.matmul((1-self.labels.t()), paddle.log(1-self.predicts)))
23          loss = paddle.squeeze(loss, axis=1)
```

```
24        return loss
25
26  # 测试一下
27  # 生成一组长度为3，值为1的标签数据
28  labels = paddle.ones(shape=[3,1])
29  # 计算交叉熵损失函数
30  bce_loss = BinaryCrossEntropyLoss()
31  print(bce_loss(outputs, labels))
```

输出结果为：

```
Tensor(shape=[1], dtype=float32, place=CUDAPlace(0), stop_gradient=True,
      [0.69314718])
```

3.1.4 模型优化

不同于线性回归中直接使用最小二乘法即可进行模型参数的求解，Logistic 回归需要使用优化算法对模型参数进行有限次的迭代来获取更优的模型，从而尽可能地降低风险函数的值. 在机器学习任务中，最简单、常用的优化算法是梯度下降法.

使用梯度下降法进行模型优化，首先需要初始化参数 w 和 b，然后不断地计算它们的梯度，并沿梯度的反方向更新参数.

3.1.4.1 梯度计算

在 Logistic 回归中，风险函数 $\mathcal{R}(\boldsymbol{w}, b)$ 关于参数 $\boldsymbol{w}$ 和 b 的偏导数为

$$\frac{\partial \mathcal{R}(\boldsymbol{w}, b)}{\partial \boldsymbol{w}} = -\frac{1}{N} \sum_{n=1}^{N} \boldsymbol{x}^{(n)} (y^{(n)} - \hat{y}^{(n)}) = -\frac{1}{N} \boldsymbol{X}^\top (\boldsymbol{y} - \hat{\boldsymbol{y}}), \tag{3.6}$$

$$\frac{\partial \mathcal{R}(\boldsymbol{w}, b)}{\partial b} = -\frac{1}{N} \sum_{n=1}^{N} (y^{(n)} - \hat{y}^{(n)}) = -\frac{1}{N} \boldsymbol{1}^\top (\boldsymbol{y} - \hat{\boldsymbol{y}}), \tag{3.7}$$

其中 $\boldsymbol{X} \in \mathbb{R}^{N \times D}$ 为 N 个样本组成的特征矩阵，$\boldsymbol{y} \in \mathbb{R}^N$ 为 N 个样本真实标签组成的列向量，$\hat{\boldsymbol{y}}$ 为 N 个样本标签为1的后验概率组成的列向量，$\boldsymbol{1}$ 为 N 维的全1向量.

我们将上面的 Logistic 回归算子增加 backward 函数来实现偏导数的计算过程，并将偏导数（即梯度）存放在 Logistic 回归算子的 grads 属性中，方便后续的调用.

```
1  class Model_LR(op.Op):
2      def __init__(self, input_size):
3          super(Model_LR, self).__init__()
4          # 存放线性层参数
5          self.params = {}
6          # 将线性层的权重参数全部初始化为0
```

```
7          self.params['w'] = paddle.zeros(shape=[input_size, 1])
8          # 将线性层的偏置参数初始化为0
9          self.params['b'] = paddle.zeros(shape=[1])
10         # 存放参数的梯度
11         self.grads = {}
12         self.X = None
13         self.outputs = None
14
15     def __call__(self, inputs):
16         return self.forward(inputs)
17
18     def forward(self, inputs):
19         self.X = inputs
20         # 线性计算
21         score = paddle.matmul(inputs, self.params['w']) + self.params['b']
22         # Logistic函数
23         self.outputs = logistic(score)
24         return self.outputs
25
26     def backward(self, labels):
27         """
28         输入:
29            - labels: 真实标签, shape=[N, 1]
30         """
31         N = labels.shape[0]
32         # 计算偏导数
33         self.grads['w'] = -1 / N * paddle.matmul(self.X.t(), (labels - self.outputs))
34         self.grads['b'] = -1 / N * paddle.sum(labels - self.outputs)
```

> **提醒**
>
> 这里 backward 函数中实现的梯度并不是 forward 函数对应的梯度,而是最终损失(即 forward 函数 + 交叉熵函数)关于参数的梯度. 由于我们这里的梯度是手动计算的,所以我们直接给出了最终的梯度.

3.1.4.2 优化器

在计算参数的梯度之后,采用梯度下降法,按照下面公式更新参数:

$$\boldsymbol{w} \leftarrow \boldsymbol{w} - \alpha \frac{\partial \mathcal{R}(\boldsymbol{w}, b)}{\partial \boldsymbol{w}}, \tag{3.8}$$

$$b \leftarrow b - \alpha \frac{\partial \mathcal{R}(\boldsymbol{w}, b)}{\partial \boldsymbol{w}}, \tag{3.9}$$

其中 α 为学习率.

将上面的参数更新过程包装为优化器,首先定义一个优化器基类Optimizer,方便后续所有的优化器调用. 在这个基类中,需要初始化优化器的初始学习率init_lr,以及指定优化器需要优化的参数. 代码实现如下:

```
1   from abc import abstractmethod
2
3   # 优化器基类
4   class Optimizer(object):
5       def __init__(self, init_lr, model):
6           """
7           优化器类初始化
8           """
9           # 初始化学习率,用于参数更新的计算
10          self.init_lr = init_lr
11          # 指定优化器需要优化的模型
12          self.model = model
13
14      @abstractmethod
15      def step(self):
16          """
17          定义每次迭代如何更新参数
18          """
19          pass
```

3.1.4.3　梯度下降优化器

实现一个梯度下降法的优化器函数SimpleBatchGD来执行参数更新过程. 其中step函数从模型的grads属性取出参数的梯度并更新. 代码实现如下:

```
1   class SimpleBatchGD(Optimizer):
2       def __init__(self, init_lr, model):
3           super(SimpleBatchGD, self).__init__(init_lr=init_lr, model=model)
4
5       def step(self):
6           # 参数更新
7           # 遍历所有参数,按照公式(3.8)和公式(3.9)更新参数
8           if isinstance(self.model.params, dict):
9               for key in self.model.params.keys():
10                  self.model.params[key] = self.model.params[key] - self.init_lr * self.model.
                        grads[key]
```

3.1.5 评价指标

在分类任务中,通常使用准确率(Accuracy)作为评价指标.如果模型预测的类别与真实类别一致,则说明模型预测正确.准确率是正确预测的数量与总的预测数量的比值.给定为 N 个样本的标签构成的 N 维标签向量 $\boldsymbol{y} \in \{0,1\}^N$ 和预测值向量 $\hat{\boldsymbol{y}} \in [0,1]^N$,

$$\mathcal{A} = \frac{1}{N} \mathbf{1}^\top I(\boldsymbol{y} = \hat{\boldsymbol{y}}), \tag{3.10}$$

其中 $I(\cdot)$ 是指示函数.代码实现如下:

```
1  def accuracy(preds, labels):
2      """
3      输入:
4          - preds: 预测值. shape=[N, 1]是二分类, N为样本数量; shape=[N, C]是多分类, C为类别数量
5          - labels: 真实标签, shape=[N, 1]
6      输出:
7          - 准确率: shape=[1]
8      """
9      # 判断是二分类任务还是多分类任务. preds.shape[1]=1时为二分类任务, preds.shape[1]>1时为多分类
           任务
10      if preds.shape[1] == 1:
11          # 二分类时, 判断每个概率值是否大于0.5, 当大于0.5时类别为1, 否则类别为0
12          # 使用'paddle.cast'将preds的数据类型转换为float32类型
13          preds = paddle.cast((preds>=0.5), dtype='float32')
14      else:
15          # 多分类时, 使用'paddle.argmax'计算最大元素索引作为类别
16          preds = paddle.argmax(preds, axis=1, dtype='int32')
17      return paddle.mean(paddle.cast(paddle.equal(preds, labels), dtype='float32'))
18
19  # 假设模型的预测值为[[0.],[1.],[1.],[0.]], 真实类别为[[1.],[1.],[0.],[0.]], 计算准确率
20  preds = paddle.to_tensor([[0.],[1.],[1.],[0.]])
21  labels = paddle.to_tensor([[1.],[1.],[0.],[0.]])
22  print("accuracy is:", accuracy(preds, labels))
```

输出结果为:

```
accuracy is: Tensor(shape=[1], dtype=float32, place=CUDAPlace(0), stop_gradient=True,
    [0.50000000])
```

3.1.6 完善 Runner 类:RunnerV2

在第2章中实现的RunnerV1是针对可以直接计算最优参数解析解的情况.由于本章采用梯度下降法进行优化,所以需要对Runner类进行完善,在train函数中引入梯度下降法的迭代更新参

数的过程. 此外, 基于早停法（Early Stopping）的思想, 在训练模型过程中引入验证集, 并计算验证集上的交叉熵损失函数及评价指标, 并保存最优模型.

> **笔记**
>
> 早停法是在使用梯度下降法进行模型优化时常用的正则化方法. 对于某些拟合能力非常强的机器学习算法, 当训练回合数较多时, 容易发生过拟合现象, 即在训练集上错误率很低, 但是在未知数据（或测试集）上的错误率很高. 为了解决这一问题, 通常会在模型优化时, 使用验证集上的错误代替期望错误. 当验证集上的错误率不再下降时, 就停止迭代. 在RunnerV2中, 模型训练过程中会按照早停法的思想保存验证集上的最优模型.

RunnerV2的代码实现如下:

```
1   # 使用RunnerV2类封装整个训练过程
2   class RunnerV2(object):
3       def __init__(self, model, optimizer, metric, loss_fn):
4           self.model = model
5           self.optimizer = optimizer
6           self.loss_fn = loss_fn
7           self.metric = metric
8           # 记录训练过程中的评价指标变化情况
9           self.train_scores = []
10          self.dev_scores = []
11          # 记录训练过程中的损失函数变化情况
12          self.train_loss = []
13          self.dev_loss = []
14
15      def train(self, train_set, dev_set, **kwargs):
16          # 传入训练回合数, 如果没有传入值, 则默认为0
17          num_epochs = kwargs.get("num_epochs", 0)
18          # 传入log打印频率, 如果没有传入值, 则默认为100
19          log_epochs = kwargs.get("log_epochs", 100)
20          # 传入模型保存路径, 如果没有传入值, 则默认为"model_best.pdparams"
21          save_path = kwargs.get("save_path", "model_best.pdparams")
22          # 梯度打印函数, 如果没有传入, 则默认为"None"
23          print_grads = kwargs.get("print_grads", None)
24          # 记录全局最优指标
25          best_score = 0
26          # 在整个数据集上训练num_epochs个回合
27          for epoch in range(num_epochs):
28              X, y = train_set
29              # 获取模型预测
30              logits = self.model(X)
31              # 计算交叉熵损失
```

```
32              trn_loss = self.loss_fn(logits, y).item()
33              self.train_loss.append(trn_loss)
34              # 计算评价指标
35              trn_score = self.metric(logits, y).item()
36              self.train_scores.append(trn_score)
37              # 计算参数梯度
38              self.model.backward(y)
39              if print_grads is not None:
40                  # 打印每一层的梯度
41                  print_grads(self.model)
42              # 更新模型参数
43              self.optimizer.step()
44              dev_score, dev_loss = self.evaluate(dev_set)
45              # 如果当前指标为最优指标，保存该模型
46              if dev_score > best_score:
47                  self.save_model(save_path)
48                  print(f"best accuracy performance has been updated: {best_score:.5f} --> {
                        dev_score:.5f}")
49                  best_score = dev_score
50              if epoch % log_epochs == 0:
51                  print(f"[Train] epoch: {epoch}, loss: {trn_loss}, score: {trn_score}")
52                  print(f"[Dev] epoch: {epoch}, loss: {dev_loss}, score: {dev_score}")
53
54      def evaluate(self, data_set):
55          X, y = data_set
56          # 计算模型输出
57          logits = self.model(X)
58          # 计算损失函数
59          loss = self.loss_fn(logits, y).item()
60          self.dev_loss.append(loss)
61          # 计算评价指标
62          score = self.metric(logits, y).item()
63          self.dev_scores.append(score)
64          return score, loss
65
66      def predict(self, X):
67          return self.model(X)
68
69      def save_model(self, save_path):
70          paddle.save(self.model.params, save_path)
71
72      def load_model(self, save_path):
73          self.model.params = paddle.load(save_path)
```

RunnerV2类引入了梯度下降法和早停法来进行参数优化,请思考上面的代码
实现中还有哪些不足并动手改进.

3.1.7   模型训练

下面进行 Logistic 回归模型的训练,使用交叉熵损失函数和梯度下降法进行优化. 使用训练集
和验证集进行模型训练,共训练 500 个回合,每隔 50 个回合打印出训练集上的指标. 代码实现如下:

```
1  # 特征维度
2  input_size = 2
3  # 实例化模型
4  model = model_LR(input_size)
5  # 指定优化器
6  optimizer = SimpleBatchGD(init_lr=0.1, model=model)
7  # 指定损失函数
8  loss_fn = BinaryCrossEntropyLoss()
9  # 指定评价指标
10 metric = accuracy
11 # 实例化RunnerV2类,并传入训练配置
12 runner = RunnerV2(model, optimizer, metric, loss_fn)
13 # 模型训练
14 runner.train([X_train, y_train], [X_dev, y_dev], num_epochs=500, log_epochs=50, "./
      checkpoint/model_best.pdparams")
```

```
best accuracy performance has been updated: 0.00000 --> 0.81250
[Train] epoch: 0,  loss: 0.6931471824645996, score: 0.504687488079071
[Dev] epoch: 0,  loss: 0.6820024847984314, score: 0.8125
best accuracy performance has been updated: 0.81250 --> 0.82500
best accuracy performance has been updated: 0.82500 --> 0.83125
best accuracy performance has been updated: 0.83125 --> 0.83750
best accuracy performance has been updated: 0.83750 --> 0.84375
best accuracy performance has been updated: 0.84375 --> 0.85000
best accuracy performance has been updated: 0.85000 --> 0.85625
[Train] epoch: 50,  loss: 0.4989665150642395, score: 0.7749999761581421
[Dev] epoch: 50,  loss: 0.4575679302215576, score: 0.856249988079071
best accuracy performance has been updated: 0.85625 --> 0.86250
best accuracy performance has been updated: 0.86250 --> 0.86875
best accuracy performance has been updated: 0.86875 --> 0.87500
[Train] epoch: 100,  loss: 0.4643605351448059, score: 0.776562511920929
[Dev] epoch: 100,  loss: 0.4035855233669281, score: 0.875
best accuracy performance has been updated: 0.87500 --> 0.88125
best accuracy performance has been updated: 0.88125 --> 0.88750
```

[Train] epoch: 150, loss : 0.4521058201789856, score: 0.785937488079071

[Dev] epoch: 150, loss : 0.3803170323371887, score: 0.875

[Train] epoch: 200, loss : 0.44640856981277466, score: 0.785937488079071

[Dev] epoch: 200, loss : 0.36763834953308105, score: 0.875

[Train] epoch: 250, loss : 0.4433480203151703, score: 0.784375011920929

[Dev] epoch: 250, loss : 0.3598204255104065, score: 0.887499988079071

[Train] epoch: 300, loss : 0.44155821204185486, score: 0.7828124761581421

[Dev] epoch: 300, loss : 0.3546278476715088, score: 0.887499988079071

[Train] epoch: 350, loss : 0.4404553472995758, score: 0.785937488079071

[Dev] epoch: 350, loss : 0.35100534558296204, score: 0.887499988079071

[Train] epoch: 400, loss : 0.4397527873516083, score: 0.7890625

[Dev] epoch: 400, loss : 0.34838804602622986, score: 0.8812500238418579

[Train] epoch: 450, loss : 0.43929529190063477, score: 0.7875000238418579

[Dev] epoch: 450, loss : 0.34644609689712524, score: 0.8812500238418579

> **提醒**
>
> 基于梯度下降法的模型训练时，输出比较类似. 为不占用篇幅，在后面的章节中就不再展示具体的程序输出.

训练过程可视化 可视化观察训练集与验证集的准确率变化情况. 代码实现如下：

```
1  # 可视化观察训练集与验证集的评价指标变化情况
2  def plot(runner):
3      plt.figure()
4      plt.subplot(1,2,1)
5      epochs = [i for i in range(len(runner.train_scores))]
6      # 绘制训练集的准确率变化曲线
7      plt.plot(epochs, runner.train_scores, color='red', label="Train accuracy")
8      # 绘制验证集的准确率变化曲线
9      plt.plot(epochs, runner.dev_scores, color='blue', label="Dev accuracy")
10     # 绘制坐标轴和图例
11     plt.ylabel("score")
12     plt.legend(loc='upper left')
13     plt.subplot(1,2,2)
14     # 绘制训练集的损失变化曲线
15     plt.plot(epochs, runner.train_loss, color='red', label="Train loss")
16     # 绘制验证集的损失变化曲线
17     plt.plot(epochs, runner.dev_loss, color='blue', label="Dev loss")
18     # 绘制坐标轴和图例
19     plt.ylabel("loss")
20     plt.legend(loc='upper left')
21     plt.tight_layout()
22     plt.show()
23
```

```
24  plot(runner)
```

输出结果如图3.4所示,在训练集与验证集上,损失得到了收敛,同时准确率指标达到了较高的水平,训练比较充分.

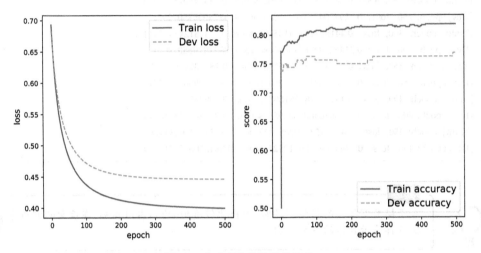

图 3.4 准确率和损失变化趋势

3.1.8 模型评价

使用测试集对训练完成后的最终模型进行评价,观察模型在测试集上的准确率和损失变化.

```
1  score, loss = runner.evaluate([X_test, y_test])
2  print("[Test] score/loss: {:.4f}/{:.4f}".format(score, loss))
```

输出结果为:

[Test] score/loss: 0.7550/0.4791

动手练习 3.2
尝试调整学习率和训练回合数等超参数,观察训练过程,并努力得到更高的准确率.

3.2 基于Softmax回归的多分类任务

Logistic 回归可以有效地解决二分类问题. 但更广泛的分类任务是多分类(Multi-Classification)问题,即类别数 C 大于 2 的分类问题. Softmax 回归就是 Logistic 回归在多分类问题上的推广.

在 Softmax 回归中，类别标签 $y \in \{1, 2, ..., C\}$. 给定一个样本 $\boldsymbol{x}$，使用 Softmax 回归预测的属于类别 c 的条件概率为

$$p(y = c|\boldsymbol{x}) = \mathrm{softmax}(\boldsymbol{w}_c^\mathsf{T}\boldsymbol{x} + b_c), \tag{3.11}$$

其中 $\boldsymbol{w}_c$ 是第 c 类的权重向量，b_c 是第 c 类的偏置.

Softmax 回归模型其实就是线性函数与 Softmax 函数的组合. 下面我们动手实现 Softmax 回归模型，并在一个简单的数据集上进行多分类实验.

3.2.1 数据集构建

我们首先构建一个简单的多分类任务，并构建训练集、验证集和测试集. 本任务的数据来自 3 个不同的簇，每个簇对一个类别. 这里，我们构建一个简单的 3 分类数据集：Multi1000 数据集，包含 1000 条样本，每个样本包含 2 个特征.

数据集的构建函数 `make_multi` 的代码实现如下：

```
1  import numpy as np
2
3  def make_multiclass_classification(n_samples=100, n_features=2, n_classes=3, shuffle=True,
       noise=0.1):
4      """
5      生成带噪声的多类别数据
6      输入：
7         - n_samples：样本数量，数据类型为int
8         - n_features：特征数量，数据类型为int
9         - shuffle：是否打乱数据，数据类型为bool
10        - noise：以多大的程度增加噪声，数据类型为None或float，noise为None时表示不增加噪声
11     输出：
12        - X：特征数据，shape=[n_samples,2]
13        - y：标签数据，shape=[n_samples,1]
14     """
15     # 计算每个类别的样本数量
16     n_samples_per_class = [int(n_samples / n_classes) for k in range(n_classes)]
17     for i in range(n_samples - sum(n_samples_per_class)):
18         n_samples_per_class[i % n_classes] += 1
19     # 将特征和标签初始化为0
20     X = paddle.zeros([n_samples, n_features])
21     y = paddle.zeros([n_samples], dtype='int32')
22     # 随机生成3个簇中心作为类别中心
23     centroids = paddle.randperm(2 ** n_features)[:n_classes]
24     centroids_bin = np.unpackbits(centroids.numpy().astype('uint8')).reshape((-1, 8))[:, -
           n_features:]
25     centroids = paddle.to_tensor(centroids_bin, dtype='float32')
```

```
26    # 控制簇中心的分离程度
27    centroids = 1.5 * centroids - 1
28    # 随机生成特征值
29    X[:, :n_features] = paddle.randn(shape=[n_samples, n_features])
30
31    stop = 0
32    # 将每个类的特征值控制在簇中心附近
33    for k, centroid in enumerate(centroids):
34        start, stop = stop, stop + n_samples_per_class[k]
35        # 指定标签值
36        y[start:stop] = k % n_classes
37        X_k = X[start:stop, :n_features]
38        # 控制每个类别特征值的分散程度
39        A = 2 * paddle.rand(shape=[n_features, n_features]) - 1
40        X_k[...] = paddle.matmul(X_k, A)
41        X_k += centroid
42        X[start:stop, :n_features] = X_k
43
44    # 如果noise不为None，则给特征加入噪声
45    if noise > 0.0:
46        # 生成noise掩码，用来指定给哪些样本加入噪声
47        noise_mask = paddle.rand([n_samples]) < noise
48        for i in range(len(noise_mask)):
49            if noise_mask[i]:
50                # 给加噪声的样本随机赋标签值
51                y[i] = paddle.randint(n_classes, shape=[1]).astype('int32')
52    # 如果shuffle为True，将所有数据打乱
53    if shuffle:
54        idx = paddle.randperm(X.shape[0])
55        X = X[idx]
56        y = y[idx]
57
58    return X, y
```

随机采集1000个样本，并进行可视化.

```
1    # 固定随机种子，保持每次运行结果一致
2    paddle.seed(102)
3    # 采样1000个样本
4    n_samples = 1000
5    X, y = make_multiclass_classification(n_samples=n_samples, n_features=2, n_classes=3,
         noise=0.2)
6
7    # 可视化生产的数据集，不同颜色代表不同类别
8    plt.figure(figsize=(5,5))
```

```
 9  plt.scatter(x=X[:, 0].tolist(), y=X[:, 1].tolist(), marker='*', c=y.tolist())
10  plt.show()
```

输出结果如图3.5所示.

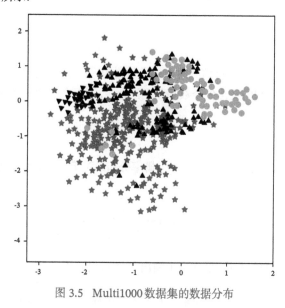

图 3.5 Multi1000 数据集的数据分布

将实验数据拆分成训练集、验证集和测试集. 其中训练集数据 640 条、验证集数据 160 条、测试集数据 200 条. 代码实现如下:

```
 1  num_train = 640
 2  num_dev = 160
 3  num_test = 200
 4
 5  X_train, y_train = X[:num_train], y[:num_train]
 6  X_dev, y_dev = X[num_train:num_train + num_dev], y[num_train:num_train + num_dev]
 7  X_test, y_test = X[num_train + num_dev:], y[num_train + num_dev:]
 8
 9  # 打印X_train和y_train的维度
10  print("X_train shape: ", X_train.shape, "y_train shape: ", y_train.shape)
```

输出结果为:

```
X_train shape:  [320, 2] y_train shape:  [320, 3]
```

这样,我们就完成了Multi1000数据集的构建.

```
 1  # 打印前5个数据的标签
 2  print(y_train[:5])
```

输出结果为:

```
Tensor(shape=[5], dtype=int32, place=CPUPlace, stop_gradient=True,
       [0, 1, 2, 2, 0])
```

3.2.2 模型构建

在 Softmax 回归中,对类别进行预测的方式是预测输入属于每个类别的条件概率. 与 Logistic 回归不同的是, Softmax 回归的输出值个数等于类别数 C, 而每个类别的概率值则通过 Softmax 函数进行求解.

3.2.2.1 Softmax 函数

Softmax 函数可以将多个标量映射为一个概率分布. 对于一个 K 维向量, $\boldsymbol{x} = [x_1, \cdots, x_K]$, Softmax 的计算公式为

$$\text{softmax}(x_k) = \frac{\exp(x_k)}{\sum_{i=1}^{K} \exp(x_i)}. \tag{3.12}$$

在 Softmax 函数的计算过程中,要注意上溢出和下溢出问题:

- 上溢出: 假设 $\boldsymbol{x}$ 中的一个或多个元素是非常大的正数,此时 $\exp(\boldsymbol{x})$ 会发生上溢出现象,导致数值计算问题.
- 下溢出: 假设 $\boldsymbol{x}$ 中元素都是非常大的负数,此时 $\exp(\boldsymbol{x})$ 会发生下溢出现象. 计算机在进行数值计算时,当数值过小,会被四舍五入为 0. 此时, Softmax 函数的分母会变为 0,也会导致数值计算问题.

为了解决上溢出和下溢出的问题,在计算 Softmax 函数时,可以使用 $x_k - \max(\boldsymbol{x})$ 代替 x_k. 此时,通过减去最大值, x_k 最大为 0,避免了上溢出问题. 同时,分母中至少会包含一个 $\exp(0) = 1$ 的加和项,从而也避免了下溢出问题.

Softmax 函数的代码实现如下:

```
1  # X为张量
2  def softmax(X):
3      """
4      输入:
5         - X: shape=[N, D], N为样本数量, D为特征维度
6      """
7      x_max = paddle.max(X, axis=1, keepdim=True)
8      x_exp = paddle.exp(X - x_max)
9      partition = paddle.sum(x_exp, axis=1, keepdim=True)
10     return x_exp / partition
11
```

```
12  # 观察softmax的计算方式
13  X = paddle.to_tensor([[0.1, 0.2, 0.3, 0.4]])
14  predict = softmax(X)
15  print(predict)
```

输出结果为:

Tensor(shape=[1, 4], dtype=float32, place=CUDAPlace(0), stop_gradient=True,
    [[0.21383820, 0.23632780, 0.26118258, 0.28865141]])

3.2.2.2 Softmax 回归模型

为了保持和代码实现的一致性, 我们以批量的形式来定义 Softmax 回归模型. 将 N 个样本归为一组, 令 $\boldsymbol{X} \in \mathbb{R}^{N \times D}$ 为 N 个样本的特征矩阵, $\hat{\boldsymbol{Y}} \in \mathbb{R}^{N \times C}$ 为模型预测的 N 个样本类别条件概率组成的矩阵, 则

$$\hat{\boldsymbol{Y}} = \text{softmax}(\boldsymbol{X}\boldsymbol{W} + \boldsymbol{b}), \tag{3.13}$$

其中 $\boldsymbol{W} \in \mathbb{R}^{D \times C}$ 为权重矩阵, 每一列对应一个类别的权重向量, $\boldsymbol{b} \in \mathbb{R}^{C}$ 为 C 维的偏置. 这里矩阵 $\boldsymbol{X}\boldsymbol{W}$ 和向量 $\boldsymbol{b}$ 按张量的广播机制进行加和, 即矩阵 $\boldsymbol{X}\boldsymbol{W}$ 中的第 c 列元素都加上 b_c.

根据公式(3.13)实现 Softmax 回归模型, 代码实现如下:

```
1   class Model_SR(op.Op):
2       def __init__(self, input_size, output_size):
3           super(Model_SR, self).__init__()
4           self.params = {}
5           # 将线性层的权重参数全部初始化为0
6           self.params['W'] = paddle.zeros(shape=[input_size, output_size])
7           # 将线性层的偏置参数初始化为0
8           self.params['b'] = paddle.zeros(shape=[output_size])
9           self.outputs = None
10
11      def __call__(self, inputs):
12          return self.forward(inputs)
13
14      def forward(self, inputs):
15          """
16          输入:
17              - inputs: shape=[N,D], N是样本数量, D是特征维度
18          输出:
19              - outputs: 预测值, shape=[N,C], C是类别数
20          """
21          # 线性计算
22          score = paddle.matmul(inputs, self.params['W']) + self.params['b']
23          # Softmax函数
```

```
24          self.outputs = softmax(score)
25          return self.outputs
26
27  # 随机生成1条长度为4的数据
28  inputs = paddle.randn(shape=[1,4])
29  print('Input is:', inputs)
30  # 实例化模型，输入长度为4，输出类别数为3
31  model = Model_SR(input_size=4, output_size=3)
32  outputs = model(inputs)
33  print('Output is:', outputs)
```

输出结果为：

Input is: Tensor(shape=[1, 4], dtype=float32, place=CUDAPlace(0), stop_gradient=True,
　　　　[[0.20760089, 0.87630039, 0.23248361, 0.02936323]])
Output is: Tensor(shape=[1, 3], dtype=float32, place=CUDAPlace(0), stop_gradient=True,
　　　　[[0.33333334, 0.33333334, 0.33333334]])

从输出结果看，采用全0初始化后，属于每个类别的条件概率均为 $\frac{1}{C}$. 这是因为不论输入值的大小为多少，线性函数 $f(\boldsymbol{x};\boldsymbol{W},\boldsymbol{b})$ 的输出值恒为0. 此时，再经过 Softmax 函数的处理，每个类别的条件概率恒等.

3.2.3　损失函数

Softmax 回归同样使用交叉熵损失作为损失函数，并使用梯度下降法对参数进行优化. 通常使用 C 维的 one-hot 类型向量 $\boldsymbol{y} \in \{0,1\}^C$ 来表示多分类任务中的类别标签. 对于类别 c，其向量表示为

$$\boldsymbol{y} = [I(1=c), I(2=c), ..., I(C=c)]^\top, \tag{3.14}$$

其中 $I(\cdot)$ 是指示函数，即括号内的输入为"真"，$I(\cdot)=1$，否则，$I(\cdot)=0$.

给定有 N 个训练样本的训练集 $\{(\boldsymbol{x}^{(n)}, y^{(n)})\}_{n=1}^N$，令 $\hat{\boldsymbol{y}}^{(n)} = \text{softmax}(\boldsymbol{W}^\top \boldsymbol{x}^{(n)} + \boldsymbol{b})$ 为样本 $\boldsymbol{x}^{(n)}$ 在每个类别的后验概率. 多分类问题的交叉熵损失函数定义为

$$\mathcal{R}(\boldsymbol{W},\boldsymbol{b}) = -\frac{1}{N}\sum_{n=1}^N (\boldsymbol{y}^{(n)})^\top \log \hat{\boldsymbol{y}}^{(n)} = -\frac{1}{N}\sum_{n=1}^N \sum_{c=1}^C y_c^{(n)} \log \hat{y}_c^{(n)}. \tag{3.15}$$

观察上式，$y_c^{(n)}$ 在 c 为真实类别时为1，其余都为0. 也就是说，交叉熵损失只关心正确类别的预测概率，因此，上式又可以优化为

$$\mathcal{R}(\boldsymbol{W},\boldsymbol{b}) = -\frac{1}{N}\sum_{n=1}^N \log[\hat{\boldsymbol{y}}^{(n)}]_{y^{(n)}}, \tag{3.16}$$

其中 $y^{(n)}$ 是第 n 个样本的标签.

多类交叉熵损失函数的代码实现如下:

```
1   class MultiCrossEntropyLoss(op.Op):
2       def __init__(self):
3           self.predicts = None
4           self.labels = None
5           self.num = None
6
7       def __call__(self, predicts, labels):
8           return self.forward(predicts, labels)
9
10      def forward(self, predicts, labels):
11          """
12          输入:
13              - predicts: 预测值, shape=[N, C], N为样本数量
14              - labels: 真实标签, shape=[N]
15          输出:
16              - 损失值: shape=[1]
17          """
18          self.predicts = predicts
19          self.labels = labels
20          self.num = self.predicts.shape[0]
21          loss = 0
22          for i in range(0, self.num):
23              index = self.labels[i]
24              loss -= paddle.log(self.predicts[i][index])
25          return loss / self.num
26
27  # 测试一下
28  # 假设真实标签为第1类
29  labels = paddle.to_tensor([0])
30  # 计算多类交叉熵损失函数
31  mce_loss = MultiCrossEntropyLoss()
32  print(mce_loss(outputs, labels))
```

输出结果为:

```
Tensor(shape=[1], dtype=float32, place=CUDAPlace(0), stop_gradient=True,
       [1.09861231])
```

3.2.4 模型优化

使用梯度下降法进行参数学习.

3.2.4.1　梯度计算

计算风险函数 $\mathcal{R}(\boldsymbol{W}, \boldsymbol{b})$ 关于参数 $\boldsymbol{W}$ 和 $\boldsymbol{b}$ 的偏导数. 在 Softmax 回归中, 计算方法为

$$\frac{\partial \mathcal{R}(\boldsymbol{W}, \boldsymbol{b})}{\partial \boldsymbol{W}} = -\frac{1}{N} \sum_{n=1}^{N} \boldsymbol{x}^{(n)} (y^{(n)} - \hat{y}^{(n)})^\mathsf{T} = -\frac{1}{N} \boldsymbol{X}^\mathsf{T} (\boldsymbol{y} - \hat{\boldsymbol{y}}), \tag{3.17}$$

$$\frac{\partial \mathcal{R}(\boldsymbol{W}, \boldsymbol{b})}{\partial \boldsymbol{b}} = -\frac{1}{N} \sum_{n=1}^{N} (y^{(n)} - \hat{y}^{(n)})^\mathsf{T} = -\frac{1}{N} \mathbf{1}^\mathsf{T} (\boldsymbol{y} - \hat{\boldsymbol{y}}), \tag{3.18}$$

其中 $\boldsymbol{X} \in \mathbb{R}^{N \times D}$ 为 N 个样本组成的矩阵, $\boldsymbol{y} \in \mathbb{R}^{N \times C}$ 为 N 个样本的真实标签的 one-hot 向量组成的矩阵, $\hat{\boldsymbol{y}} \in \mathbb{R}^{N \times C}$ 为模型预测的 N 个样本的类条件概率组成的矩阵, $\mathbf{1}$ 为 N 维的全 1 向量.

将上述计算方法定义在模型的 backward 函数中, 代码实现如下:

```
1   class Model_SR(op.Op):
2       def __init__(self, input_size, output_size):
3           super(Model_SR, self).__init__()
4           self.params = {}
5           # 将线性层的权重参数全部初始化为0
6           self.params['W'] = paddle.zeros(shape=[input_size, output_size])
7           # 将线性层的偏置参数初始化为0
8           self.params['b'] = paddle.zeros(shape=[output_size])
9           # 存放参数的梯度
10          self.grads = {}
11          self.X = None
12          self.outputs = None
13          self.output_size = output_size
14
15      def __call__(self, inputs):
16          return self.forward(inputs)
17
18      def forward(self, inputs):
19          self.X = inputs
20          # 线性计算
21          score = paddle.matmul(self.X, self.params['W']) + self.params['b']
22          # Softmax函数
23          self.outputs = softmax(score)
24          return self.outputs
25
26      def backward(self, labels):
27          """
28          输入:
29              - labels: 真实标签, shape=[N, 1], 其中N为样本数量
30          """
31          # 计算偏导数
32          N =labels.shape[0]
```

```
33    labels = paddle.nn.functional.one_hot(labels, self.output_size)
34    self.grads['W'] = -1 / N * paddle.matmul(self.X.t(), (labels-self.outputs))
35    self.grads['b'] = -1 / N * paddle.matmul(paddle.ones(shape=[N]), (labels-self.
          outputs))
```

提醒

这里backward函数中实现的梯度并不是forward函数对应的梯度,而是最终损失(即forward函数＋交叉熵函数)关于参数的梯度. 由于我们这里的梯度是手动计算的,所以我们直接给出了最终的梯度.

3.2.4.2 参数更新

在计算参数的梯度之后,我们使用第3.1.4.3节实现的梯度下降法进行参数更新.

3.2.5 模型训练

实例化RunnerV2类,并传入训练配置. 使用训练集和验证集进行模型训练,共训练500个回合(Epoch). 每间隔50个回合打印训练集上的评价指标. 代码实现如下:

```
1  # 特征维度
2  input_size = 2
3  # 类别数
4  output_size = 3
5  # 实例化模型
6  model = model_SR(input_size, output_size)
7  # 指定优化器
8  optimizer = SimpleBatchGD(init_lr=0.1, model=model)
9  # 指定损失函数
10 loss_fn = MultiCrossEntropyLoss()
11 # 指定评价指标
12 metric = accuracy
13 # 实例化RunnerV2类
14 runner = RunnerV2(model, optimizer, metric, loss_fn)
15 # 模型训练
16 runner.train([X_train, y_train], [X_dev, y_dev], num_epochs=500, log_eopchs=50,
       eval_epochs=1, "./checkpoint/model_best.pdparams")
17
18 # 可视化观察训练集与验证集的准确率变化情况
19 plot(runner)
```

输出结果如图3.6所示.

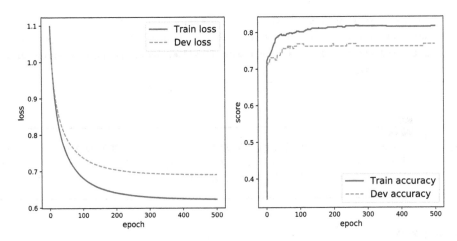

图 3.6　准确率和损失变化趋势

动手练习 3.3

在解决多分类问题时,还有一个思路是将每个类别的求解问题拆分成一个二分类任务,通过判断是否属于该类别来确定最终结果.请分别尝试两种求解思路,观察哪种思路能够取得更好的结果.

3.2.6　模型评价

使用测试集对训练完成后的最终模型进行评价,观察模型在测试集上的准确率.代码实现如下:

```
1  score, loss = runner.evaluate([X_test, y_test])
2  print("[Test] score/loss: {:.4f}/{:.4f}".format(score, loss))
```

输出结果为:

[Test] score/loss: 0.7400/0.7366

3.3　实践:基于Softmax回归完成鸢尾花分类任务

在本节,我们用入门机器学习的基础实验之一"鸢尾花分类任务"来进行实践,使用经典学术数据集 Iris 作为训练数据,实现基于 Softmax 回归的鸢尾花分类任务.

机器学习的实践流程主要包括以下8个步骤:数据处理、模型构建、损失函数定义、优化器构建、评价指标定义、模型训练、模型评价和模型预测等,其中前5个步骤也可以看作模型准备阶段,即在开始训练前完成机器学习实践五要素的准备.

具体使用Runner类的流程如下：

1）　数据处理：根据数据的原始格式，完成相应的预处理操作，保证模型正常读取.

2）　模型构建：构建机器学习模型.本实践使用的分类模型为Softmax回归模型.

3）　训练配置：训练相关的一些配置，如：损失函数定义、优化器构建、评价指标定义等.本实践使用的损失函数为交叉熵损失，优化器为梯度下降法，评价指标为准确率.

4）　组装Runner类：将模型配置传入Runner类，并实例化Runner类.

5）　模型训练、评价和预测：利用Runner进行模型训练、模型评价和模型预测.

> **笔记**
>
> 使用机器学习进行实践时的操作流程基本一致，后文不再赘述.

3.3.1　数据处理

3.3.1.1　数据集介绍

Iris数据集也称为鸢尾花数据集，包含了3种鸢尾花类别（Setosa、Versicolour、Virginica），每种类别有50个样本，共计150个样本.其中每个样本中包含了4个属性：花萼长度、花萼宽度、花瓣长度以及花瓣宽度，本实验通过鸢尾花这4个属性来判断该样本的类别.

鸢尾花的属性如表3.1所示，类别如表3.2所示.

表 3.1　鸢尾花属性

属性1	属性2	属性3	属性4
sepal_length	sepal_width	petal_length	petal_width
花萼长度	花萼宽度	花瓣长度	花瓣宽度

表 3.2　鸢尾花类别

英文名	中文名	标签
Setosa lris	狗尾巴草鸢尾	0
Versicolour lris	杂色鸢尾	1
Virginica lris	弗吉尼亚鸢尾	2

表3.3给出了鸢尾花数据集的一些样本示例.

表 3.3　鸢尾花数据集的一些样本示例

sepal_length	sepal_width	petal_length	petal_width	species
5.1	3.5	1.4	0.2	setosa
4.9	3	1.4	0.2	setosa
4.7	3.2	1.3	0.2	setosa
...	...	...	...	...

3.3.1.2　数据读取

本实验中将数据集划分为三个部分, 将 80% 的数据用于模型训练, 10% 的数据用于模型验证, 10% 的数据用于模型测试. 代码实现如下:

```
1   from sklearn.datasets import load_iris
2
3   # 加载数据集
4   def load_data(shuffle=True):
5       """
6       加载鸢尾花数据
7       输入:
8           - shuffle: 是否打乱数据, 数据类型为bool
9       输出:
10          - X: 特征数据, shape=[150,4]
11          - y: 标签数据, shape=[150]
12      """
13      # 加载原始数据
14      X = np.array(load_iris().data, dtype=np.float32)
15      y = np.array(load_iris().target, dtype=np.int32)
16
17      X = paddle.to_tensor(X)
18      y = paddle.to_tensor(y)
19
20      # 数据归一化
21      X_min = paddle.min(X, axis=0)
22      X_max = paddle.max(X, axis=0)
23      X = (X-X_min) / (X_max-X_min)
24
25      # 如果shuffle为True, 随机打乱数据
26      if shuffle:
27          idx = paddle.randperm(X.shape[0])
28          X = X[idx]
29          y = y[idx]
```

```
30      return X, y
31
32  # 固定随机种子
33  paddle.seed(102)
34
35  num_train = 120
36  num_dev = 15
37  num_test = 15
38
39  X, y = load_data(shuffle=True)
40  X_train, y_train = X[:num_train], y[:num_train]
41  X_dev, y_dev = X[num_train:num_train + num_dev], y[num_train:num_train + num_dev]
42  X_test, y_test = X[num_train + num_dev:], y[num_train + num_dev:]
```

```
1  # 打印X_train和y_train的维度
2  print("X_train shape: ", X_train.shape, "y_train shape: ", y_train.shape)
```

输出结果为:

```
X_train shape:  [120, 4]  y_train shape:  [120]
```

```
1  # 打印前5个数据的标签
2  print(y_train[:5])
```

输出结果为:

```
Tensor(shape=[5], dtype=int32, place=CPUPlace, stop_gradient=True,
       [0, 1, 1, 0, 1])
```

3.3.2   模型构建

构建Softmax回归模型进行鸢尾花分类实验,这里使用第3.2.2.2节中定义的Model_SR模型,将模型的输入维度定义为4,输出维度定义为3.代码实现如下:

```
1  # 输入维度
2  input_size = 4
3  # 输出维度
4  output_size = 3
5  # 实例化Softmax回归模型
6  model = Model_SR(input_size, output_size)
```

3.3.3　模型训练

实例化RunnerV2类,使用训练集和验证集进行模型训练,共训练80个回合,其中每间隔10个回合打印训练集上的评价指标,并且保存准确率最高的模型作为最优模型.代码实现如下:

```
1  # 梯度下降法
2  optimizer = SimpleBatchGD(init_lr= 0.2, model=model)
3  # 交叉熵损失
4  loss_fn = multi_cross_entropy_loss
5  # 准确率
6  metric = accuracy
7  # 实例化RunnerV2
8  runner = RunnerV2(model, optimizer, metric, loss_fn)
9  runner.train([X_train, y_train], [X_dev, y_dev], num_epochs=80, log_epochs=10, "./
       checkpoint/model_best.pdparams")
10  # 可视化观察训练集与验证集的准确率变化情况.
11  plot(runner)
```

输出结果如图3.7所示.

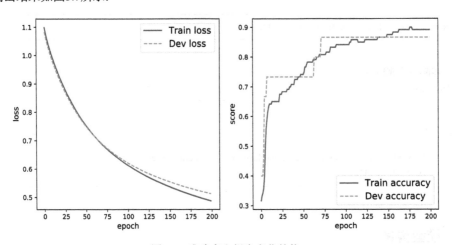

图 3.7　准确率和损失变化趋势

3.3.4　模型评价

使用测试数据对在训练过程中保存的最优模型进行评价,观察模型在测试集上的准确率情况.代码实现如下:

```
1  # 加载最优模型
2  runner.load_model("./checkpoint/model_best.pdparams")
3  # 模型评价
4  score, loss = runner.evaluate([X_test, y_test])
```

```
5  print("[Test] score/loss: {:.4f}/{:.4f}".format(score, loss))
```

输出结果为:

[Test] score/loss: 0.8000/0.6612

3.3.5 模型预测

使用保存好的模型,对测试集中的某一条数据进行模型预测,观察模型效果.

由于Model_SR模型的设定是接收一组样本的特征矩阵,即大小为 $N \times D$ 的矩阵.而在模型预测时,通常只输入一条数据,即大小为 D 的向量.为了保证模型输入数据形状的一致性,需要使用paddle.unsqueeze函数给特征向量增加新的第0维,使得输入为 $1 \times D$ 的矩阵.代码实现如下:

```
1   # 获取测试集中第一条数据
2   # 使用 paddle.unsqueeze 将特征和标签的维度进行扩展, axis=0指的是新增的第0维.
3   X, label = paddle.unsqueeze(X_test[0], axis=0), paddle.unsqueeze(y_test[0], axis=0)
4   # 进行模型推理
5   predicts = runner.predict(X)
6   # 运行模型前向计算, 得到预测值
7   pred = paddle.argmax(predicts).numpy()
8   # 获取概率最大的类别
9   label = paddle.argmax(label).numpy()
10  # 输出真实类别与预测类别
11  print("The true category is {} and the predicted category is {}".format(label, pred))
```

输出结果为:

The true category is [2] and the predicted category is [2]

动手练习 3.4

动手实现《神经网络与深度学习》第3章中的其他模型进行鸢尾花识别任务,观察是否能够得到更高的准确率.

3.4 小结

本章实现了Logistic回归和Softmax回归两种基本的线性分类模型,并实现了基于梯度下降的参数学习方法.为了使得我们的训练框架Runner类支持梯度下降法,本章对Runner类进行升级并构建了RunnerV2类.此外,RunnerV2类还支持使用早停法防止过拟合.在训练模型过程中引入验证集,每次参数更新时,同时计算验证集上的损失及评价指标并打印,保存在验证集上的最优模型.

在实践部分,基于RunnerV2,我们重新梳理了机器学习的实践流程中的8个主要步骤:数据处理、模型构建、损失函数定义、优化器构建、评价指标定义、模型训练、模型评价和模型预测,其中前5个步骤为机器学习实践五要素的准备步骤. 基于RunnerV2,我们实现了基于Softmax回归的鸢尾花分类任务. 在今后的章节中,我们都遵循这个实践范式.

第4章　前馈神经网络

神经网络（Neural Network, NN）是由神经元按照一定的连接结构组合而成的网络. 神经网络可以看作一个函数，通过简单非线性函数的多次复合，实现输入空间到输出空间的复杂映射. 前馈神经网络（Feedforward Neural Network, FNN）是最早发明的简单人工神经网络，整个网络中的信息单向传播，可以用一个有向无环图表示. 这种网络结构简单，易于实现.

本章内容基于《神经网络与深度学习》第4章（前馈神经网络）相关内容进行设计. 在阅读本章之前，建议先了解如图4.1所示的关键知识点，以便更好地理解并掌握相应的理论和实践知识.

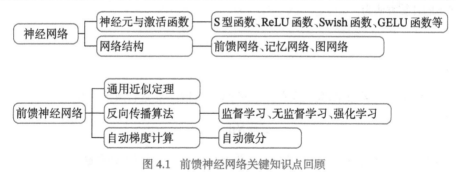

图 4.1　前馈神经网络关键知识点回顾

本章内容主要包含两部分：

- 模型解读：介绍前馈神经网络的基本概念、网络结构及代码实现，利用前馈神经网络完成一个分类任务，并通过两个简单的实验，观察前馈神经网络的梯度消失问题和死亡 ReLU 问题，以及对应的优化策略.
- 案例实践：基于前馈神经网络完成鸢尾花分类任务.

4.1　神经元

神经网络的基本组成单元为带有非线性激活函数的神经元，其结构如图4.2所示. 神经元是对生物神经元的结构和特性的一种简化建模，接收一组输入信号并产生输出.

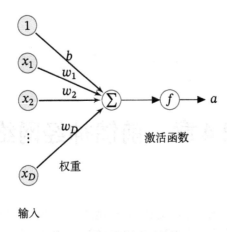

图 4.2   典型的神经元结构

4.1.1   净活性值

假设一个神经元接收的输入为 $\boldsymbol{x} \in \mathbb{R}^D$，其权重向量为 $\boldsymbol{w} \in \mathbb{R}^D$，神经元所获得的输入信号，即净活性值 z 的计算方法为

$$z = \boldsymbol{w}^{\mathsf{T}}\boldsymbol{x} + b, \tag{4.1}$$

其中 b 为偏置.

为了提高预测样本的效率，我们通常会将 N 个样本归为一组进行成批预测，

$$z = \boldsymbol{X}\boldsymbol{w} + b, \tag{4.2}$$

其中 $\boldsymbol{X} \in \mathbb{R}^{N \times D}$ 为 N 个样本的特征矩阵，$\boldsymbol{z} \in \mathbb{R}^N$ 为 N 个预测值组成的列向量.

使用飞桨计算一组输入的净活性值. 代码实现如下：

```
 1  import paddle
 2  # 两个特征数为5的样本
 3  X = paddle.rand(shape=[2, 5])
 4  # 含有5个参数的权重向量
 5  w = paddle.rand(shape=[5, 1])
 6  # 偏置项
 7  b = paddle.rand(shape=[1, 1])
 8  # 使用'paddle.matmul'实现矩阵相乘
 9  z = paddle.matmul(X, w) + b
10  print("input X:", X)
11  print("weight w:", w, "\nbias b:", b)
12  print("output z:", z)
```

输出结果为：

```
input X: Tensor(shape=[2, 5], dtype=float32, place=CPUPlace, stop_gradient=True,
        [[0.68608588, 0.98838335, 0.90042728, 0.03543352, 0.94395220],
         [0.88178754, 0.63330865, 0.17612664, 0.90020746, 0.64029330]])
weight w: Tensor(shape=[5, 1], dtype=float32, place=CPUPlace, stop_gradient=True,
        [[0.97993565],
         [0.67064512],
         [0.39250144],
         [0.18568753],
         [0.88017946]])
bias b: Tensor(shape=[1, 1], dtype=float32, place=CPUPlace, stop_gradient=True,
        [[0.95228434]])
output z: Tensor(shape=[2, 1], dtype=float32, place=CPUPlace, stop_gradient=True,
        [[3.47830486],
         [3.04096484]])
```

笔记

在飞桨中,可以使用 `nn.Linear` 完成输入张量的上述变换.

4.1.2 激活函数

净活性值 z 经过一个激活函数 $f(\cdot)$ 后,得到神经元的活性值 $a = f(z)$. 激活函数通常为非线性函数,可以增强神经网络的表示能力和学习能力. 常用的激活函数有 Sigmoid 型函数和 ReLU 函数.

4.1.2.1 Sigmoid型函数

Sigmoid 型函数即形似 S 的函数,为两端饱和函数. 常用的 Sigmoid 型函数有 Logistic 函数和 Tanh 函数.

$$\text{Logistic 函数:} \quad \sigma(z) = \frac{1}{1 + \exp(-z)}, \tag{4.3}$$

$$\text{Tanh 函数:} \quad \tanh(z) = \frac{\exp(z) - \exp(-z)}{\exp(z) + \exp(-z)}. \tag{4.4}$$

Logistic 函数和 Tanh 函数的代码实现如下:

```
1  %matplotlib inline
2  import matplotlib.pyplot as plt
3
4  # Logistic函数
5  def logistic(z):
6      return 1.0 / (1.0 + paddle.exp(-z))
7
```

```
 8  # Tanh函数
 9  def tanh(z):
10      return (paddle.exp(z) - paddle.exp(-z)) / (paddle.exp(z) + paddle.exp(-z))
11
12  # 在[-10,10]的范围内生成10000个输入值,用于绘制函数曲线
13  z = paddle.linspace(-10, 10, 10000)
14  plt.figure()
15  plt.plot(z.tolist(), logistic(z).tolist(), color='red', label="Logistic Function")
16  plt.plot(z.tolist(), tanh(z).tolist(), color='b', linestyle ='--', label="Tanh Function")
17  ax = plt.gca() # 获取轴,默认有4个
18  # 通过把颜色设置成None,隐藏两个轴
19  ax.spines['top'].set_color('none')
20  ax.spines['right'].set_color('none')
21  # 调整坐标轴位置
22  ax.spines['left'].set_position(('data',0))
23  ax.spines['bottom'].set_position(('data',0))
24  plt.legend()
25  plt.show()
```

输出结果如图4.3所示.

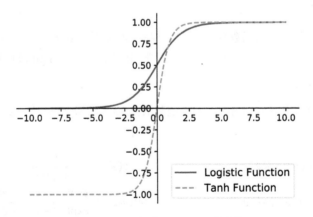

图 4.3   Logistic 函数和 Tanh 函数曲线

笔记

在飞桨中,可以通过调用paddle.nn.functional.sigmoid和paddle.nn. functional.tanh实现对张量的 Logistic 计算和 Tanh 计算.

提醒

在飞桨以及很多其他文献中,Sigmoid 型函数默认指 Logistic 函数. 但 Sigmoid 型函数实际上是指一类 S 型函数,包含 Logistic 函数、Tanh 函数、ArcTan 函数、平滑阶跃函数等,参考 https://en.wikipedia.org/wiki/Sigmoid_function.

4.1.2.2 ReLU 函数

常见的 ReLU 函数有 ReLU 和带泄露的 ReLU（Leaky ReLU）,数学表达式分别为

$$\text{ReLU}(z) = \max(0, z), \tag{4.5}$$

$$\text{LeakyReLU}(z) = \max(0, z) + \lambda \min(0, z), \tag{4.6}$$

其中 λ 为超参数.

可视化 ReLU 和带泄露的 ReLU 函数的代码实现如下:

```
1  # relu
2  def relu(z):
3      return paddle.maximum(z, paddle.to_tensor(0.))
4
5  # 带泄露的relu
6  def leaky_relu(z, negative_slope=0.1):
7      a1 = (paddle.cast((z > 0), dtype='float32') * z) # 当前版本paddle暂不支持直接将bool类型转
           成int类型,因此调用了paddle的cast函数来进行显式转换
8      a2 = (paddle.cast((z <= 0), dtype='float32') * (negative_slope * z))
9      return a1 + a2
10
11 # 在[-10,10]的范围内生成一系列的输入值,用于绘制relu、leaky_relu的函数曲线
12 z = paddle.linspace(-10, 10, 10000)
13 plt.figure()
14 plt.plot(z.tolist(), relu(z).tolist(), color="r", label="ReLU Function")
15 plt.plot(z.tolist(), leaky_relu(z).tolist(), color="g", linestyle="--", label="LeakyReLU
       Function")
16 ax = plt.gca()
17 ax.spines['top'].set_color('none')
18 ax.spines['right'].set_color('none')
19 ax.spines['left'].set_position(('data',0))
20 ax.spines['bottom'].set_position(('data',0))
21 plt.legend()
22 plt.show()
```

输出结果如图4.4所示.

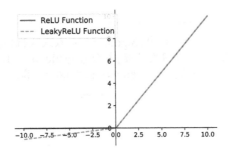

图 4.4 ReLU 和带泄露的 ReLU 函数的曲线

笔记
在飞桨中, 可以通过调用 API `paddle.nn.functional.relu`和`paddle.nn.functional.leaky_relu`完成 ReLU 与带泄露的 ReLU 的计算.

动手练习 4.1
本节重点介绍和实现了几个经典的 Sigmoid 型函数和 ReLU 函数. 动手实现《神经网络与深度学习》第 4.1 节中提到的其他激活函数, 如: Hard-Logistic、Hard-Tanh、ELU、Softplus、Swish 等.

4.2 基于前馈神经网络的二分类任务

前馈神经网络的网络结构如图4.5所示. 每一层获取前一层神经元的活性值,并重复上述计算得到该层的活性值,传入下一层. 整个网络中无反馈,信号从输入层向输出层逐层地单向传播,得到网络最后的输出 $a^{(L)}$.

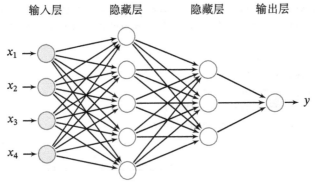

图 4.5 前馈神经网络结构

在本节中,我们实现一个前馈神经网络,并对一个简单的数据集进行二分类.

4.2.1 数据集构建

我们使用第3.1.1节中构建的二分类数据集Moon1000数据集,其中训练集数据640条、验证集数据160条、测试集数据200条.该数据集的数据是从两个带噪声的弯月形状数据分布中采样得到的,每个样本包含2个特征.

4.2.2 模型构建

为了更高效地构建前馈神经网络,我们先定义每一层的算子,然后再通过算子组合构建整个前馈神经网络.

假设网络的第l层的输入为第$l-1$层的神经元活性值$a^{(l-1)}$,经过一个仿射变换,得到该层神经元的净活性值z,再输入到激活函数得到该层神经元的活性值a.

在实践中,为了提高模型的处理效率,通常将N个样本归为一组进行成批计算.假设网络第l层的输入为$A^{(l-1)} \in \mathbb{R}^{N \times M_{l-1}}$,其中每一行为一个样本,则前馈网络中第$l$层的计算公式为

$$Z^{(l)} = A^{(l-1)} W^{(l)} + b^{(l)} \in \mathbb{R}^{N \times M_l}, \tag{4.7}$$

$$A^{(l)} = f_l(Z^{(l)}) \in \mathbb{R}^{N \times M_l}, \tag{4.8}$$

其中$Z^{(l)}$为N个样本第l层神经元的净活性值,$A^{(l)}$为N个样本第l层神经元的活性值,$W^{(l)} \in \mathbb{R}^{M_{l-1} \times M_l}$为第$l$层的权重矩阵,$b^{(l)} \in \mathbb{R}^{1 \times M_l}$为第$l$层的偏置,$f_l(\cdot)$为第$l$层的激活函数.

> **提醒**
>
> 为了和代码的实现保持一致,这里使用形状为"样本数量×特征维度"的张量来表示一组样本.样本的矩阵X是由N个x的行向量组成.而《神经网络与深度学习》中x为列向量,因此这里的权重矩阵W和偏置b与《神经网络与深度学习》中的表示刚好为转置关系.

为了使后续的模型搭建更加便捷,我们将神经层的计算即公式(4.7)和公式(4.8)都封装成算子,这些算子都继承Op基类.

4.2.2.1 线性层算子

公式(4.7)对应一个线性层算子,权重参数采用默认的随机初始化,偏置采用默认的全0初始化.线性层算子的代码实现如下:

```
1  from nndl.op import Op
2
3  # 实现线性层算子
4  class Linear(Op):
```

```
5      def __init__(self, input_size, output_size, name, weight_init=paddle.standard_normal,
          bias_init=paddle.zeros):
6          """
7          输入：
8              - input_size：输入层神经元数量
9              - output_size：输出层神经元数量
10             - name：算子名称
11             - weight_init：权重初始化方式，默认用'paddle.standard_normal'进行标准正态分布初始化
12             - bias_init：偏置初始化方式，默认使用全0初始化
13         """
14         self.params = {}
15         # 初始化权重
16         self.params['W'] = weight_init(shape=[input_size,output_size])
17         # 初始化偏置
18         self.params['b'] = bias_init(shape=[1,output_size])
19         self.inputs = None
20         self.name = name
21
22     def forward(self, inputs):
23         """
24         输入：
25             - inputs: shape=[N,input_size]，N是样本数量
26         输出：
27             - outputs: 预测值，shape=[N,output_size]
28         """
29         self.inputs = inputs
30         outputs = paddle.matmul(self.inputs, self.params['W']) + self.params['b']
31         return outputs
```

4.2.2.2　Logistic 算子

采用 Logistic 函数来作为公式(4.8)中的激活函数，并将 Logistic 函数实现一个算子，代码实现如下：

```
1   class Logistic(Op):
2       def __init__(self):
3           self.inputs = None
4           self.outputs = None
5
6       def forward(self, inputs):
7           """
8           输入：
9               - inputs: shape=[N,D]
10          输出：
11              - outputs: shape=[N,D]
```

```
12          """
13          outputs = 1.0 / (1.0 + paddle.exp(-inputs))
14          self.outputs = outputs
15          return outputs
```

4.2.2.3 层的串行组合

在定义了神经层的线性层算子和激活函数算子之后,我们可以不断交叉、重复使用它们来构建一个多层的神经网络. 这里实现一个用于二分类任务的两层前馈神经网络,选用 Logistic 作为激活函数,利用上面实现的线性层算子和激活函数算子来组装. 代码实现如下:

```
1   # 实现一个两层前馈神经网络
2   class Model_MLP_L2(Op):
3       def __init__(self, input_size, hidden_size, output_size):
4           """
5           输入:
6               - input_size: 输入层神经元数量
7               - hidden_size: 隐藏层神经元数量
8               - output_size: 输出层神经元数量
9           """
10          self.fc1 = Linear(input_size, hidden_size, name="fc1")
11          self.act_fn1 = Logistic()
12          self.fc2 = Linear(hidden_size, output_size, name="fc2")
13          self.act_fn2 = Logistic()
14
15      def __call__(self, X):
16          return self.forward(X)
17
18      def forward(self, X):
19          """
20          输入:
21              - X: shape=[N,input_size], N是样本数量
22          输出:
23              - a2: 预测值, shape=[N,output_size]
24          """
25          z1 = self.fc1(X)
26          a1 = self.act_fn1(z1)
27          z2 = self.fc2(a1)
28          a2 = self.act_fn2(z2)
29          return a2
```

测试一下　现在,实例化一个两层的前馈网络,令其输入层维度为5,隐藏层维度为10,输出层维度为1,并随机生成一条长度为5的数据输入两层神经网络,观察输出结果. 代码实现如下:

```
1   # 实例化模型
```

```
2  model = Model_MLP_L2(input_size=5, hidden_size=10, output_size=1)
3  # 随机生成一条长度为5的数据
4  X = paddle.rand(shape=[1, 5])
5  result = model(X)
6  print ("result: ", result)
```

输出结果为：

result：Tensor(shape=[1, 1], dtype=float32, place=CUDAPlace(0), stop_gradient=True,
　　　　[[0.46729776]])

4.2.3　损失函数

由于本任务是二分类问题，我们使用二分类交叉熵作为损失函数，具体定义见第3.1.3节.

这里，我们也将二分类交叉熵损失函数实现为算子，代码实现如下：

```
1  # 实现交叉熵损失函数
2  class BinaryCrossEntropyLoss(Op):
3      def __init__(self, model):
4          self.predicts = None
5          self.labels = None
6          self.num = None
7
8          self.model = model
9
10     def __call__(self, predicts, labels):
11         return self.forward(predicts, labels)
12
13     def forward(self, predicts, labels):
14         """
15         输入：
16             - predicts：预测值，shape=[N, 1]，N为样本数量
17             - labels：真实标签，shape=[N, 1]
18         输出：
19             - 损失值：shape=[1]
20         """
21         self.predicts = predicts
22         self.labels = labels
23         self.num = self.predicts.shape[0]
24         loss = -1. / self.num * (paddle.matmul(self.labels.t(), paddle.log(self.predicts))
25                 + paddle.matmul((1-self.labels.t()), paddle.log(1-self.predicts)))
26
27         loss = paddle.squeeze(loss, axis=1)
28         return loss
```

```
29
30    def backward(self):
31        # 计算损失函数对输入的导数
32        inputs_grads = -1.0 * (self.labels / self.predicts -
33                    (1 - self.labels) / (1 - self.predicts))/self.num
34        self.model.backward(inputs_grads)
```

4.2.4 模型优化

神经网络的参数主要是通过梯度下降法进行优化的,因此需要计算最终损失对每个参数的梯度. 由于神经网络的层数通常比较深,其梯度计算和上一章中的线性分类模型的不同点在于,线性模型通常比较简单,可以直接计算梯度,而神经网络相当于一个复合函数,需要利用链式法则进行反向传播来计算梯度.

4.2.4.1 反向传播算法

前馈神经网络的参数梯度通常使用误差反向传播算法来计算. 使用误差反向传播算法的前馈神经网络训练过程可以分为以下三步:

1)前馈计算每一层的净活性值 $\boldsymbol{Z}^{(l)}$ 和激活值 $\boldsymbol{A}^{(l)}$,直到最后一层. 这一步是前向计算,可以利用算子的forward()方法来实现.

2)反向传播计算每一层的误差项 $\delta^{(l)} = \frac{\partial \mathcal{R}}{\partial \boldsymbol{Z}^{(l)}}$. 这一步是反向计算梯度,可以利用算子的backward()方法来实现.

3)计算每一层参数的梯度,并更新参数. 这一步中的计算分为两部分:计算参数梯度的部分放到backward()中实现,而更新参数的部分放到另外的优化器中专门进行.

这样,在模型训练过程中,首先执行模型的forward(),再执行模型的backward(),就得到了所有参数的梯度,之后再利用优化器迭代更新参数.

以本节中构建的两层全连接前馈神经网络Model_MLP_L2为例,图4.6给出了其前向和反向计算过程.

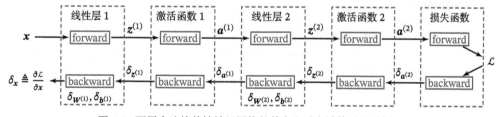

图 4.6 两层全连接前馈神经网络的前向和反向计算过程示例

下面我们按照反向的梯度传播顺序,为每个算子添加backward(),利用此方法实现线性层中参数梯度的计算.

4.2.4.2　损失函数

根据公式(3.5)，二分类交叉熵损失函数的输入是神经网络的输出 $\hat{\boldsymbol{y}}$. 最终的损失 $\mathcal{R}$ 对 $\hat{\boldsymbol{y}}$ 的偏导数为：

$$\frac{\partial \mathcal{R}}{\partial \hat{\boldsymbol{y}}} = -\frac{1}{N}\Big(\mathrm{diag}\Big(\frac{1}{\hat{\boldsymbol{y}}}\Big)\boldsymbol{y} - \mathrm{diag}\Big(\frac{1}{1-\hat{\boldsymbol{y}}}\Big)(1-\boldsymbol{y})\Big) \tag{4.9}$$

$$= -\frac{1}{N}\Big(\frac{1}{\hat{\boldsymbol{y}}}\odot\boldsymbol{y} - \frac{1}{1-\hat{\boldsymbol{y}}}\odot(1-\boldsymbol{y})\Big), \tag{4.10}$$

其中 $\mathrm{diag}(\boldsymbol{x})$ 表示以向量 $\boldsymbol{x}$ 为对角线元素的对角阵，$\frac{1}{\boldsymbol{x}} = \Big[\frac{1}{x_1},\cdots,\frac{1}{x_N}\Big]^{\mathsf{T}}$ 表示逐元素除，$\odot$ 表示逐元素积.

实现损失函数的 backward() 方法，代码实现如下：

```
1  # 实现交叉熵损失函数
2  class BinaryCrossEntropyLoss(Op):
3      def __init__(self, model):
4          self.predicts = None
5          self.labels = None
6          self.num = None
7
8          self.model = model
9
10     def __call__(self, predicts, labels):
11         return self.forward(predicts, labels)
12
13     def forward(self, predicts, labels):
14         """
15         输入：
16             - predicts: 预测值，shape=[N, 1]，N为样本数量
17             - labels: 真实标签，shape=[N, 1]
18         输出：
19             - 损失值: shape=[1]
20         """
21         self.predicts = predicts
22         self.labels = labels
23         self.num = self.predicts.shape[0]
24         loss = -1. / self.num * (paddle.matmul(self.labels.t(), paddle.log(self.predicts))
25                 + paddle.matmul((1-self.labels.t()), paddle.log(1-self.predicts)))
26         loss = paddle.squeeze(loss, axis=1)
27         return loss
28
29     def backward(self):
30         # 计算损失函数对输入的导数
31         inputs_grads = -1.0 * (self.labels / self.predicts -
32                 (1 - self.labels) / (1 - self.predicts))/self.num
```

```
33        self.model.backward(inputs_grads)
```

4.2.4.3 Logistic 算子

> **提醒**
> 由于算子可以放在任意层,所以和《神经网络与深度学习》中反向传播算法的推导不同,这里算子的梯度计算中我们不使用和层数相关的标记.

在本节中我们使用 Logistic 激活函数,先为 Logistic 算子增加反向函数.

Logistic 算子的前向过程表示为 $\boldsymbol{A} = \sigma(\boldsymbol{Z})$,其中 $\sigma(\cdot)$ 为 Logistic 函数,$\boldsymbol{Z} \in \mathbb{R}^{N \times D}$ 和 $\boldsymbol{A} \in \mathbb{R}^{N \times D}$ 的每一行表示一个样本.

为了简便起见,我们用向量 $\boldsymbol{a} \in \mathbb{R}^D$ 和 $\boldsymbol{z} \in \mathbb{R}^D$ 分别表示同一个样本在激活函数前后的表示,则 $\boldsymbol{a}$ 对 $\boldsymbol{z}$ 的偏导数为

$$\frac{\partial \boldsymbol{a}}{\partial \boldsymbol{z}} = \mathrm{diag}\Big(\boldsymbol{a} \odot (1 - \boldsymbol{a})\Big) \in \mathbb{R}^{D \times D}, \tag{4.11}$$

其中 $\mathrm{diag}(\boldsymbol{x})$ 表示以向量 $\boldsymbol{x}$ 为对角线元素的对角阵,$\odot$ 表示逐元素积.

按照反向传播算法,令 $\delta_{\boldsymbol{a}} = \frac{\partial \mathcal{R}}{\partial \boldsymbol{a}} \in \mathbb{R}^D$ 表示最终损失 $\mathcal{R}$ 对 Logistic 算子的单个输出 $\boldsymbol{a}$ 的梯度,则

$$\delta_{\boldsymbol{z}} \triangleq \frac{\partial \mathcal{R}}{\partial \boldsymbol{z}} = \frac{\partial \boldsymbol{a}}{\partial \boldsymbol{z}} \delta_{\boldsymbol{a}} \tag{4.12}$$

$$= \mathrm{diag}\Big(\boldsymbol{a} \odot (1 - \boldsymbol{a})\Big) \delta_{\boldsymbol{a}} \tag{4.13}$$

$$= \boldsymbol{a} \odot (1 - \boldsymbol{a}) \odot \delta_{\boldsymbol{a}}. \tag{4.14}$$

将上面公式利用批量数据表示的方式重写,令 $\delta_{\boldsymbol{A}} = \frac{\partial \mathcal{R}}{\partial \boldsymbol{A}} \in \mathbb{R}^{N \times D}$ 表示最终损失 $\mathcal{R}$ 对 Logistic 算子输出 $\boldsymbol{A}$ 的梯度,公式(4.14)可以重写为

$$\delta_{\boldsymbol{Z}} = \boldsymbol{A} \odot (1 - \boldsymbol{A}) \odot \delta_{\boldsymbol{A}} \in \mathbb{R}^{N \times D}, \tag{4.15}$$

其中 $\delta_{\boldsymbol{Z}}$ 为 Logistic 算子反向函数的输出.

公式(4.15)是 Logistic 激活函数在反向传播算法中的梯度反向计算方法,我们实现在 Logistic 算子的 `backward()` 方法中. 由于 Logistic 函数中没有参数,这里不需要在 `backward()` 方法中进一步计算该算子参数的梯度.

```
1  class Logistic(Op):
2      def __init__(self):
3          self.inputs = None
4          self.outputs = None
```

```
5          self.params = None
6
7      def forward(self, inputs):
8          outputs = 1.0 / (1.0 + paddle.exp(-inputs))
9          self.outputs = outputs
10         return outputs
11
12     def backward(self, outputs_grads):
13         # 计算Logistic激活函数对输入的导数
14         # paddle.multiply是逐元素相乘算子
15         outputs_grad_inputs = paddle.multiply(self.outputs, (1.0 - self.outputs))
16         return paddle.multiply(outputs_grads, outputs_grad_inputs)
```

动手练习 4.2

动手实现 ReLU 激活函数的算子, 并支持反向的梯度计算. 本书在第7.6.5.1节中也有实现 ReLU 算子.

4.2.4.4 线性层算子

线性层算子Linear的前向过程表示为 $Y = XW + b$, 其中输入为 $X \in \mathbb{R}^{N \times M}$, 输出为 $Y \in \mathbb{R}^{N \times D}$, 参数为权重矩阵 $W \in \mathbb{R}^{M \times D}$ 和偏置 $b \in \mathbb{R}^{1 \times D}$. X 和 Y 中的每一行表示一个样本.

为了简便起见, 我们用向量 $x \in \mathbb{R}^M$ 和 $y \in \mathbb{R}^D$ 分别表示同一个样本在线性层算子的输入和输出, 则有 $y = W^\mathsf{T} x + b^\mathsf{T}$. y 对输入 x 的偏导数为

$$\frac{\partial y}{\partial x} = W \in \mathbb{R}^{D \times M}. \tag{4.16}$$

计算线性层输入 X 的梯度 按照反向传播算法, 令 $\delta_y = \frac{\partial \mathcal{R}}{\partial y} \in \mathbb{R}^D$ 表示最终损失 $\mathcal{R}$ 对线性层算子的单个输出 y 的梯度, 则

$$\delta_x \triangleq \frac{\partial \mathcal{R}}{\partial x} = W \delta_y. \tag{4.17}$$

将上面公式利用批量数据表示的方式重写, 令 $\delta_Y = \frac{\partial \mathcal{R}}{\partial Y} \in \mathbb{R}^{N \times D}$ 表示最终损失 $\mathcal{R}$ 对线性层算子输出 Y 的梯度, 公式(4.17)可以重写为

$$\delta_X = \delta_Y W^\mathsf{T}, \tag{4.18}$$

其中 δ_X 为线性层算子反向函数的输出.

计算线性层参数 W 和 b 的梯度 由于线性层算子中包含可学习的参数 W 和 b, 因此backward()除了实现梯度反向传播外, 还需要计算算子内部的参数的梯度. 这里, 我们直接参考《神经网络与

深度学习》中的公式 (4.68) 和公式 (4.69)，令 $\delta_y = \frac{\partial \mathcal{R}}{\partial y} \in \mathbb{R}^D$ 表示最终损失 $\mathcal{R}$ 对线性层算子的单个输出 y 的梯度，则

$$\delta_W \triangleq \frac{\partial \mathcal{R}}{\partial W} = x \delta_y^{\mathsf{T}}, \tag{4.19}$$

$$\delta_b \triangleq \frac{\partial \mathcal{R}}{\partial b} = \delta_y^{\mathsf{T}}. \tag{4.20}$$

将上面公式利用批量数据表示的方式重写，令 $\delta_Y = \frac{\partial \mathcal{R}}{\partial Y} \in \mathbb{R}^{N \times D}$ 表示最终损失 $\mathcal{R}$ 对线性层算子输出 Y 的梯度，则公式 (4.19) 和公式 (4.20) 可以重写为

$$\delta_W = X^{\mathsf{T}} \delta_Y, \tag{4.21}$$

$$\delta_b = 1^{\mathsf{T}} \delta_Y. \tag{4.22}$$

将公式 (4.21)、公式 (4.22)、公式 (4.18) 实现在 Linear 算子的 backward() 方法中，并将计算的梯度保存在算子的 grads 属性中，代码实现如下：

```
1  class Linear(Op):
2      def __init__(self, input_size, output_size, name, weight_init=paddle.standard_normal,
                     bias_init=paddle.zeros):
3          self.params = {}
4          self.params['W'] = weight_init(shape=[input_size, output_size])
5          self.params['b'] = bias_init(shape=[1, output_size])
6          self.inputs = None
7          self.grads = {}
8          self.name = name
9
10     def forward(self, inputs):
11         self.inputs = inputs
12         outputs = paddle.matmul(self.inputs, self.params['W']) + self.params['b']
13         return outputs
14
15     def backward(self, grads):
16         """
17         输入：
18             - grads：损失函数对当前层输出的导数
19         输出：
20             - 损失函数对当前层输入的导数
21         """
22         self.grads['W'] = paddle.matmul(self.inputs.T, grads)
23         self.grads['b'] = paddle.sum(grads, axis=0)
24         return paddle.matmul(grads, self.params['W'].T)
```

4.2.4.5　整个网络

实现完整的两层前馈神经网络的前向和反向计算. 代码实现如下:

```
1   class Model_MLP_L2(Op):
2       def __init__(self, input_size, hidden_size, output_size):
3           #线性层
4           self.fc1 = Linear(input_size, hidden_size, name="fc1")
5           #Logistic激活函数层
6           self.act_fn1 = Logistic()
7           self.fc2 = Linear(hidden_size, output_size, name="fc2")
8           self.act_fn2 = Logistic()
9           self.layers = [self.fc1, self.act_fn1, self.fc2, self.act_fn2]
10
11      def __call__(self, X):
12          return self.forward(X)
13
14      #前向计算
15      def forward(self, X):
16          z1 = self.fc1(X)
17          a1 = self.act_fn1(z1)
18          z2 = self.fc2(a1)
19          a2 = self.act_fn2(z2)
20          return a2
21
22      #反向计算
23      def backward(self, loss_grad_a2):
24          loss_grad_z2 = self.act_fn2.backward(loss_grad_a2)
25          loss_grad_a1 = self.fc2.backward(loss_grad_z2)
26          loss_grad_z1 = self.act_fn1.backward(loss_grad_a1)
27          loss_grad_inputs = self.fc1.backward(loss_grad_z1)
```

> **提醒**
>
> 由于我们自己实现的算子还无法实现自动构建整个网络的计算图, 并执行反向过程, 因此在这里我们在整个网络的backward()方法中手动调用每个算子的backward()方法以达到反向传播的目的.
> 同理, 在下面的优化器实现中, 我们也需要手动维护参数列表.

4.2.4.6　优化器

在计算好神经网络参数的梯度之后, 我们将梯度下降法中参数的更新过程在优化器中实现.

与第3.1.4.3节中实现的梯度下降优化器SimpleBatchGD不同, 此处的优化器需要遍历每层, 对每层的参数分别做更新.

代码实现如下:

```
1  class BatchGD(Optimizer):
2      def __init__(self, init_lr, model):
3          super(BatchGD, self).__init__(init_lr=init_lr, model=model)
4
5      def step(self):
6          # 参数更新
7          for layer in self.model.layers: # 遍历所有层
8              if isinstance(layer.params, dict):
9                  for key in layer.params.keys():
10                     layer.params[key] = layer.params[key] - self.init_lr * layer.grads[key]
```

4.2.5 完善 Runner 类：RunnerV2_1

在第3.1.6节中实现的 RunnerV2 类主要针对比较简单的模型. 而在本章中, 模型由多个算子组合而成, 通常比较复杂, 因此本节继续完善并实现一个改进版 RunnerV2_1 类, 主要加入的功能有：

1）支持自定义算子的梯度计算, 在训练过程中调用 self.loss_fn.backward() 从损失函数开始反向计算梯度.

2）每层的模型保存和加载, 将每一层的参数分别进行保存和加载.

RunnerV2_1 类的代码实现如下：

```
1  import os
2
3  class RunnerV2_1(object):
4      def __init__(self, model, optimizer, metric, loss_fn, **kwargs):
5          self.model = model
6          self.optimizer = optimizer
7          self.loss_fn = loss_fn
8          self.metric = metric
9
10         # 记录训练过程中的评价指标变化情况
11         self.train_scores = []
12         self.dev_scores = []
13         # 记录训练过程中的损失变化情况
14         self.train_loss = []
15         self.dev_loss = []
16
17     def train(self, train_set, dev_set, **kwargs):
18         # 传入训练回合数, 如果没有传入值, 则默认为0
19         num_epochs = kwargs.get("num_epochs", 0)
20         # 传入log打印频率, 如果没有传入值, 则默认为100
21         log_epochs = kwargs.get("log_epochs", 100)
22         # 传入模型保存路径
```

```
23          save_dir = kwargs.get("save_dir", None)
24          # 记录全局最优评价指标
25          best_score = 0
26          # 在整个数据集上训练num_epochs个回合
27          for epoch in range(num_epochs):
28              X, y = train_set
29              # 获取模型预测
30              logits = self.model(X)
31              # 计算交叉熵损失
32              trn_loss = self.loss_fn(logits, y) # return a tensor
33              self.train_loss.append(trn_loss.item())
34              # 计算评价指标
35              trn_score = self.metric(logits, y).item()
36              self.train_scores.append(trn_score)
37              # 反向计算梯度
38              self.loss_fn.backward()
39              # 参数更新
40              self.optimizer.step()
41
42              dev_score, dev_loss = self.evaluate(dev_set)
43              # 如果当前评价指标为最优指标，保存该模型
44              if dev_score > best_score:
45                  print(f"[Evaluate] best accuracy performance has been updated: {best_score
                        :.5f} --> {dev_score:.5f}")
46                  best_score = dev_score
47                  if save_dir:
48                      self.save_model(save_dir)
49
50              if log_epochs and epoch % log_epochs == 0:
51                  print(f"[Train] epoch: {epoch}/{num_epochs}, loss: {trn_loss.item()}")
52
53      def evaluate(self, data_set):
54          X, y = data_set
55          # 计算模型输出
56          logits = self.model(X)
57          # 计算损失函数
58          loss = self.loss_fn(logits, y).item()
59          self.dev_loss.append(loss)
60          # 计算评价指标
61          score = self.metric(logits, y).item()
62          self.dev_scores.append(score)
63          return score, loss
64
65      def predict(self, X):
66          return self.model(X)
```

```
67
68    def save_model(self, save_dir):
69        # 对模型每层参数分别进行保存，保存文件名称与该层名称相同
70        for layer in self.model.layers: # 遍历所有层
71            if isinstance(layer.params, dict):
72                paddle.save(layer.params, os.path.join(save_dir,layer.name+".pdparams"))
73
74    def load_model(self, model_dir):
75        # 获取所有层参数名称和保存路径之间的对应关系
76        model_file_names = os.listdir(model_dir)
77        name_file_dict = {}
78        for file_name in model_file_names:
79            name = file_name.replace(".pdparams","")
80            name_file_dict[name] = os.path.join(model_dir, file_name)
81        # 加载每层参数
82        for layer in self.model.layers: # 遍历所有层
83            if isinstance(layer.params, dict):
84                name = layer.name
85                file_path = name_file_dict[name]
86                layer.params = paddle.load(file_path)
```

4.2.6 模型训练

在评价指标方面,这里使用在第3.1.5节中定义的准确率.

基于RunnerV2_1类,使用训练集和验证集进行模型训练,共训练2000个回合.

代码实现如下:

```
1   from nndl import accuracy
2
3   # 输入层神经元数量为2
4   input_size = 2
5   # 隐藏层神经元数量为5
6   hidden_size = 5
7   # 输出层神经元数量为1
8   output_size = 1
9   # 定义网络
10  model = Model_MLP_L2(input_size, hidden_size, output_size)
11  # 损失函数
12  loss_fn = BinaryCrossEntropyLoss(model)
13  # 优化器
14  lr = 0.2
15  optimizer = BatchGD(lr, model)
16  # 评价指标
17  metric = accuracy
```

```
18  # 实例化RunnerV2_1类，并传入训练配置
19  runner = RunnerV2_1(model, optimizer, metric, loss_fn)
20  runner.train([X_train, y_train], [X_dev, y_dev], num_epochs=1000, log_epochs=50, save_path
        ="./checkpoint/model_best.pdparams")
```

可视化观察训练集与验证集的损失函数变化情况. 代码实现如下：

```
1  # 打印训练集和验证集的损失
2  plt.figure()
3  plt.plot(range(epoch_num), runner.train_loss, color="red", label="Train loss")
4  plt.plot(range(epoch_num), runner.dev_loss, color="blue", label="Dev loss")
5  plt.xlabel("epoch", fontsize='x-large')
6  plt.ylabel("loss", fontsize='x-large')
7  plt.legend(fontsize='x-large')
8  plt.show()
```

输出结果如图4.7所示.

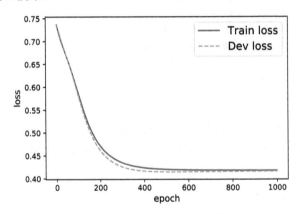

图 4.7　损失函数变化趋势

4.2.7　模型评价

使用测试集对训练中的最优模型进行评价,观察模型的评价指标. 代码实现如下：

```
1  # 加载训练好的模型
2  runner.load_model("./checkpoint/model_best.pdparams")
3  # 在测试集上对模型进行评价
4  score, loss = runner.evaluate([X_test, y_test])
5  print("[Test] score/loss: {:.4f}/{:.4f}".format(score, loss))
```

输出结果为：

[Test] score/loss: 0.8150/0.4548

从结果来看,模型在测试集上取得了较高的准确率.

4.3 自动梯度计算和预定义算子

虽然我们能够通过模块化的方式比较好地对神经网络进行组装,但是每个模块的梯度计算过程仍然十分烦琐且容易出错. 目前主流的深度学习框架已经封装了自动梯度计算的功能,我们只需要聚焦模型架构,不再需要耗费精力来计算梯度.

飞桨提供了`paddle.nn.Layer`类来方便快速地实现自己的算子或者更复杂的层和模型. 模型和层都可以基于`paddle.nn.Layer`扩充实现,模型只是一种特殊的层.

继承了`paddle.nn.Layer`类的算子中,可以在内部直接调用其他继承`paddle.nn.Layer`类的算子,飞桨框架会自动识别算子中内嵌的`paddle.nn.Layer`类算子,并自动计算它们的梯度,并在优化时更新它们的参数.

4.3.1 利用预定义算子重新实现前馈神经网络

下面我们使用飞桨预定义算子来重新实现第4.2.4.5节中定义的两层前馈神经网络,并完成第4.2节中的二分类任务. 这里主要使用到的预定义算子为`paddle.nn.Linear`:

```
1  class paddle.nn.Linear(in_features, out_features, weight_attr=None, bias_attr=None, name=
      None)
```

函数`paddle.nn.Linear`可以接受一个形状为`[batch_size, *, in_features]`的输入张量,其中*表示张量中可以有任意的其他额外维度,计算它与形状为`[in_features, out_features]`的权重矩阵的乘积, 然后生成形状为`[batch_size, *, out_features]`的输出张量. 此外, 函数`paddle.nn.Linear`默认有偏置参数,可以通过`bias_attr=False`设置不带偏置.

基于飞桨预定义算子的两层前馈神经网络的代码实现如下:

```
1  import paddle.nn as nn
2  import paddle.nn.functional as F
3  from paddle.nn.initializer import Constant, Normal, Uniform
4
5  class Model_MLP_L2_V2(nn.Layer):
6      def __init__(self, input_size, hidden_size, output_size):
7          super(Model_MLP_L2_V2, self).__init__()
8          # 使用'nn.Linear'定义线性层.
9          # 其中in_features为线性层输入维度, out_features为线性层输出维度
10         # weight_attr为权重参数属性, 使用'nn.initializer.Normal'进行随机高斯分布初始化
11         # bias_attr为偏置参数属性, 使用'nn.initializer.Constant'进行常量初始化
12         self.fc1 = nn.Linear(input_size, hidden_size,
13                 weight_attr=paddle.ParamAttr(initializer=Normal(mean=0., std=1.)),
```

```
14                           bias_attr=paddle.ParamAttr(initializer=Constant(value=0.0)))
15          self.fc2 = nn.Linear(hidden_size, output_size,
16                          weight_attr=paddle.ParamAttr(initializer=Normal(mean=0., std=1.)),
17                           bias_attr=paddle.ParamAttr(initializer=Constant(value=0.0)))
18      # 使用'nn.functional.sigmoid'定义Logistic激活函数
19          self.act_fn = F.sigmoid
20
21      # 前向计算
22      def forward(self, inputs):
23          z1 = self.fc1(inputs)
24          a1 = self.act_fn(z1)
25          z2 = self.fc2(a1)
26          a2 = self.act_fn(z2)
27          return a2
```

4.3.2   完善 Runner 类：RunnerV2_2

我们在第4.2.5节中实现的 RunnerV2_1类已经可以兼容由飞桨预定义算子搭建的模型，并在训练过程中从损失函数开始反向计算梯度. 这里我们主要针对飞桨预定义算子的保存和加载进行完善.

本节的 RunnerV2_2功能变化如下：

1）自定义日志输出：通过传入自定义的custom_print_log()函数，实现自定义的日志打印功能.

2）模型阶段控制：在模型评价和预测阶段，通过@paddle.no_grad()来设定模型不计算和存储梯度，节省计算资源. 有些模型在模型训练和评价阶段设置不同，比如Dropout算子，我们通过model.train()和model.eval()来进行切换.

3）模型保存：使用state_dict()方法获取模型参数. state_dict()可以获取当前层及其子层的所有参数和可持久性缓存，并将所有参数和缓存存放在词表结构中.

4）模型加载：使用set_state_dict()方法加载模型参数.

```
1  class RunnerV2_2(object):
2      def __init__(self, model, optimizer, metric, loss_fn, **kwargs):
3          self.model = model
4          self.optimizer = optimizer
5          self.loss_fn = loss_fn
6          self.metric = metric
7
8          # 记录训练过程中的评价指标变化情况
9          self.train_scores = []
10         self.dev_scores = []
11
```

```
12          # 记录训练过程中的损失变化情况
13          self.train_loss = []
14          self.dev_loss = []
15
16      def train(self, train_set, dev_set, **kwargs):
17          # 将模型切换为训练模式
18          self.model.train()
19
20          # 传入训练回合数，如果没有传入值，则默认为0
21          num_epochs = kwargs.get("num_epochs", 0)
22          # 传入log打印频率，如果没有传入值，则默认为100
23          log_epochs = kwargs.get("log_epochs", 100)
24          # 传入模型保存路径，如果没有传入值，则默认为"model_best.pdparams"
25          save_path = kwargs.get("save_path", "model_best.pdparams")
26
27          # log打印函数，如果没有传入值，则默认为"None"
28          custom_print_log = kwargs.get("custom_print_log", None)
29
30          # 记录全局最优评价指标
31          best_score = 0
32          # 在整个数据集上训练num_epochs个回合
33          for epoch in range(num_epochs):
34              X, y = train_set
35              # 获取模型预测
36              logits = self.model(X)
37              # 计算交叉熵损失
38              trn_loss = self.loss_fn(logits, y)
39              self.train_loss.append(trn_loss.item())
40              # 计算评价指标
41              trn_score = self.metric(logits, y).item()
42              self.train_scores.append(trn_score)
43              # 自动计算参数梯度
44              trn_loss.backward()
45              # 自定义打印日志函数
46              if custom_print_log is not None:
47                  # 打印每一层的梯度
48                  custom_print_log(self)
49
50              # 参数更新
51              self.optimizer.step()
52              # 清空梯度
53              self.optimizer.clear_grad()
54
55              dev_score, dev_loss = self.evaluate(dev_set)
56              # 如果当前评价指标为最优指标，保存该模型
```

```
57              if dev_score > best_score:
58                  self.save_model(save_path)
59                  print(f"[Evaluate] best accuracy performance has been updated: {best_score
                    :.5f} --> {dev_score:.5f}")
60                  best_score = dev_score
61              # 每隔log_epochs步，输出训练信息
62              if log_epochs and epoch % log_epochs == 0:
63                  print(f"[Train] epoch: {epoch}/{num_epochs}, loss: {trn_loss.item()}")
64
65      # 模型评价阶段，使用'paddle.no_grad()'控制不计算和存储梯度
66      @paddle.no_grad()
67      def evaluate(self, data_set):
68          # 将模型切换为评价模式
69          self.model.eval()
70
71          X, y = data_set
72          # 计算模型输出
73          logits = self.model(X)
74          # 计算损失函数
75          loss = self.loss_fn(logits, y).item()
76          self.dev_loss.append(loss)
77          # 计算评价指标
78          score = self.metric(logits, y).item()
79          self.dev_scores.append(score)
80          return score, loss
81
82      # 模型测试阶段，使用'paddle.no_grad()'控制不计算和存储梯度
83      @paddle.no_grad()
84      def predict(self, X):
85          # 将模型切换为评价模式
86          self.model.eval()
87          return self.model(X)
88
89      # 使用'model.state_dict()'获取模型参数，并进行保存
90      def save_model(self, saved_path):
91          paddle.save(self.model.state_dict(), saved_path)
92
93      # 使用'model.set_state_dict'加载模型参数
94      def load_model(self, model_path):
95          state_dict = paddle.load(model_path)
96          self.model.set_state_dict(state_dict)
```

4.3.3　模型训练

实例化RunnerV2_2类，并传入训练配置，使用SGD优化器，学习率为0.2. 代码实现如下：

```
1   # 设置模型
2   input_size = 2
3   hidden_size = 5
4   output_size = 1
5   model = Model_MLP_L2_V2(input_size, hidden_size, output_size)
6   # 设置损失函数
7   loss_fn = F.binary_cross_entropy
8   # 在飞桨中，model.parameters()将模型中所有参数以数组的方式返回
9   optimizer = paddle.optimizer.SGD(learning_rate= 0.2, parameters=model.parameters())
10  # 设置评价指标
11  metric = accuracy
12  saved_path = 'best_model.pdparams'
13  # 实例化RunnerV2类，并传入训练配置
14  runner = RunnerV2_2(model, optimizer, metric, loss_fn)
15  runner.train([X_train, y_train], [X_dev, y_dev], num_epochs=1000, log_epochs=50, "./
        checkpoint/model_best.pdparams")
```

可视化训练过程中训练集与验证集的损失函数值和准确率变化情况. 代码实现如下：

```
1   # 可视化观察训练集与验证集的评价指标变化情况
2   def plot(runner, fig_name):
3       plt.figure(figsize=(10,5))
4       epochs = [i for i in range(len(runner.train_scores))]
5
6       plt.subplot(1,2,1)
7       plt.plot(epochs, runner.train_loss, color='#8E004D', label="Train loss")
8       plt.plot(epochs, runner.dev_loss, color='#E20079', label="Dev loss")
9       # 绘制坐标轴和图例
10      plt.ylabel("loss", fontsize='x-large')
11      plt.xlabel("epoch", fontsize='x-large')
12      plt.legend(loc='upper right', fontsize='x-large')
13
14      plt.subplot(1,2,2)
15      plt.plot(epochs, runner.train_scores, color='#8E004D', label="Train accuracy")
16      plt.plot(epochs, runner.dev_scores, color='#E20079', label="Dev accuracy")
17      # 绘制坐标轴和图例
18      plt.ylabel("score", fontsize='x-large')
19      plt.xlabel("epoch", fontsize='x-large')
20      plt.legend(loc='lower right', fontsize='x-large')
21
22      plt.savefig(fig_name)
23      plt.show()
```

```
24
25  plot(runner, 'fw-acc.pdf')
```

输出结果如图4.8所示.

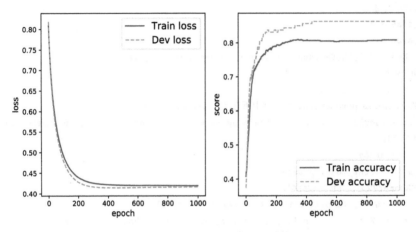

图 4.8 损失和准确率变化趋势

4.3.4 模型评价

使用测试数据对训练完成后的最优模型进行评价, 观察模型在测试集上的准确率以及损失变化情况. 代码实现如下:

```
1  # 模型评价
2  runner.load_model("./checkpoint/model_best.pdparams")
3  score, loss = runner.evaluate([X_test, y_test])
4  print("[Test] score/loss: {:.4f}/{:.4f}".format(score, loss))
```

输出结果为:

```
[Test] score/loss: 0.8200/0.5561
```

从输出结果来看, 模型在测试集上取得了较高的准确率.

4.4 优化问题

在本节中, 我们通过实践来发现神经网络模型的优化问题, 并思考如何改进.

4.4.1 参数初始化

实现一个神经网络前,需要先初始化模型参数. 如果对每一层的权重和偏置都用0初始化,那么通过第一遍前向计算,所有隐藏层神经元的激活值都相同. 在反向传播时,所有权重的更新也都相同,这样会导致隐藏层神经元没有差异性,出现对称权重现象.

动手练习 4.3
动手将神经网络的权重都初始化为0,并观察训练结果.

为了避免对称权重现象,可以使用高斯分布或均匀分布初始化神经网络的参数.

高斯分布和均匀分布采样的代码如下:

```
1  # 使用'paddle.normal'实现高斯分布采样, 'mean'为高斯分布的均值, 'std'为高斯分布的标准差, 'shape'
       为输出形状
2  gausian_weights = paddle.normal(mean=0.0, std=1.0, shape=[10000])
3  # 使用'paddle.uniform'实现在[min,max]范围内的均匀分布采样, 'shape'为输出形状
4  uniform_weights = paddle.uniform(shape=[10000], min=- 1.0, max=1.0)
5
6  # 绘制两种参数分布
7  plt.figure()
8  plt.subplot(1,2,1)
9  plt.title('Gaussian Distribution')
10 plt.hist(gausian_weights, bins=200, density=True)
11 plt.subplot(1,2,2)
12 plt.title('Uniform Distribution')
13 plt.hist(uniform_weights, bins=200, density=True)
14 plt.show()
```

输出结果如图4.9所示.

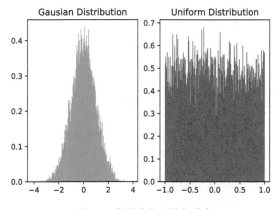

图 4.9 高斯分布和均匀分布

4.4.2 梯度消失问题

在神经网络的构建过程中,随着网络层数的增加,理论上网络的拟合能力也应该是越来越好的.但是随着网络变深,参数学习更加困难,容易出现梯度消失问题.

由于 Sigmoid 型函数的饱和性,饱和区的导数更接近于0,误差经过每一层传递都会不断衰减.当网络层数很深时,梯度就会不停衰减,甚至消失,使得整个网络很难训练,这就是所谓的梯度消失问题.在深度神经网络中,改善梯度消失问题的方法有很多种,一种简单有效的方式就是使用导数比较大的激活函数,如 ReLU 函数.

下面通过一个简单的实验观察前馈神经网络的梯度消失现象和改进方法.

4.4.2.1 模型构建

定义一个前馈神经网络,包含4个隐藏层和1个输出层,通过传入的参数指定激活函数.代码实现如下:

```
1  # 定义多层前馈神经网络
2  class Model_MLP_L5(nn.Layer):
3      def __init__(self, input_size, output_size, act='sigmoid', w_init=Normal(mean=0.0, std
           =0.01), b_init=Constant(value=1.0)):
4          super(Model_MLP_L5, self).__init__()
5          self.fc1 = nn.Linear(input_size, 3)
6          self.fc2 = nn.Linear(3, 3)
7          self.fc3 = nn.Linear(3, 3)
8          self.fc4 = nn.Linear(3, 3)
9          self.fc5 = nn.Linear(3, output_size)
10         # 定义网络使用的激活函数
11         if act == 'sigmoid':
12             self.act = F.sigmoid
13         elif act == 'relu':
14             self.act = F.relu
15         elif act == 'lrelu':
16             self.act = F.leaky_relu
17         else:
18             raise ValueError("Please enter sigmoid relu or lrelu!")
19         # 初始化线性层权重和偏置参数
20         self.init_weights(w_init, b_init)
21
22     # 初始化线性层权重和偏置参数
23     def init_weights(self, w_init, b_init):
24         # 使用'named_sublayers'遍历所有网络层
25         for n, m in self.named_sublayers():
26             # 如果是线性层,则使用指定方式进行参数初始化
27             if isinstance(m, nn.Linear):
28                 w_init(m.weight)
```

```
29                b_init(m.bias)
30
31    def forward(self, inputs):
32        outputs = self.fc1(inputs)
33        outputs = self.act(outputs)
34        outputs = self.fc2(outputs)
35        outputs = self.act(outputs)
36        outputs = self.fc3(outputs)
37        outputs = self.act(outputs)
38        outputs = self.fc4(outputs)
39        outputs = self.act(outputs)
40        outputs = self.fc5(outputs)
41        outputs = F.sigmoid(outputs)
42        return outputs
```

4.4.2.2 使用Sigmoid型函数进行训练

定义梯度打印函数. 代码实现如下:

```
1  def print_grads(model):
2      # 打印每一层的权重的模
3      print('The gradient of the Layers: ')
4      for item in model.sublayers():
5          if len(item.parameters()) == 2:
6              print(item.full_name(), paddle.norm(item.parameters()[0].grad, p=2.).numpy()[0])
```

使用Sigmoid型函数作为激活函数,为了便于观察梯度消失现象,只进行一轮网络优化. 代码实现如下:

```
1  paddle.seed(102)
2
3  # 定义网络
4  model = Model_MLP_L5(input_size=2, output_size=1, act='sigmoid')
5  # 定义优化器
6  optimizer = paddle.optimizer.SGD(learning_rate=0.01, parameters=model.parameters())
7  # 定义损失函数, 使用交叉熵损失函数
8  loss_fn = F.binary_cross_entropy
9  # 定义评价指标
10 metric = accuracy
11 # 指定梯度打印函数
12 custom_print_log=print_grads
```

实例化RunnerV2_2类,并传入训练配置. 代码实现如下:

```
1  # 实例化RunnerV2_2类
2  runner = RunnerV2_2(model, optimizer, metric, loss_fn)
```

模型训练,打印网络每层梯度值的 ℓ_2 范数. 代码实现如下:

```
1  # 模型训练
2  runner.train([X_train, y_train], [X_dev, y_dev],
3          num_epochs=1, log_epochs=None,
4          "./checkpoint/model_best.pdparams",
5          custom_print_log=custom_print_log)
```

输出结果为:

```
The gradient of the Layers:
linear_2 1.9678535e-11
linear_3 1.1295275e-08
linear_4 2.3546302e-06
linear_5 0.00066168886
linear_6 0.2712782
```

从输出结果看,梯度经过每一个神经层的传递都会不断衰减,最终传递到第一个神经层时,梯度几乎完全消失.

4.4.2.3 使用 ReLU 函数进行模型训练

图4.10展示了使用不同激活函数时网络每层梯度值的 ℓ_2 范数情况. 从输出结果看,当5层的全连接前馈神经网络使用Sigmoid型函数作为激活函数时,梯度经过每一个神经层的传递都会不断衰减,最终传递到第一个神经层时,梯度几乎完全消失. 改为 ReLU 激活函数后,梯度消失现象得到了缓解,每一层的参数都具有梯度值.

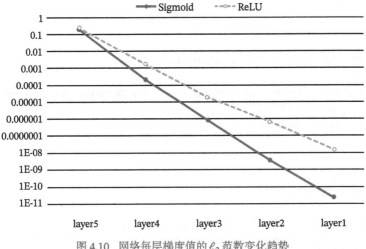

图 4.10 网络每层梯度值的 ℓ_2 范数变化趋势

4.4.3 死亡 ReLU 问题

ReLU 激活函数可以一定程度上改善梯度消失问题,但是 ReLU 函数在某些情况下容易出现死亡 ReLU 问题,使得网络难以训练. 这是由于当 $x < 0$ 时,ReLU 函数的输出恒为 0. 在训练过程中,如果参数在一次不恰当的更新后,某个 ReLU 神经元在所有训练数据上都不能被激活(即输出为 0),那么这个神经元自身参数的梯度永远都会是 0,在以后的训练过程中永远都不能被激活. 而一种简单有效的优化方式就是将激活函数更换为带泄露的 ReLU、ELU 等 ReLU 的变种.

4.4.3.1 使用 ReLU 进行模型训练

使用第 4.4.2 节中定义的多层全连接前馈网络进行实验,使用 ReLU 作为激活函数,观察死亡 ReLU 现象和优化方法. 当神经层的偏置被初始化为一个相对于权重较大的负值时,可以想象,输入经过神经层的处理,最终的输出会为负值,从而导致死亡 ReLU 现象. 代码实现如下:

```
1  # 定义网络,并使用较大的负值来初始化偏置
2  model = Model_MLP_L5(input_size=2, output_size=1, act='relu', b_init=Constant(value=-8.0))
```

实例化 RunnerV2_2 类,启动模型训练,打印网络每层梯度值的 ℓ_2 范数. 代码实现如下:

```
1  # 实例化Runner类
2  runner = RunnerV2_2(model, optimizer, metric, loss_fn)
3
4  # 模型训练
5  runner.train([X_train, y_train], [X_dev, y_dev],
6          num_epochs=1, log_epochs=0,
7          "./checkpoint/model_best.pdparams",
8          custom_print_log=custom_print_log)
```

输出结果为:

```
The gradient of the Layers:
linear_12 0.0
linear_13 0.0
linear_14 0.0
linear_15 0.0
linear_16 0.0
```

从输出结果看,使用 ReLU 作为激活函数,当满足条件时,会发生死亡 ReLU 问题,网络训练过程中 ReLU 神经元的梯度始终为 0,参数无法更新.

针对死亡 ReLU 问题,一种简单有效的优化方式就是将激活函数更换为带泄露的 ReLU、ELU 等 ReLU 的变种. 接下来,观察将激活函数更换为带泄露的 ReLU 时的梯度情况.

4.4.3.2 使用带泄露的 ReLU 进行模型训练

将激活函数更换为带泄露的 ReLU 进行模型训练,观察梯度情况. 代码实现如下:

```
1   # 重新定义网络，使用带泄露的ReLU激活函数
2   model = Model_MLP_L5(input_size=2, output_size=1, act='lrelu', b_init=Constant(value=-8.0)
        )
3
4   # 实例化RunnerV2_2类
5   runner = RunnerV2_2(model, optimizer, metric, loss_fn)
6
7   # 模型训练
8   runner.train([X_train, y_train], [X_dev, y_dev],
9              num_epochs=1, log_epochps=None,
10             "./checkpoint/model_best.pdparams",
11             custom_print_log=custom_print_log)
```

输出结果为：

```
The gradient of the Layers:
linear_17  2.4733036e−16
linear_18  4.0215612e−13
linear_19  1.6351807e−09
linear_20  8.873676e−06
linear_21  0.071620286
```

从输出结果看,将激活函数更换为带泄露的 ReLU 后,死亡 ReLU 问题得到了改善,梯度恢复正常,参数也可以正常更新. 由于带泄露的 ReLU 中 $x < 0$ 时的斜率默认只有 0.01,因此反向传播时,随着网络层数的加深,梯度值越来越小. 如果想要改善这一现象,将带泄露的 ReLU 中 $x < 0$ 时的斜率调大即可.

4.5   实践：基于前馈神经网络完成鸢尾花分类任务

在本实践中,我们继续使用第3.3节中的鸢尾花分类任务,将 Softmax 分类器替换为本章介绍的前馈神经网络. 在本实验中,我们使用的损失函数为交叉熵损失,优化器为随机梯度下降法,评价指标为准确率.

4.5.1   小批量梯度下降法

在梯度下降法中,待优化的目标函数是定义在整个训练集上的风险函数,这种方式称为批量梯度下降法（Batch Gradient Descent, BGD）. 批量梯度下降法在每次迭代时需要计算所有样本上损失函数的梯度并求和,当训练集中的样本数量 N 很大时,空间复杂度比较高,每次迭代的计算开销也很大. 而在神经网络的参数学习中,参数数量通常会比较多,并且处理的数据量也比较大,整批计算梯度的复杂度高,因此通常采用随机梯度下降法（Stochastic Gradient Descent, SGD）进

行优化. 此外, 随机梯度优化在每次迭代时梯度具有一定的随机性, 相当于引入噪声, 在某种程度上也提高了模型的稳健性.

为了减少每次迭代的计算复杂度, 同时利用GPU等计算设备的并行计算能力, 我们可以在每次迭代时只采集一小部分样本, 计算在这组样本上损失函数的梯度并更新参数, 这种优化方式称为小批量梯度下降法（Mini-Batch Gradient Descent, Mini-Batch GD）.

第t次迭代时, 随机选取一个包含K个样本的子集$\mathcal{B}_t$, 计算这个子集上每个样本损失函数的梯度并进行平均, 然后再进行参数更新.

$$\theta_{t+1} \leftarrow \theta_t - \alpha \frac{1}{K} \sum_{(\boldsymbol{x},y) \in \mathcal{S}_t} \frac{\partial \mathcal{L}\big(y, f(\boldsymbol{x};\theta)\big)}{\partial \theta}, \tag{4.23}$$

其中K为批大小（Batch Size）. K通常不会设置很大值, 一般在$1 \sim 100$之间. 在实际应用中为了提高计算效率, 通常设置为2的幂2^n.

在实际应用中, 小批量随机梯度下降法有收敛快、计算开销小的优点, 因此逐渐成为大规模机器学习中的主要优化算法. 此外, 随机梯度下降相当于在批量梯度下降的梯度上引入了随机噪声. 在非凸优化问题中, 随机梯度下降更容易逃离局部最优点.

小批量随机梯度下降法的训练过程如算法4.1所示.

算法 4.1　　小批量随机梯度下降法

　　输入: 训练集 $\mathcal{D} = \{(\boldsymbol{x}^{(n)}, y^{(n)})\}_{n=1}^{N}$, 验证集 $\mathcal{V}$, 学习率 α

1　随机初始化θ;
2　**repeat**
3　　对训练集 $\mathcal{D}$ 中的样本进行随机分组, 每组大小为K个样本, 得到分组 $\mathcal{B}_1, \mathcal{B}_2, \cdots, \mathcal{B}_T$;
4　　**for** $epoch = 1 \cdots E$ **do**
5　　　　**for** $iter = 1 \cdots T$ **do**
6　　　　　　计算 $\mathcal{B}_t$ 上的梯度, 并更新参数;
7　　　　**end**
8　　**end**
9　**until** 模型 $f(\boldsymbol{x};\theta)$ 在验证集 $\mathcal{V}$ 上的错误率不再下降;
　　输出: θ

> 思考
>
> 当样本数不能刚好分为 N 组时应该如何操作.

4.5.1.1　数据分组

为了使用小批量梯度下降法进行优化, 我们需要对数据进行随机分组. 目前, 机器学习中的通常做法是构建一个数据迭代器, 在梯度下降优化的每次迭代时从全部数据集中获取一批指定数量的数据. 数据迭代器的实现原理如图4.11所示.

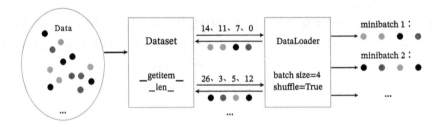

图 4.11 数据迭代器的实现原理

为此,我们需要构建两个类:

1) Dataset类:对数据集进行封装,提供`__getitem__`()函数,传入一组索引值,返回对应数据集中样本.

2) DataLoader类:数据迭代器,通过该类从Dataset中批量获取数据. DataLoader类需要指定数据批大小和是否需要对数据打乱顺序:通过设置`batch_size`参数来指定批量小,通过设置`shuffle=True`可以在生成数据索引列表时将索引顺序打乱.

在每次迭代中,数据迭代器DataLoader按照一定的规则每次从数据集Dataset中取出对应的样本. 由于飞桨提供了`paddle.io.DataLoader`和`paddle.io.Dataset`的基类,我们实现时只需要继承这两个类就可以了.

4.5.2 数据处理

4.5.2.1 构建 IrisDataset

构造 IrisDataset 类进行数据读取,继承自`paddle.io.Dataset`类. `paddle.io.Dataset`是用来封装 Dataset 的方法和行为的抽象类,通过一个索引获取指定的样本,同时对该样本进行数据处理. 当继承`paddle.io.Dataset`来定义数据读取类时,实现如下方法:

1) `__getitem__`:根据给定索引获取数据集中指定样本,并对样本进行数据处理.

2) `__len__`:返回数据集样本个数.

代码实现如下:

```
1  import numpy as np
2  import paddle
3
4  class IrisDataset(io.Dataset):
5      def __init__(self, mode='train', num_train=120, num_dev=15):
6          super(IrisDataset, self).__init__()
7          # 调用第3.3.1.2节中的数据读取函数,其中不需要将标签转成one-hot类型
8          X, y = load_data(shuffle=True)
```

```
9          if mode == 'train':
10             self.X, self.y = X[:num_train], y[:num_train]
11         elif mode == 'dev':
12             self.X, self.y = X[num_train:num_train + num_dev], y[num_train:num_train +
                  num_dev]
13         else:
14             self.X, self.y = X[num_train + num_dev:], y[num_train + num_dev:]
15
16     def __getitem__(self, idx):
17         return self.X[idx], self.y[idx]
18
19     def __len__(self):
20         return len(self.y)
```

```
1   paddle.seed(12)
2   train_dataset = IrisDataset(mode='train')
3   dev_dataset = IrisDataset(mode='dev')
4   test_dataset = IrisDataset(mode='test')
```

```
1   # 打印训练集长度
2   print ("length of train set: ", len(train_dataset))
```

输出结果为：

```
length of train set:  120
```

4.5.2.2 使用 DataLoader 进行封装

代码实现如下：

```
1   batch_size = 16
2
3   # 加载数据
4   train_loader = io.DataLoader(train_dataset, batch_size=batch_size, shuffle=True)
5   dev_loader = io.DataLoader(dev_dataset, batch_size=batch_size)
6   test_loader = io.DataLoader(test_dataset, batch_size=batch_size)
```

4.5.3 模型构建

下面我们使用飞桨预定义算子来实现两层前馈神经网络，进行鸢尾花分类实验。其中输入层神经元个数为 4，输出层神经元个数为 3，隐含层神经元个数为 6.

这里和第4.3.1节中实现的两层前馈网络的不同之处在于网络的最后一层是线性层,没有接激活函数. 这是由于在分类问题的实践中我们通常只需要模型输出分类的对数几率(Logits)(简称对率)就可以判断预测的类别,而不用计算每个类的概率.
如果需要模型输出分类的对率,则需要损失函数可以直接接收对率来计算损失.

代码实现如下:

```
1  from paddle import nn
2
3  # 定义前馈神经网络
4  class Model_MLP_L2_V3(nn.Layer):
5      def __init__(self, input_size, output_size, hidden_size):
6          super(Model_MLP_L2_V3, self).__init__()
7          # 构建第一个全连接层
8          self.fc1 = nn.Linear(
9              input_size,
10             hidden_size,
11             weight_attr=paddle.ParamAttr(initializer=nn.initializer.Normal(mean=0.0, std
                   =0.01)),
12             bias_attr=paddle.ParamAttr(initializer=nn.initializer.Constant(value=1.0))
13         )
14         # 构建第二个全连接层
15         self.fc2 = nn.Linear(
16             hidden_size,
17             output_size,
18             weight_attr=paddle.ParamAttr(initializer=nn.initializer.Normal(mean=0.0, std
                   =0.01)),
19             bias_attr=paddle.ParamAttr(initializer=nn.initializer.Constant(value=1.0))
20         )
21         # 定义网络使用的激活函数
22         self.act = nn.Sigmoid()
23
24     def forward(self, inputs):
25         outputs = self.fc1(inputs)
26         outputs = self.act(outputs)
27         outputs = self.fc2(outputs)
28         return outputs
29
30 fnn_model = Model_MLP_L2_V3(input_size=4, output_size=3, hidden_size=6)
```

4.5.4 完善 Runner 类：RunnerV3

为了使构建的Runner类支持基于随机梯度下降法的优化方法，本节在RunnerV2_2类的基础上进一步完善，实现了RunnerV3类. RunnerV3类主要加入的功能有：

1）随机梯度下降法：使用随机梯度下降法对参数进行优化.

2）数据分批加载：为了配合随机梯度下降法，使用数据迭代器DataLoader来管理数据，并分批次加载数据.

3）分批次的模型评价：由于数据以分批的形式输入模型中进行评价，因此评价指标也是分别在每批数据上计算的. 要想获得全部数据的评价结果，需要对每次评价结果进行累积并汇总.

4.5.4.1 支持分批计算的评价指标

实现一个支持数据分批进行模型评价的Accuracy类，支持对一个回合中每批数据进行评价，并将评价结果进行累积，最终获得整批数据的评价结果. 代码实现如下：

```
1  from paddle.metric import Metric
2
3  class Accuracy(Metric):
4      def __init__(self, is_logist=True):
5          """
6          输入：
7             - is_logist: outputs是对率还是激活后的值
8          """
9
10         # 用于统计正确的样本个数
11         self.num_correct = 0
12         # 用于统计样本的总数
13         self.num_count = 0
14
15         self.is_logist = is_logist
16
17     def update(self, outputs, labels):
18         """
19         输入：
20            - outputs: 预测值, shape=[N,class_num]
21            - labels: 标签值, shape=[N,1]
22         """
23
24         # 判断是二分类任务还是多分类任务, shape[1]=1时为二分类任务, shape[1]>1时为多分类任务
25         if outputs.shape[1] == 1:
26             outputs = paddle.squeeze(outputs, axis=-1)
27             if self.is_logist:
28                 # logist判断是否大于0
29                 preds = paddle.cast((outputs>=0), dtype='float32')
```

```
30              else:
31                  # 如果不是logist, 判断每个概率值是否大于0.5, 当大于0.5时, 类别为1, 否则类别为0
32                  preds = paddle.cast((outputs>=0.5), dtype='float32')
33          else:
34              # 多分类时, 使用'paddle.argmax'计算最大元素索引作为类别
35              preds = paddle.argmax(outputs, axis=1, dtype='int64')
36
37          # 获取本批数据中预测正确的样本个数
38          labels = paddle.squeeze(labels, axis=-1)
39          batch_correct = paddle.sum(paddle.cast(preds==labels, dtype="float32")).numpy()[0]
40          batch_count = len(labels)
41
42          # 更新num_correct 和 num_count
43          self.num_correct += batch_correct
44          self.num_count += batch_count
45
46      def accumulate(self):
47          # 使用累计的数据, 计算总的评价指标
48          if self.num_count == 0:
49              return 0
50          return self.num_correct / self.num_count
51
52      def reset(self):
53          self.num_correct = 0
54          self.num_count = 0
55
56      def name(self):
57          return "Accuracy"
```

4.5.4.2　RunnerV3类

RunnerV3类的代码实现如下:

```
1  import paddle.nn.functional as F
2
3  class RunnerV3(object):
4      def __init__(self, model, optimizer, loss_fn, metric, **kwargs):
5          self.model = model
6          self.optimizer = optimizer
7          self.loss_fn = loss_fn
8          self.metric = metric #只用于计算评价指标
9
10         # 记录训练过程中的评价指标变化情况
11         self.dev_scores = []
12
13         # 记录训练过程中的损失函数变化情况
```

```
14          self.train_epoch_losses = [] # 一个epoch记录一次loss
15          self.train_step_losses = [] # 一个step记录一次loss
16          self.dev_losses = []
17
18          # 记录全局最优评价指标
19          self.best_score = 0
20
21      def train(self, train_loader, dev_loader=None, **kwargs):
22          # 将模型切换为训练模式
23          self.model.train()
24
25          # 传入训练回合数，如果没有传入值，则默认为0
26          num_epochs = kwargs.get("num_epochs", 0)
27          # 传入log打印频率，如果没有传入值，则默认为100
28          log_steps = kwargs.get("log_steps", 100)
29          # 评价频率
30          eval_steps = kwargs.get("eval_steps", 0)
31
32          # 传入模型保存路径，如果没有传入值，则默认为"model_best.pdparams"
33          save_path = kwargs.get("save_path", "model_best.pdparams")
34
35          custom_print_log = kwargs.get("custom_print_log", None)
36
37          # 训练总的步数
38          num_training_steps = num_epochs * len(train_loader)
39
40          if eval_steps:
41              if self.metric is None:
42                  raise RuntimeError('Error: Metric can not be None!')
43              if dev_loader is None:
44                  raise RuntimeError('Error: dev_loader can not be None!')
45
46          # 运行的step数目
47          global_step = 0
48
49          # 在整个数据集上训练num_epochs个回合
50          for epoch in range(num_epochs):
51              # 用于统计训练集的损失
52              total_loss = 0
53              for step, data in enumerate(train_loader):
54                  X, y = data
55                  # 获取模型预测
56                  logits = self.model(X)
57                  loss = self.loss_fn(logits, y) # 默认求mean
58                  total_loss += loss
```

```
59
60              # 训练过程中，对每个step的损失进行保存
61              self.train_step_losses.append((global_step,loss.item()))
62
63              if log_steps and global_step%log_steps == 0:
64                  print(f"[Train] epoch: {epoch}/{num_epochs}, step: {global_step}/{
                        num_training_steps}, loss: {loss.item():.5f}")
65
66              # 梯度反向传播，计算每个参数的梯度值
67              loss.backward()
68
69              if custom_print_log:
70                  custom_print_log(self)
71
72              # 小批量梯度下降进行参数更新
73              self.optimizer.step()
74              # 梯度归零
75              self.optimizer.clear_grad()
76
77              # 判断是否需要评价
78              if eval_steps > 0 and global_step !=0 and \
79                  (global_step%eval_steps == 0 or global_step==(num_training_steps-1)):
80
81                  dev_score, dev_loss = self.evaluate(dev_loader, global_step=global_step)
82                  print(f"[Evaluate]  dev score: {dev_score:.5f}, dev loss: {dev_loss:.5f}"
                        )
83
84                  # 将模型切换为训练模式
85                  self.model.train()
86
87                  # 如果当前评价指标为最优指标，保存该模型
88                  if dev_score > self.best_score:
89                      self.save_model(save_path)
90                      print(f"[Evaluate] best accuracy performance has been updated: {self.
                            best_score:.5f} --> {dev_score:.5f}")
91                      self.best_score = dev_score
92
93              global_step += 1
94
95          # 当前回合训练损失累积值
96          trn_loss = (total_loss/len(train_loader)).item()
97          # 保存回合粒度的训练损失
98          self.train_epoch_losses.append(trn_loss)
99
100     print("[Train] Training done!")
```

```
101
102    # 模型评价阶段, 使用'paddle.no_grad()'控制不计算和存储梯度
103    @paddle.no_grad()
104    def evaluate(self, dev_loader, **kwargs):
105        assert self.metric is not None
106        # 将模型设置为评价模式
107        self.model.eval()
108        global_step = kwargs.get("global_step", -1)
109        # 用于统计训练集的损失
110        total_loss = 0
111        # 重置评价
112        self.metric.reset()
113
114        # 遍历验证集每个批次
115        for batch_id, data in enumerate(dev_loader):
116            X, y = data
117            # 计算模型输出
118            logits = self.model(X)
119            # 计算损失函数
120            loss = self.loss_fn(logits, y).item()
121            # 累积损失
122            total_loss += loss
123            # 累积评价
124            self.metric.update(logits, y)
125
126        dev_loss = (total_loss/len(dev_loader))
127        self.dev_losses.append((global_step, dev_loss))
128        dev_score = self.metric.accumulate()
129        self.dev_scores.append(dev_score)
130        return dev_score, dev_loss
131
132    # 模型评价阶段, 使用'paddle.no_grad()'控制不计算和存储梯度
133    @paddle.no_grad()
134    def predict(self, x, **kwargs):
135        # 将模型设置为评价模式
136        self.model.eval()
137        # 运行模型前向计算, 得到预测值
138        logits = self.model(x)
139        return logits
140
141    def save_model(self, save_path):
142        paddle.save(self.model.state_dict(), save_path)
143
144    def load_model(self, model_path):
145        model_state_dict = paddle.load(model_path)
```

```
146        self.model.set_state_dict(model_state_dict)
```

4.5.5 模型训练

实例化RunnerV3类，并传入训练配置，使用SGD优化器，学习率为0.2. 使用训练集和验证集进行模型训练，共训练150个回合. 在实验中，保存准确率最高的模型作为最优模型.

> **提醒**
>
> 这里使用paddle.nn.functional.cross_entropy作为损失函数，可以直接接收模型输出的对率（Logits）作为输入，先用Softmax函数进行归一化，再计算交叉熵.

代码实现如下：

```
 1   import paddle.optimizer as opt
 2   # 定义网络
 3   model = fnn_model
 4   # 定义优化器
 5   optimizer = opt.SGD(learning_rate=0.2, parameters=model.parameters())
 6   # 定义损失函数
 7   loss_fn = F.cross_entropy
 8   # 定义评价指标
 9   metric = Accuracy(is_logist=True)
10   # 模型训练
11   runner.train(train_loader, dev_loader, num_epochs=150, log_steps=100, eval_steps=50,
12             "./checkpoint/model_best.pdparams")
```

可视化观察训练集和验证集的损失变化情况以及验证集上的准确率变化情况.

```
 1   import matplotlib.pyplot as plt
 2
 3   # 绘制训练集和验证集的损失变化以及验证集上的准确率变化曲线
 4   def plot_training_loss_acc(runner, fig_name,
 5       fig_size=(16, 6),
 6       sample_step=20,
 7       loss_legend_loc="upper right",
 8       acc_legend_loc="lower right",
 9       train_color="#8E004D",
10       dev_color='#E20079',
11       fontsize='x-large',
12       train_linestyle="-",
13       dev_linestyle='--'):
14
```

```
15    plt.figure(figsize=fig_size)
16
17    plt.subplot(1,2,1)
18    train_items = runner.train_step_losses[::sample_step]
19    train_steps=[x[0] for x in train_items]
20    train_losses = [x[1] for x in train_items]
21
22    plt.plot(train_steps, train_losses, color=train_color, linestyle=train_linestyle, label
          ="Train loss")
23    if len(runner.dev_losses) > 0:
24        dev_steps=[x[0] for x in runner.dev_losses]
25        dev_losses = [x[1] for x in runner.dev_losses]
26        plt.plot(dev_steps, dev_losses, color=dev_color, linestyle=dev_linestyle, label="
              Dev loss")
27    # 绘制坐标轴和图例
28    plt.ylabel("loss", fontsize=fontsize)
29    plt.xlabel("step", fontsize=fontsize)
30    plt.legend(loc=loss_legend_loc, fontsize=fontsize)
31
32    # 绘制准确率变化曲线
33    if len(runner.dev_scores) > 0:
34        plt.subplot(1,2,2)
35        plt.plot(dev_steps, runner.dev_scores,
36            color=dev_color, linestyle=dev_linestyle, label="Dev accuracy")
37
38        # 绘制坐标轴和图例
39        plt.ylabel("score", fontsize=fontsize)
40        plt.xlabel("step", fontsize=fontsize)
41        plt.legend(loc=acc_legend_loc, fontsize=fontsize)
42
43    plt.savefig(fig_name)
44    plt.show()
45
46 plot_training_loss_acc(runner, 'fw-loss.pdf')
```

> **提醒**
>
> 训练集与验证集的损失和准确率变化可视化的代码实现比较类似. 为不占用篇幅, 在后面的章节中不再展示具体的代码实现. 后面的可视化都通过调用上面定义的plot_training_loss_acc函数来实现.

可视化结果如图4.12所示, 从输出结果看, 随着迭代次数增加, 训练集和验证集的损失下降, 验证集的准确率逐渐上升.

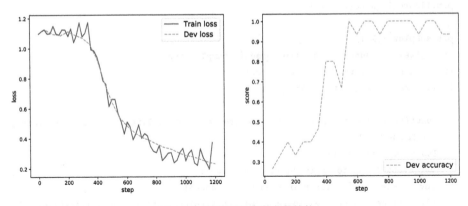

图 4.12 损失和准确率变化趋势

4.5.6 模型评价

使用测试数据对在训练过程中保存的最优模型进行评价, 观察模型在测试集上的准确率以及损失变化情况. 代码实现如下:

```
1  # 加载最优模型
2  runner.load_model("./checkpoint/model_best.pdparams")
3  # 模型评价
4  score, loss = runner.evaluate(test_loader)
5  print("[validation] accuracy/loss: {:.4f}/{:.4f}".format(score, loss))
```

输出结果为:

[validation] accuracy/loss: 1.0000/1.0579

4.5.7 模型预测

同样地, 也可以使用保存好的模型, 对测试集中的某一个数据进行模型预测, 观察模型效果. 代码实现如下:

```
1  # 获取测试集中第一条数据
2  X, label = next(test_loader())
3  logits = runner.predict(X)
4
5  pred_class = paddle.argmax(logits[0]).numpy()
6  label = label[0][0].numpy()
7  # 输出真实类别与预测类别
8  print("The true category is {} and the predicted category is {}".format(label,pred_class))
```

输出结果为:

The true category is [1] and the predicted category is [1]

动手练习 4.4

尝试基于 MNIST 手写体数字识别数据集,设计合适的前馈神经网络进行实验,并取得95%以上的准确率.

4.6　小结

本章介绍前馈神经网络的基本概念、网络结构及代码实现. 首先,我们基于Op类构建了线性层算子、Logistic 算子和交叉熵损失函数,并组建一个两层的前馈神经网络. 然后,基于误差反向传播算法的思想,利用算子的反向计算来完成梯度的计算. 最后通过优化器实现基于梯度下降法的参数更新. 在此过程中,我们完善了轻量级训练框架 Runner 类的两个改进版本:RunnerV2_1和RunnerV2_2. 此外,我们还通过两个简单的实验,观察前馈神经网络的梯度消失问题和死亡ReLU问题,以及对应的优化策略.

在实践部分,我们重构了轻量级训练框架,并实现RunnerV3类,然后基于飞桨预定义算子实现了前馈神经网络,完成了鸢尾花分类任务.

第5章　卷积神经网络

卷积神经网络（Convolutional Neural Network，CNN）是受生物学上感受野机制的启发而提出的. 卷积网络通常由若干的卷积层、汇聚层和全连接层交叉堆叠而成. 和全连接层不同，卷积层和汇聚层的特点是局部连接和权重共享. 这些特点使得卷积网络具有一定程度上的平移、缩放和旋转不变性. 和前馈网络相比，卷积网络的参数也更少.

由于卷积是一种非常自然的提取图像特征的工具，因此卷积网络主要应用在处理图像数据的任务上. 但随着卷积网络在计算机视觉领域的成功，它也越来越广泛地应用到自然语言处理、推荐系统等领域.

本章内容基于《神经网络与深度学习》第5章（卷积神经网络）相关内容进行设计. 在阅读本章之前，建议先了解如图5.1所示的关键知识点，以便更好地理解并掌握相应的理论和实践知识.

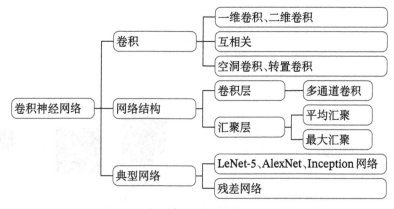

图 5.1　卷积神经网络关键知识点回顾

本章内容主要包含两部分：

- 模型解读：介绍卷积的原理、卷积神经网络的网络结构、残差连接的原理以及残差网络的网络结构，并使用简单卷积神经网络和残差网络完成手写体数字识别任务.

- 案例实践：基于残差网络 ResNet18 完成 CIFAR-10 图像分类任务.

5.1　卷积

卷积是分析数学中的一种重要运算,常用于信号处理或图像处理任务.本节以二维卷积为例进行实践.

5.1.1　二维卷积运算

在机器学习和图像处理领域,卷积的主要功能是在一个图像(或特征图)上滑动一个卷积核,通过卷积操作得到一组新的特征.在计算卷积的过程中,需要进行卷积核的翻转,而这也会带来一些不必要的操作和开销.因此,在具体实现上,一般会以数学中的互相关(Cross-Correlation)运算来代替卷积.在神经网络中,卷积运算的主要作用是抽取特征,卷积核是否进行翻转并不会影响其特征抽取的能力.特别是当卷积核是可学习的参数时,卷积和互相关在能力上是等价的.

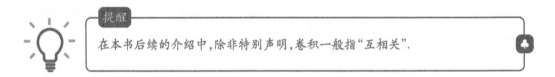

> **提醒**
>
> 在本书后续的介绍中,除非特别声明,卷积一般指"互相关".

对于一个输入矩阵 $\boldsymbol{X} \in \mathbb{R}^{M \times N}$ 和一个滤波器 $\boldsymbol{W} \in \mathbb{R}^{U \times V}$,它们的卷积为

$$y_{ij} = \sum_{u=0}^{U-1} \sum_{v=0}^{V-1} w_{uv} x_{i+u, j+v}. \tag{5.1}$$

图5.2给出了卷积计算的示例.

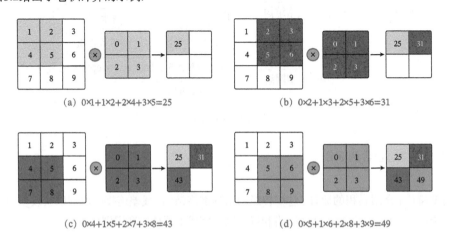

(a) 0×1+1×2+2×4+3×5=25　　　　　(b) 0×2+1×3+2×5+3×6=31

(c) 0×4+1×5+2×7+3×8=43　　　　　(d) 0×5+1×6+2×8+3×9=49

图 5.2　卷积操作的计算过程

提醒
为了和代码实现保持一致，这里矩阵的下标从0开始，这和《神经网络与深度学习》中的表述不同.

5.1.2 二维卷积算子

根据公式(5.1)，我们首先实现一个简单的二维卷积算子，代码实现如下：

笔记
在本书后面的实现中，算子都继承**paddle.nn.Layer**，并使用支持反向传播的飞桨API进行实现，这样我们就可以不用手工写backword()的代码实现.

```
1  import paddle
2  import paddle.nn as nn
3
4  class Conv2D(nn.Layer):
5      def __init__(self, kernel_size,
6          weight_attr=paddle.ParamAttr(initializer=nn.initializer.Constant(value=1.0))):
7          super(Conv2D, self).__init__()
8          #使用'paddle.create_parameter'创建卷积核
9          #使用'paddle.ParamAttr'进行参数初始化
10         self.weight = paddle.create_parameter(shape=[kernel_size,kernel_size],
11                     dtype='float32', attr=weight_attr)
12
13     def forward(self, X):
14         """
15         输入:
16             - X: 输入矩阵, shape=[B, M, N], B是样本数量
17         输出:
18             - output: 输出矩阵
19         """
20         u, v = self.weight.shape
21         output = paddle.zeros([X.shape[0], X.shape[1] - u + 1, X.shape[2] - v + 1])
22         for i in range(output.shape[1]):
23             for j in range(output.shape[2]):
24                 output[:, i, j] = paddle.sum(X[:, i:i+u, j:j+v]*self.weight, axis=[1,2])
25         return output
26
27  #随机构造一个二维输入矩阵
28  paddle.seed(100)
29  inputs = paddle.randn(shape=[2, 3, 3])
30  conv2d = Conv2D(kernel_size=2)
```

```
31  outputs = conv2d(inputs)
32  print("input: {}, \noutput: {}".format(inputs, outputs))
```

输出结果为：

input: Tensor(shape=[2, 3, 3], dtype=float32, place=CUDAPlace(0), stop_gradient=True,
        [[[−2.84111667, 0.00813386, −1.10186338],
          [−0.98983365, 0.82590210, 1.86596942],
          [−0.00606005, 0.84462112, −0.55158448]],
         [[−0.38196096, 1.69304919, −1.76249516],
          [−0.76220298, 1.71323478, −0.87099439],
          [−0.94921637, 0.42173341, 0.02119463]]]),
output: Tensor(shape=[2, 2, 2], dtype=float32, place=CUDAPlace(0), stop_gradient=False,
        [[[−2.99691439, 1.59814215],
          [0.67462951, 2.98490834]],
         [[2.26212001, 0.77279443],
          [0.42354882, 1.28516841]]])

5.1.3　卷积的变种

在卷积的标准定义基础上，还可以引入卷积核的步长和零填充来增加卷积的多样性，从而更灵活地进行特征抽取.

5.1.3.1　步长

在卷积运算的过程中，有时会希望跳过一些位置来降低计算的开销，也可以将这一过程看作对标准卷积运算输出的下采样（Downsampling）.

卷积计算时，可以在所有维度上每间隔 S 个元素计算一次，S 称为卷积运算的步长（Stride），也就是卷积核在滑动时的间隔.

此时，对于一个输入矩阵 $X \in \mathbb{R}^{M \times N}$ 和一个滤波器 $W \in \mathbb{R}^{U \times V}$，它们的卷积为

$$y_{ij} = \sum_{u=0}^{U-1} \sum_{v=0}^{V-1} w_{uv} x_{i \times S+u, j \times S+v}. \tag{5.2}$$

> **思考**
>
> 对于一个输入矩阵 $X \in \mathbb{R}^{M \times N}$ 和一个滤波器 $W \in \mathbb{R}^{U \times V}$，进行步长为 S 的二维卷积，输出矩阵的大小是多少？

在二维卷积运算中，当步长 $S = 2$ 时，计算过程如图 5.3 所示.

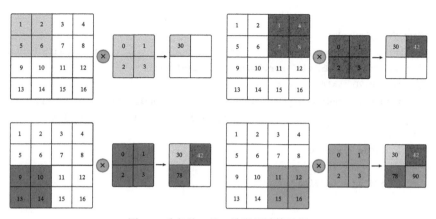

图 5.3 步长为 2 的二维卷积计算过程

5.1.3.2 零填充

在卷积运算中,还可以对输入用零进行填充使得其尺寸变大. 根据卷积的定义,如果不进行填充,当卷积核尺寸大于1时,输出特征会缩减. 对输入进行零填充则可以对卷积核的宽度和输出的大小进行独立的控制.

在二维卷积运算中,零填充(Zero Padding)是指在输入矩阵周围分别添加了值为0的元素. 图5.4为使用零填充的示例.

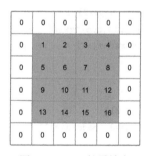

图 5.4 $P = 1$ 的零填充

对于一个输入矩阵 $X \in \mathbb{R}^{M \times N}$ 和一个滤波器 $W \in \mathbb{R}^{U \times V}$,步长为 S,对输入矩阵进行零填充,那么最终输出矩阵大小为

$$M' = \frac{M + 2P - U}{S} + 1, \tag{5.3}$$

$$N' = \frac{N + 2P - V}{S} + 1. \tag{5.4}$$

5.1.4 带步长和零填充的二维卷积算子

引入步长和零填充后,二维卷积算子的代码实现如下:

```
1   class Conv2D(nn.Layer):
2       def __init__(self, kernel_size, stride=1, padding=0, weight_attr =paddle.ParamAttr(
            initializer=nn.initializer.Constant(value=1.0))):
3           super(Conv2D, self).__init__()
4           self.weight = paddle.create_parameter(shape=[kernel_size,kernel_size],
5                                         dtype='float32', attr=weight_attr)
6           # 步长
7           self.stride = stride
8           # 零填充
9           self.padding = padding
10
11      def forward(self, X):
12          # 零填充
13          new_X = paddle.zeros([X.shape[0], X.shape[1]+2*self.padding, X.shape[2]+2*self.
                padding])
14          new_X[:, self.padding:X.shape[1]+self.padding, self.padding:X.shape[2]+self.padding
                ] = X
15          u, v = self.weight.shape
16          output_w = (new_X.shape[1] - u) // self.stride + 1
17          output_h = (new_X.shape[2] - v) // self.stride + 1
18          output = paddle.zeros([X.shape[0], output_w, output_h])
19          for i in range(0, output.shape[1]):
20              for j in range(0, output.shape[2]):
21                  output[:, i, j] = paddle.sum(new_X[:, self.stride*i:self.stride*i+u, self.
                        stride*j:self.stride*j+v]*self.weight, axis=[1,2])
22          return output
23
24
25  inputs = paddle.randn(shape=[2, 8, 8])
26  conv2d_padding = Conv2D(kernel_size=3, padding=1)
27  outputs = conv2d_padding(inputs)
28  print("When kernel_size=3, padding=1 stride=1, input's shape: {}, output's shape: {}".
        format(inputs.shape, outputs.shape))
29  conv2d_stride = Conv2D(kernel_size=3, stride=2, padding=1)
30  outputs = conv2d_stride(inputs)
31  print("When kernel_size=3, padding=1 stride=2, input's shape: {}, output's shape: {}".
        format(inputs.shape, outputs.shape))
```

输出结果为:

When kernel_size=3, padding=1 stride=1, input's shape: [2, 8, 8], output's shape: [2, 8, 8]
When kernel_size=3, padding=1 stride=2, input's shape: [2, 8, 8], output's shape: [2, 4, 4]

从输出结果看出,使用 3×3 大小卷积,padding 为 1,当 stride=1 时,模型的输出特征图可以与输入特征图保持一致. 当 stride=2 时,输出特征图的宽和高都缩小一半.

5.1.5 使用卷积运算完成图像边缘检测任务

在图像处理任务中,常用拉普拉斯算子对物体边缘进行提取.拉普拉斯算子是一个大小为3×3的卷积核,中心元素值是8,其余元素值是−1.

利用前文定义的Conv2D算子,构造一个简单的拉普拉斯算子,并对一张输入的灰度图像进行边缘检测,提取出目标的外形轮廓.代码实现如下:

```
1   %matplotlib inline
2   import matplotlib.pyplot as plt
3   from PIL import Image
4   import numpy as np
5
6   # 读取图像
7   img = Image.open('./datasets/number.jpg').resize((256,256))
8   # 设置卷积核参数
9   w = np.array([[-1,-1,-1], [-1,8,-1], [-1,-1,-1]], dtype='float32')
10
11  # 创建卷积算子,卷积核大小为3×3,并使用上面设置好的数值作为卷积核权重的初始化参数
12  conv = Conv2D(kernel_size=3, stride=1, padding=0, weight_attr=paddle.ParamAttr(initializer
        =nn.initializer.Assign(value=w)))
13
14  # 将读入的图像转化为float32类型的numpy.ndarray
15  inputs = np.array(img).astype('float32')
16  # 将图像转为张量
17  inputs = paddle.to_tensor(inputs)
18  inputs = paddle.unsqueeze(inputs, axis=0)
19  outputs = conv(inputs)
20  outputs = outputs.numpy()
21
22  # 可视化结果
23  plt.figure(figsize=(8, 4))
24  f = plt.subplot(121)
25  f.set_title('input image', fontsize=15)
26  plt.imshow(img)
27  f = plt.subplot(122)
28  f.set_title('output feature map', fontsize=15)
29  plt.imshow(outputs.squeeze(), cmap='gray')
30  plt.show()
```

输出结果如图5.5所示.从输出结果看,使用拉普拉斯算子,目标的边缘可以被成功检测出来.

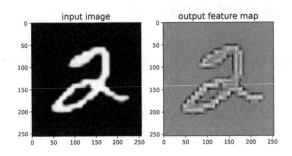

图 5.5　利用拉普拉斯算子来提取图像特征

动手练习 5.1

实现《神经网络与深度学习》中图 5.3 里的卷积，提取图像特征，并比较它们的不同.

5.2　卷积神经网络的基础算子

卷积神经网络的典型结构如图5.6所示，由 M 个卷积层和 b 个汇聚层堆叠而成，在网络的最后通常会加入 K 个全连接层.

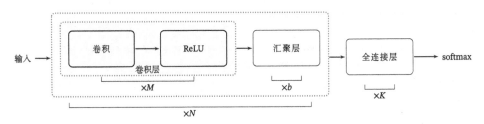

图 5.6　卷积神经网络的典型结构

因此，我们也可以将卷积网络分解为多个基础算子来分别实现. 在本节中，我们只需要动手实现卷积网络的两个基础算子：卷积层算子和汇聚层算子，再加入上一章实现的线性层算子，就可以组合出一个完整的卷积网络.

5.2.1　卷积层算子

卷积层是指用卷积操作来实现神经网络中的一层. 为了提取不同种类的特征，通常会使用多个卷积核一起进行特征提取.

5.2.1.1 多通道卷积

在前面介绍的二维卷积运算中，卷积的输入数据是二维矩阵. 但实际应用中，一幅大小为 $M \times N$ 的图像中的每个像素的特征表示不仅仅只有灰度值的标量，通常有多个特征，可以表示为 D 维的向量，比如 RGB 三个通道的特征向量. 因此，图像卷积操作的输入数据通常是一个三维张量，分别对应了图像的高度 M、宽度 N 和深度 D，其中深度也被称为输入通道数. 如果输入是灰度图像，则输入通道数为 1. 如果输入是彩色图像，分别有 R、G、B 三个通道，则输入通道数为 3.

此外，具有单个核的卷积每次只能提取一种类型的特征，即输出一幅大小为 $U \times V$ 的特征图（Feature Map）. 而在实际应用中，我们也希望每一个卷积层能够提取不同类型的特征，所以一个卷积层通常会组合多个不同的卷积核来提取特征，经过卷积运算后会输出多幅特征图，不同的特征图对应不同类型的特征. 输出特征图的个数通常被称为输出通道数 P.

> 提醒
>
> 《神经网络与深度学习》将 Feature Map 翻译为"特征映射"，这里翻译为"特征图".

假设一个卷积层的输入特征图 $\boldsymbol{X} \in \mathbb{R}^{D \times M \times N}$，其中 (M, N) 为特征图的尺寸，D 代表通道数. 卷积核为 $\boldsymbol{W} \in \mathbb{R}^{P \times D \times U \times V}$，其中 (U, V) 为卷积核的尺寸，D 代表输入通道数，P 代表输出通道数.

> 提醒
>
> 在实践中，根据目前深度学习框架中张量的组织和运算性质，这里特征图的大小为 $D \times M \times N$，和《神经网络与深度学习》中 $M \times N \times D$ 的定义并不一致. 相应地，卷积核 W 的大小为 $P \times D \times U \times V$.

多通道卷积的实现可以分为以下四步进行：

（1）单通道特征图的卷积. 实现基础的卷积运算，输入为一幅单通道的特征图 $\boldsymbol{X} \in \mathbb{R}^{M \times N}$，设计一个二维卷积核 $\boldsymbol{W} \in \mathbb{R}^{U \times V}$，输出为卷积后的单通道的特征图 $\boldsymbol{Z} = \boldsymbol{W} \otimes \boldsymbol{X} \in \mathbb{R}^{M' \times N'}$.

此外，这个基础的卷积需要支持不同步长和零填充等操作，其对应代码和上节中实现的 Conv2D 算子一致.

（2）多输入通道到单输出通道的卷积. 对于有 D 个通道的输入特征图 $\boldsymbol{X} \in \mathbb{R}^{D \times M \times N}$，设计一个三维卷积核 $\boldsymbol{W} \in \mathbb{R}^{D \times U \times V}$，分别对每个通道的特征图 $\boldsymbol{X}^{(d)}$，并与对应的卷积核 $\boldsymbol{W}^{(d)}$ 进行卷积运算，再将得到的 D 个结果进行加和，得到一幅单通道的输出特征图 $\boldsymbol{Z}$. 计算方式为

$$\boldsymbol{Z} = \sum_{d=1}^{D} \boldsymbol{W}^{(d)} \otimes \boldsymbol{X}^{(d)} + b \in \mathbb{R}^{M' \times N'}, \tag{5.5}$$

其中 b 为标量的可学习的偏置. 公式(5.5)对应的可视化如图 5.7 所示.

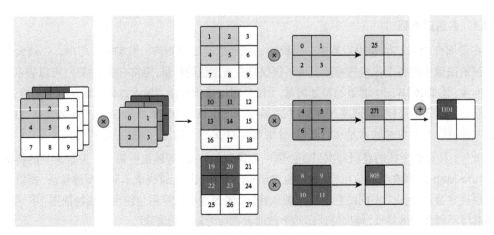

图 5.7　多输入通道到单输出通道的卷积运算

（3）多输入通道到多输出通道的卷积. 对于有 D 个通道的输入特征图 $\boldsymbol{X} \in \mathbb{R}^{D \times M \times N}$，设计一个四维卷积核 $\boldsymbol{W} \in \mathbb{R}^{P \times D \times U \times V}$，将多通道输入特征图 $\boldsymbol{X}$ 分别和卷积核 $\boldsymbol{W}^{(1)}, \cdots, \boldsymbol{W}^{(P)} \in \mathbb{R}^{D \times U \times V}$ 进行多输入通道到单输出通道的卷积，得到 P 个输出特征图 $\boldsymbol{Y}^1, \boldsymbol{Y}^2, \cdots, \boldsymbol{Y}^P$. 然后将这 P 个输出特征图进行拼接，获得多通道输出特征图 $\boldsymbol{Z} \in \mathbb{R}^{P \times M' \times N'}$. 该计算方式的可视化如图 5.8 所示.

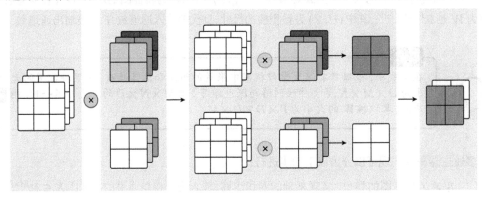

图 5.8　多输入通道到多输出通道的卷积运算

（4）非线性激活函数. 将得到的多通道输出特征图 $\boldsymbol{Z} \in \mathbb{R}^{P \times M' \times N'}$ 进行非线性变换：

$$\boldsymbol{Y} = f(\boldsymbol{Z}) \in \mathbb{R}^{P \times M' \times N'}, \tag{5.6}$$

其中 $f(\cdot)$ 为逐元素计算的非线性激活函数.

笔记

在实际的代码实现中，为了使得代码的逻辑更简单，通常将非线性激活函数放在卷积层算子外部，即第 4 步不放在卷积层的内部.

多通道卷积层的实现 将上面步骤进行汇总,多通道卷积层的代码实现如下:

```
1   class Conv2D(nn.Layer):
2       def __init__(self, in_channels, out_channels, kernel_size, stride=1, padding=0,
3               weight_attr=paddle.ParamAttr(initializer=nn.initializer.Constant(value=1.0)),
4               bias_attr=paddle.ParamAttr(initializer=nn.initializer.Constant(value=0.0))):
5           super(Conv2D, self).__init__()
6           # 创建卷积核
7           self.weight = paddle.create_parameter(shape=[out_channels, in_channels, kernel_size
                   ,kernel_size], dtype='float32', attr=weight_attr)
8           # 创建偏置
9           self.bias = paddle.create_parameter(shape=[out_channels, 1],
10              dtype='float32', attr=bias_attr)
11          self.stride = stride
12          self.padding = padding
13          # 输入通道数
14          self.in_channels = in_channels
15          # 输出通道数
16          self.out_channels = out_channels
17
18      # 单通道特征图的卷积
19      def single_forward(self, X, weight):
20          # 零填充
21          new_X = paddle.zeros([X.shape[0], X.shape[1]+2*self.padding, X.shape[2]+2*self.
                   padding])
22          new_X[:, self.padding:X.shape[1]+self.padding, self.padding:X.shape[2]+self.padding
                   ] = X
23          u, v = weight.shape
24          output_w = (new_X.shape[1] - u) // self.stride + 1
25          output_h = (new_X.shape[2] - v) // self.stride + 1
26          output = paddle.zeros([X.shape[0], output_w, output_h])
27          for i in range(0, output.shape[1]):
28              for j in range(0, output.shape[2]):
29                  output[:, i, j] = paddle.sum(new_X[:, self.stride*i:self.stride*i+u, self.
                           stride*j:self.stride*j+v]*weight, axis=[1,2])
30          return output
31
32      # 多输入通道到单输出通道的卷积运算
33      def multi2single_forward(self, inputs, weight, b):
34          """
35          输入:
36              - inputs: 输入矩阵, shape=[B, D, M, N]
37              - weight: 一组二维卷积核, shape=[D, U, V]
38              - b: 偏置, shape=[1]
39          """
```

```
40      return paddle.sum(paddle.stack([self.single_forward(inputs[:,i,:,:], weight[i]) for
            i in range(self.in_channels)], axis=1), axis=1) + b
41
42  # 多输入通道到多输出通道的卷积运算
43  def multi2multi_forward(self, inputs, weights, bias):
44      """
45      输入:
46          - inputs: 输入矩阵, shape=[B, D, M, N]
47          - weights: P组二维卷积核, shape=[P, D, U, V]
48          - bias: P个偏置, shape=[P, 1]
49      """
50      # 进行多次多输入通道卷积运算, 并将结果进行堆叠
51      return paddle.stack([self.multi2single_forward(inputs, w, b) for w, b in zip(
            weights, bias)], axis=1)
52
53  # 完整运算
54  def forward(self, inputs):
55      return self.multi2multi_forward(inputs, self.weight, self.bias)
```

5.2.2 汇聚层算子

汇聚层的作用是进行特征选择,降低特征数量,从而减少参数数量. 由于汇聚之后特征图会变得更小,如果后面连接的是全连接层,可以有效地减小神经元的个数,节省存储空间并提高计算效率.

常用的汇聚方法有两种:平均汇聚和最大汇聚.

1)平均汇聚:将输入特征图划分为多个 $M' \times N'$ 大小的区域,对每个区域内的神经元活性值取平均值作为这个区域的表示.

2)最大汇聚:使用输入特征图的每个子区域内所有神经元的最大活性值作为这个区域的表示.

图5.9给出了两种汇聚层的示例.

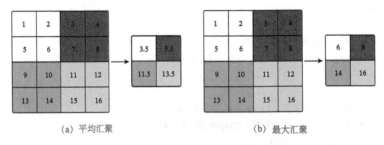

(a) 平均汇聚   (b) 最大汇聚

图 5.9 汇聚层的两种示例

由于过大的采样区域会急剧减少神经元的数量,也会造成过多的信息丢失,因此目前在卷积神经网络中比较典型的汇聚层是将每个输入特征图划分为 2×2 大小的不重叠区域,然后使用最大汇聚的方式进行下采样.

使用飞桨实现一个简单的汇聚层,代码实现如下:

```python
class Pool2D(nn.Layer):
    def __init__(self, size=(2,2), mode='max', stride=1):
        super(Pool2D, self).__init__()
        # 汇聚方式
        self.mode = mode
        self.h, self.w = size
        self.stride = stride

    def forward(self, x):
        output_w = (x.shape[2] - self.w) // self.stride + 1
        output_h = (x.shape[3] - self.h) // self.stride + 1
        output = paddle.zeros([x.shape[0], x.shape[1], output_w, output_h])
        # 汇聚
        for i in range(output.shape[2]):
            for j in range(output.shape[3]):
                # 最大汇聚
                if self.mode == 'max':
                    output[:, :, i, j] = paddle.max(x[:, :, self.stride*i:self.stride*i+self.
                        w, self.stride*j:self.stride*j+self.h], axis=[2,3])
                # 平均汇聚
                elif self.mode == 'avg':
                    output[:, :, i, j] = paddle.mean(x[:, :, self.stride*i:self.stride*i+self
                        .w, self.stride*j:self.stride*j+self.h], axis=[2,3])
        return output
```

5.3   基于 **LeNet** 实现手写体数字识别任务

在本节中,我们基于经典卷积网络 LeNet-5 实现手写体数字识别任务.

笔记

很多卷积网络通常以"模型名+数字"命名,比如 LeNet-5、ResNet18 等,数字代表网络的层数. 但这里的层数并不严格. 比如在 ResNet18 中,18 表示带有参数的层数,包括卷积层和全连接层,但不包括汇聚层等.

5.3.1　数据集构建

手写体数字识别是最常用的图像分类任务,让计算机识别出给定图像中的手写体数字(0~9 共 10 个数字).由于手写体风格差异很大,因此手写体数字识别是具有一定难度的任务.

本实验采用手写体数字识别数据集 MNIST. MNIST 数据集是计算机视觉领域的经典入门数据集,包含了 60 000 个训练样本和 10 000 个测试样本.这些数字已经过尺寸标准化并位于图像中心,图像是固定大小(28×28 像素).

为了节省实验的训练时间,我们只选取 MNIST 数据集的一个子集进行后续实验,数据集的划分为:①训练集 1 000 条样本,②验证集 200 条样本,③测试集 200 条样本.图 5.10 给出了部分样本的示例.

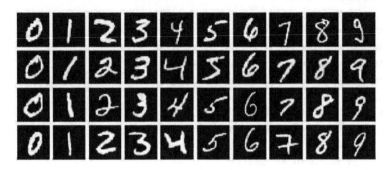

图 5.10　MNIST 数据集示例

每个数据集含两个列表,分别存放了图像数据以及标签数据.比如训练集包含:

- 图像数据:[1 000, 784] 的二维列表,包含 1 000 幅图像.每幅图像用一个长度为 784 的向量表示 28×28 像素的灰度值(黑白图像).

- 标签数据:[1 000, 1] 的列表,表示这些图像对应的分类标签,即 0~9 之间的数字.

观察数据集分布情况,代码实现如下:

```
1   import json
2   import gzip
3
4   # 打印并观察数据集分布情况
5   train_set, dev_set, test_set = json.load(gzip.open('./datasets/mnist.json.gz'))
6   # 抽取原始训练集中前1000个样本作为训练集
7   train_images, train_labels = train_set[0][:1000], train_set[1][:1000]
8   # 抽取原始验证集中前200个样本作为验证集
9   dev_images, dev_labels = dev_set[0][:200], dev_set[1][:200]
10  # 抽取原始测试集中前200个样本作为测试集
11  test_images, test_labels = test_set[0][:200], test_set[1][:200]
```

```
12  train_set, dev_set, test_set = [train_images, train_labels], [dev_images, dev_labels], [
        test_images, test_labels]
13  print('Length of train/dev/test set:{}/{}/{}'.format(len(train_set[0]), len(dev_set[0]),
        len(test_set[0])))
```

输出结果为:

Length of train/dev/test set:1000/200/200

可视化观察其中的一幅样本图像以及对应的标签,代码实现如下:

```
1  image, label = train_set[0][0], train_set[1][0]
2  image, label = np.array(image).astype('float32'), int(label)
3  # 原始图像数据为长度784的行向量, 需要调整为[28,28]大小的图像
4  image = np.reshape(image, [28,28])
5  image = Image.fromarray(image.astype('uint8'), mode='L')
6  print("The number in the picture is {}".format(label))
7  plt.figure(figsize=(5, 5))
8  plt.imshow(image)
```

输出结果为:

The number in the picture is 5

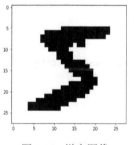

图 5.11 样本图像

5.3.1.1 数据预处理

图像分类网络对输入图像的格式、大小有一定的要求,在将数据输入模型前,需要对数据进行预处理操作,使图像满足网络训练以及预测的需要. 本实验主要应用了如下方法:

- 调整图像大小: LeNet 网络对输入图像大小的要求为 32 × 32 像素, 而 MNIST 数据集中的原始图像大小却是 28×28 像素, 这里为了符合网络的结构设计, 将图像大小调整为 32×32 像素.
- 规范化:通过规范化手段,把输入图像的分布改变成均值为 0、方差为 1 的标准正态分布,使得最优解的寻优过程明显变得平缓,训练过程更容易收敛.

笔记

飞桨提供了一些视觉领域的高层API,我们可以直接调用API实现简单的图像处理操作. 通过调用paddle.vision.transforms.Resize调整大小, 调用paddle.vision.transforms.Normalize进行标准化处理,调用paddle.vision.transforms.Compose将两个预处理操作进行拼接.

代码实现如下:

```
1  from paddle.vision.transforms import Compose, Resize, Normalize
2
3  # 数据预处理
4  transforms = Compose([Resize(32),
5                  Normalize(mean=[127.5], std=[127.5], data_format='CHW') ] )
```

5.3.1.2　构建 Dataset 类

将原始的数据集封装为Dataset类,以方便DataLoader调用. 代码实现如下:

```
1  import random
2  import paddle.io as io
3
4  class MNISTDataset(io.Dataset):
5      def __init__(self, dataset, transforms, mode='train'):
6          self.mode = mode
7          self.transforms =transforms
8          self.dataset = dataset
9          self.index_list = list(range(len(self.dataset[0])))
10
11     def __getitem__(self, idx):
12         idx = self.index_list[idx]
13         # 获取图像和标签
14         image, label = self.dataset[0][idx], self.dataset[1][idx]
15         image, label = np.array(image).astype('float32'), int(label)
16         image = np.reshape(image, [28,28])
17         image = Image.fromarray(image.astype('uint8'), mode='L')
18         image = self.transforms(image)
19
20         return image, label
21
22     def __len__(self):
23         return len(self.dataset[0])
```

加载 MNIST 数据集,代码实现如下:

```
1  # 固定随机种子
```

```
2  random.seed(0)
3
4  # 加载mnist数据集
5  train_dataset = MNISTDataset(dataset=train_set, transforms=transforms, mode='train')
6  test_dataset = MNISTDataset(dataset=test_set, transforms=transforms, mode='test')
7  dev_dataset = MNISTDataset(dataset=dev_set, transforms=transforms, mode='dev')
```

5.3.2 模型构建

LeNet-5虽然提出的时间比较早,但它是一个非常成功的神经网络模型.基于LeNet-5的手写体数字识别系统在20世纪90年代已被美国很多银行使用,用来识别支票上面的手写体数字. LeNet-5的网络结构如图5.12所示.

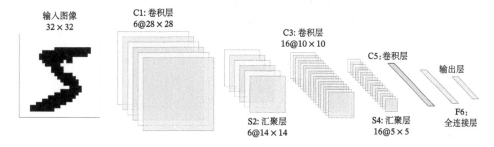

图 5.12 LeNet-5网络结构

使用上面定义的卷积层算子和汇聚层算子构建一个LeNet-5模型.

 提醒

这里的LeNet-5和原始版本有4点不同:①C3层没有使用连接表来减少卷积数量;②汇聚层使用了简单的平均汇聚,没有引入权重和偏置参数以及非线性激活函数;③卷积层的激活函数使用ReLU函数;④最后的输出层为一个全连接线性层.

LeNet-5共有7层,包含3个卷积层、2个汇聚层以及2个全连接层(其中最后一个全连接层为输出层)的简单卷积神经网络.输入图像大小为32×32 =1 024,输出对应10个类别的得分.代码实现如下:

```
1  import paddle.nn.functional as F
2
3  class Model_LeNet(nn.Layer):
4      def __init__(self, in_channels, num_classes=10):
5          super(Model_LeNet, self).__init__()
6          # 卷积层:输出通道数为6,卷积核大小为5×5
```

```
7        self.conv1 = Conv2D(in_channels=in_channels, out_channels=6, kernel_size=5,
             weight_attr=paddle.ParamAttr())
8        # 汇聚层：汇聚窗口为2×2，步长为2
9        self.pool2 = Pool2D(size=(2,2), mode='max', stride=2)
10       # 卷积层：输入通道数为6，输出通道数为16，卷积核大小为5×5，步长为1
11       self.conv3 = Conv2D(in_channels=6, out_channels=16, kernel_size=5, stride=1,
             weight_attr=paddle.ParamAttr())
12       # 汇聚层：汇聚窗口为2×2，步长为2
13       self.pool4 = Pool2D(size=(2,2), mode='avg', stride=2)
14       # 卷积层：输入通道数为16，输出通道数为120，卷积核大小为5×5
15       self.conv5 = Conv2D(in_channels=16, out_channels=120, kernel_size=5, stride=1,
             weight_attr=paddle.ParamAttr())
16       # 全连接层：输入神经元为120，输出神经元为84
17       self.linear6 = nn.Linear(120, 84)
18       # 全连接层：输入神经元为84，输出神经元为类别数
19       self.linear7 = nn.Linear(84, num_classes)
20
21   def forward(self, x):
22       # C1：卷积层+激活函数
23       output = F.relu(self.conv1(x))
24       # S2：汇聚层
25       output = self.pool2(output)
26       # C3：卷积层+激活函数
27       output = F.relu(self.conv3(output))
28       # S4：汇聚层
29       output = self.pool4(output)
30       # C5：卷积层+激活函数
31       output = F.relu(self.conv5(output))
32       # 输入层将数据拉平[B,C,H,W] -> [B,CxHxW]
33       output = paddle.squeeze(output, axis=[2,3])
34       # F6：全连接层
35       output = F.relu(self.linear6(output))
36       # F7：全连接层
37       output = self.linear7(output)
38       return output
```

下面测试一下LeNet-5模型，构造一个形状为 [1, 1, 32, 32] 的输入数据送入网络，观察每一层特征图的形状变化. 代码实现如下：

```
1   # 这里用np.random创建一个随机数组作为输入数据
2   inputs = np.random.randn(*[1,1,32,32])
3   inputs = inputs.astype('float32')
4
5   # 创建LeNet类的实例，指定模型名称和分类的类别数目
6   model = Model_LeNet(in_channels=1, num_classes=10)
```

```
7  # 通过调用LeNet从基类继承的sublayers()函数，查看LeNet中所包含的子层
8  print(model.sublayers())
9  x = paddle.to_tensor(inputs)
10 for item in model.sublayers():
11     #item是Model_LeNet类中的一个子层
12     # 查看经过子层之后的输出数据形状
13     try:
14         x = item(x)
15     except:
16         x = paddle.reshape(x, [x.shape[0], -1])
17         x = item(x)
18
19     if len(item.parameters())==2:
20         # 查看卷积层和全连接层的数据和参数的形状，
21         # 其中item.parameters()[0]是权重参数w, item.parameters()[1]是偏置参数b
22         print(item.full_name(), x.shape, item.parameters()[0].shape, item.parameters()[1].
               shape)
23     else:
24         # 汇聚层没有参数
25         print(item.full_name(), x.shape)
```

输出结果为：

```
[Conv2D(), Pool2D(), Conv2D(), Pool2D(), Conv2D(), Linear(120, 84, dtype=float32), Linear(84, 10, dtype=
    float32)]
conv2d_5 [1, 6, 28, 28] [6, 1, 5, 5] [6, 1]
pool2d_1 [1, 6, 14, 14]
conv2d_6 [1, 16, 10, 10] [16, 6, 5, 5] [16, 1]
pool2d_2 [1, 16, 5, 5]
conv2d_7 [1, 120, 1, 1] [120, 16, 5, 5] [120, 1]
linear_0 [1, 84] [120, 84] [84]
linear_1 [1, 10] [84, 10] [10]
```

从输出结果看，

- 对于大小为32×32的单通道图像，先用6个5×5大小的卷积核对其进行卷积运算，输出为6个28×28大小的特征图.

- 6个28×28大小的特征图经过大小为2×2、步长为2的汇聚层后，输出特征图的大小变为14×14.

- 6个14×14大小的特征图再经过16个5×5大小的卷积核对其进行卷积运算，得到16个10×10大小的输出特征图.

- 16个10×10大小的特征图经过大小为2×2、步长为2的汇聚层后，输出特征图的大小变为5×5.

- 16个5×5大小的特征图再经过120个5×5大小的卷积核对其进行卷积运算,得到120个1×1大小的输出特征图.
- 此时,将特征图展平成1维,则有120个像素点.经过输入神经元个数为120,输出神经元个数为84的全连接层后,输出的长度变为120.
- 再经过一个全连接层的计算,最终得到了长度为类别数的输出结果.

5.3.3　模型训练

使用交叉熵损失函数,并用随机梯度下降法作为优化器来训练 LeNet-5 网络. 使用随机梯度下降法进行优化,学习率为 0.1. 用 RunnerV3 在训练集上训练 5 个回合,并保存准确率最高的模型作为最优模型. 代码实现如下:

```
1   import paddle.optimizer as opt
2   from nndl import RunnerV3, metric
3
4   paddle.seed(100)
5   # 批大小
6   batch_size = 64
7   # 加载数据
8   train_loader = io.DataLoader(train_dataset, batch_size=batch_size, shuffle=True)
9   dev_loader = io.DataLoader(dev_dataset, batch_size=batch_size)
10  test_loader = io.DataLoader(test_dataset, batch_size=batch_size)
11
12  # 定义LeNet网络
13  model = Model_LeNet(in_channels=1, num_classes=10)
14  # 定义优化器
15  optimizer = opt.SGD(learning_rate=0.1, parameters=model.parameters())
16  # 定义损失函数
17  loss_fn = F.cross_entropy
18  # 定义评价指标
19  metric = metric.Accuracy(is_logist=True)
20
21  # 实例化 RunnerV3类,并传入训练配置
22  runner = RunnerV3(model, optimizer, loss_fn, metric)
23  # 模型训练
24  runner.train(train_loader, dev_loader, num_epochs=5, log_steps=15, eval_steps=15,
        save_path="./checkpoint/model_best.pdparams")
```

可视化观察训练集与验证集的损失变化情况,以及在验证集上的准确率变化情况,输出结果如图5.13所示.

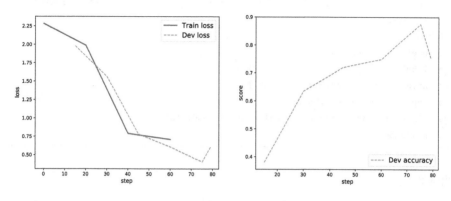

图 5.13 损失和准确率变化趋势

5.3.4 模型评价

使用测试数据对在训练过程中保存的最优模型进行评价,观察模型在测试集上的准确率以及损失变化情况. 代码实现如下:

```
1  # 加载最优模型
2  runner.load_model("./checkpoint/model_best.pdparams")
3  # 模型评价
4  score, loss = runner.evaluate(test_loader)
5  print("[Test] accuracy/loss: {:.4f}/{:.4f}".format(score, loss))
```

输出结果为:

```
[Test] accuracy/loss: 0.8800/0.4177
```

5.3.5 模型预测

同样地,我们也可以使用保存好的模型,对测试集中的数据进行模型预测,观察模型效果. 代码实现如下:

```
1  # 获取测试集中第一条数据
2  X, label = next(test_loader())
3  logits = runner.predict(X)
4  # 多分类, 使用softmax计算预测概率
5  pred = F.softmax(logits)
6  # 获取概率最大的类别
7  pred_class = paddle.argmax(pred[1]).numpy()
8  label = label[1][0].numpy()
9  # 输出真实类别与预测类别
```

```
10  print("The true category is {} and the predicted category is {}".format(label[0],
        pred_class[0]))
11  # 可视化图像
12  plt.figure(figsize=(2, 2))
13  image, label = test_set[0][1], test_set[1][1]
14  image= np.array(image).astype('float32')
15  image = np.reshape(image, [28,28])
16  image = Image.fromarray(image.astype('uint8'), mode='L')
17  plt.imshow(image)
```

输出结果为:

The true category is 2 and the predicted category is 2

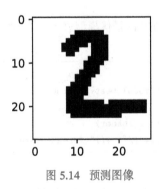

图 5.14   预测图像

5.4   基于残差网络的手写体数字识别

残差网络(Residual Network, ResNet)是在神经网络模型中通过给非线性层增加直连边的方式缓解梯度消失问题,从而使训练深度神经网络变得更加容易. 在残差网络中,最基本的单位为残差单元. 一个残差网络通常由很多个残差单元堆叠而成.

假设 $f(\boldsymbol{X}; \theta)$ 为一个或多个神经层,残差单元在 $f(\cdot)$ 的输入和输出之间加上一个直连边.

$$\mathrm{ResBlock}_f(\boldsymbol{X}) = f(\boldsymbol{X}; \theta) + \boldsymbol{X}, \tag{5.7}$$

其中 θ 为可学习的参数. 一个典型的残差单元如图5.15所示,由多个级联的等宽卷积层和一个跨层的直连边组成.

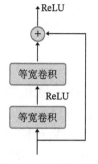

图 5.15　残差单元结构

　　下面我们来构建一个在计算机视觉中非常经典的残差网络 ResNet18,并重复实现上一节中的手写体数字识别任务.

5.4.1　模型构建

　　残差网络 ResNet 有很多不同的版本,他们的深度和残差单元结构会存在一些不同. 在浅层的残差网络(ResNet18、ResNet34)中,残差单元由两个级联的等宽卷积层和一个跨层的直连边组成. 而在较深的网络(ResNet50、ResNet101、ResNet152)中,残差单元的结构变成了中间细、两头粗的瓶颈结构. 由于随着网络深度的增加,参数量会急剧增加,而为了减少网络的参数量,在瓶颈结构中会先使用 1×1 的卷积核减少通道数,经过 3×3 卷积的处理后,再使用 1×1 卷积恢复通道数. 图5.16给出了不同深度的残差网络中残差单元的结构示意.

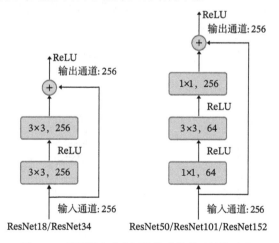

图 5.16　不同深度残差网络的残差单元结构示意

5.4.1.1　残差单元

　　这里实现图5.16中的第一种残差单元,即浅层残差网络中的残差单元结构. 为了简单起见,残差单元中的卷积直接使用飞桨的二维卷积层算子Conv2D来实现.Conv2D算子的定义如下:

```
1  class paddle.nn.Conv2D(in_channels, out_channels, kernel_size, stride=1, padding=0,
       dilation=1, groups=1, padding_mode='zeros', weight_attr=None, bias_attr=None,
       data_format='NCHW')
```

Conv2D算子根据输入通道数in_channels和输出通道数out_channels自动计算所需要的卷积核数量, 卷积核是MCHW格式, M是输出图像通道数, C是输入图像通道数, H是卷积核高度, W是卷积核宽度. 输入和输出可以选择是NCHW或NHWC格式, 其中N是批大小, C是通道数, H是特征高度, W是特征宽度. 在前向计算时, Conv2D算子根据卷积核大小 (kernel_size)、步长 (stride)、填充 (padding)、空洞大小 (dilations) 一组参数以及输入的大小计算输出特征层大小.

根据公式(5.7), 残差单元包裹的非线性层 $f(\boldsymbol{X};\theta)$ 的输入和输出形状大小应该一致. 但是在实际应用中, 为了提高残差单元的适用性, 我们也允许残差单元的输入和输出形状大小可以不一致.

假设 $f(\boldsymbol{X};\theta)$ 的输入特征图 $\boldsymbol{X}$ 大小为 $D\times M\times N$, 输出特征图大小为 $P\times M\times N$, 输入特征图和输出特征图的通道数不一致 $D\neq P$, 则其输出与输入特征图无法直接相加. 为了解决上述问题, 可以使用 $P\times D\times 1\times 1$ 大小的卷积将输入特征图 $\boldsymbol{X}$ 变换为 $\boldsymbol{X}'$, $\boldsymbol{X}'$ 的通道数为 P, 然后再将 $\boldsymbol{X}'$ 和 $f(\boldsymbol{X};\theta)$ 相加.

同理, 如果 $f(\boldsymbol{X};\theta)$ 的输出特征图的大小 ($M'\times N'$) 也和输入特征图 ($M\times N$) 不同, 我们也同样可以用 1×1 大小的卷积核, 通过设置不同的步长来将输入特征图的大小调整为 ($M'\times N'$), 然后再进行相加.

图5.17给出了输入特征图与输出特征图形状一致和不一致时直连边的不同设置. 其中第一种残差单元即为输入特征图与级联卷积输出特征图通道数一致的情况, 第二种残差单元即为输入特征图与级联卷积输出特征图通道数不一致的情况.

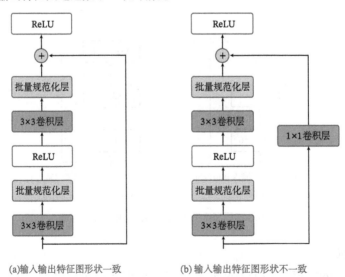

(a)输入输出特征图形状一致   (b) 输入输出特征图形状不一致

图 5.17 输入特征图与输出特征图形状一致和不一致时直连边的不同设置

由于残差网络通常比较深，优化比较困难，因此残差单元中通常需要加入批量规范化层，可以起到提高训练效率的作用. 批量规范化的具体介绍见第7.5.1节.

下面我们根据图5.17来实现残差单元.

（1）首先实现两个卷积层. 为了使残差单元更灵活，这里允许第一个卷积层设置不同输出通道数以及步长. 当参数in_channels和out_channels不一致，或stride不等于1时，残差单元的输入和输出形状不一致，就需要使用带1×1卷积的直连边. 代码实现如下：

```
1  # 第一个卷积层, 卷积核大小为3×3, 可以设置不同输出通道数以及步长
2  conv1 = nn.Conv2D(in_channels, out_channels,3, padding=1, stride=stride, bias_attr=False)
3  # 第二个卷积层, 卷积核大小为3×3, 不改变输入特征图的形状, 步长为1
4  conv2 = nn.Conv2D(out_channels, out_channels, 3, padding=1, bias_attr=False)
5  # 如果残差单元的输入和输出形状不一致, 就需要使用带1×1卷积的直连边
6  if in_channels != out_channels or stride != 1:
7      use_1x1conv = True
8  else:
9      use_1x1conv = False
```

这里使用use_1x1conv来控制是否使用带1×1卷积的直连边.

（2）其次构建直连边. 如果self.use_1x1conv为真，则引入1×1卷积，将残差单元的输入特征图转换为和输出特征图一样的形状. 代码实现如下：

```
1  if self.use_1x1conv:
2      shortcut = nn.Conv2D(in_channels, out_channels, 1, stride=stride, bias_attr=False)
```

上面三个卷积层的偏置都置为False，是由于卷积后会加上批量规范化层，对应特征图的均值进行重新调整，因此卷积层中的偏置项就不再起作用了.

残差单元算子ResBlock的代码实现如下，其中定义了use_residual参数，用于在后续实验中控制是否使用残差连接.

```
1  class ResBlock(nn.Layer):
2      def __init__(self, in_channels, out_channels, stride=1, use_residual=True):
3          """
4          残差单元
5          输入:
6              - in_channels: 输入通道数
7              - out_channels: 输出通道数
8              - stride: 残差单元的步长, 通过调整残差单元中第一个卷积层的步长来控制
```

```
 9              - use_residual：用于控制是否使用残差连接
10          """
11          super(ResBlock, self).__init__()
12          self.stride = stride
13          self.use_residual = use_residual
14          # 第一个卷积层，卷积核大小为3×3，可以设置不同输出通道数以及步长
15          self.conv1 = nn.Conv2D(in_channels, out_channels, 3, padding=1, stride=self.stride,
                  bias_attr=False)
16          # 第二个卷积层，卷积核大小为3×3，不改变输入特征图的形状，步长为1
17          self.conv2 = nn.Conv2D(out_channels, out_channels, 3, padding=1, bias_attr=False)
18
19          # 如果conv2的输出和此残差块的输入数据形状不一致，则use_1x1conv = True
20          # 当use_1x1conv = True，添加1个1x1的卷积作用在输入数据上，使其形状变成和conv2一致
21          if in_channels != out_channels or stride != 1:
22              self.use_1x1conv = True
23          else:
24              self.use_1x1conv = False
25          # 当残差单元包裹的非线性层输入和输出通道数不一致时，需要用1×1卷积调整通道数后再进行相加运算
26          if self.use_1x1conv:
27              self.shortcut = nn.Conv2D(in_channels, out_channels, 1, stride=self.stride,
                      bias_attr=False)
28
29          # 每个卷积层后会接一个批量规范化层，批量规范化的内容在第7.5.1节中进行详细介绍
30          self.bn1 = nn.BatchNorm2D(out_channels)
31          self.bn2 = nn.BatchNorm2D(out_channels)
32          if self.use_1x1conv:
33              self.bn3 = nn.BatchNorm2D(out_channels)
34
35      def forward(self, inputs):
36          y = F.relu(self.bn1(self.conv1(inputs)))
37          y = self.bn2(self.conv2(y))
38          if self.use_residual:
39              if self.use_1x1conv: # 如果为真，对inputs进行1×1卷积，将形状调整成和conv2的输出y一致
40                  shortcut = self.bn3(self.shortcut(inputs))
41              else: # 否则直接将inputs和conv2的输出y相加
42                  shortcut = inputs
43              y = paddle.add(shortcut, y)
44          out = F.relu(y)
45          return out
```

动手练习 5.2

实现图5.16中的第二种残差单元，并分析使用1×1卷积核前后的参数量变化情况.

5.4.1.2　残差网络的整体结构

残差网络就是将很多个残差单元串联起来构成的一个非常深的网络. ResNet18 的网络结构如图5.18所示.

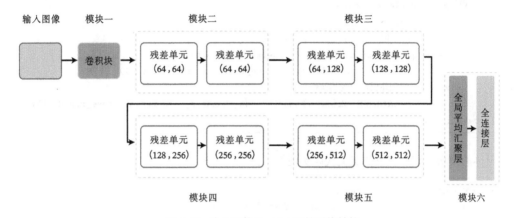

图 5.18　残差网络 ResNet18 的网络结构

为了便于理解,可以将 ResNet18 网络划分为六个模块:

1）模块一:包含一个步长为2、大小为 7×7 的卷积层,卷积层的输出通道数为64,卷积层的输出经过批量规范化、ReLU 激活函数的处理后,接了一个步长为2、大小为 3×3 的最大汇聚层.

2）模块二:包含两个残差单元,输入通道数为64,输出通道数为64,特征图大小保持不变.

3）模块三:包含两个残差单元,输入通道数为64,输出通道数为128,特征图大小缩小一半.

4）模块四:包含两个残差单元,输入通道数为128,输出通道数为256,特征图大小缩小一半.

5）模块五:包含两个残差单元,输入通道数为256,输出通道数为512,特征图大小缩小一半.

6）模块六:包含一个全局平均汇聚层,将特征图大小变为1×1,最终经过全连接层计算出最后的输出.

（1）模块一的代码实现如下:

```
1  def make_first_module(in_channels):
2      # 模块一：7*7卷积、批量规范化、汇聚
3      m1 = nn.Sequential(nn.Conv2D(in_channels, 64, 7, stride=2, padding=3),
4              nn.BatchNorm2D(64), nn.ReLU(),
5              nn.MaxPool2D(kernel_size=3, stride=2, padding=1))
6      return m1
```

（2）模块二到模块五的结构基本一致. 每个模块都包含 num_res_blocks 个残差单元. 每个模块中的第一个残差单元可以修改输出特征图的通道数和卷积步长,后续的其他残差单元都设置为输入输出形状一样.

```
1  def resnet_module(input_channels, out_channels, num_res_blocks, stride=1, use_residual=
      True):
2    blk = []
3    # 根据num_res_blocks，循环生成残差单元
4    for i in range(num_res_blocks):
5        if i == 0: # 创建模块中的第一个残差单元
6            blk.append(ResBlock(input_channels, out_channels,
7                                stride=stride, use_residual=use_residual))
8        else:     # 创建模块中的其他残差单元
9            blk.append(ResBlock(out_channels, out_channels, use_residual=use_residual))
10   return blk
```

具体的模块二到模块五的定义代码实现如下：

```
1  def make_modules(use_residual):
2    # 模块二：包含两个残差单元，输入通道数为64，输出通道数为64，步长为1，特征图大小保持不变
3    m2 = nn.Sequential(*resnet_module(64, 64, 2, stride=1, use_residual=use_residual))
4    # 模块三：包含两个残差单元，输入通道数为64，输出通道数为128，步长为2，特征图大小缩小一半.
5    m3 = nn.Sequential(*resnet_module(64, 128, 2, stride=2, use_residual=use_residual))
6    # 模块四：包含两个残差单元，输入通道数为128，输出通道数为256，步长为2，特征图大小缩小一半.
7    m4 = nn.Sequential(*resnet_module(128, 256, 2, stride=2, use_residual=use_residual))
8    # 模块五：包含两个残差单元，输入通道数为256，输出通道数为512，步长为2，特征图大小缩小一半.
9    m5 = nn.Sequential(*resnet_module(256, 512, 2, stride=2, use_residual=use_residual))
10   return m2, m3, m4, m5
```

完整的 ResNet18 模型代码实现如下：

```
1  class Model_ResNet18(nn.Layer):
2    def __init__(self, in_channels=3, num_classes=10, use_residual=True):
3        super(Model_ResNet18,self).__init__()
4        m1 = make_first_module(in_channels)
5        m2, m3, m4, m5 = make_modules(use_residual)
6        # 封装模块一到模块六
7        self.net = nn.Sequential(m1, m2, m3, m4, m5,
8                            # 模块六：全局平均汇聚层、全连接层
9                            nn.AdaptiveAvgPool2D(1), nn.Flatten(), nn.Linear(512, num_classes) )
10
11   def forward(self, x):
12       return self.net(x)
```

　　为了验证残差连接对深层卷积神经网络的训练可以起到促进作用，接下来先使用 ResNet18（use_residual=False）进行手写体数字识别实验，再添加残差连接（use_residual=True），观察实验对比效果.

5.4.2 没有残差连接的 ResNet18

为了验证残差连接的效果,先使用没有残差连接的 ResNet18 进行手写体数字识别实验.

5.4.2.1 模型训练

使用训练集和验证集进行模型训练,共训练5个回合. 在实验中,保存准确率最高的模型作为最优模型. 代码实现如下:

```
1  paddle.seed(100)
2  # 批大小
3  batch_size = 64
4  # 加载数据
5  train_loader = io.DataLoader(train_dataset, batch_size=batch_size, shuffle=True)
6  dev_loader = io.DataLoader(dev_dataset, batch_size=batch_size)
7  test_loader = io.DataLoader(test_dataset, batch_size=batch_size)
8  # 定义网络,没有使用残差结构的深层网络
9  model = Resnet18(in_channels=1, num_classes=10, use_residual=False)
10 # 定义优化器
11 optimizer = opt.SGD(learning_rate=0.005, parameters=model.parameters())
12 # 实例化RunnerV3
13 runner = RunnerV3(model, optimizer, loss_fn, metric)
14 # 模型训练
15 runner.train(train_loader, dev_loader, num_epochs=5, log_steps=15, eval_steps=15,
       save_path="./checkpoint/model_best.pdparams")
16 # 可视化观察训练集与验证集的损失变化情况,以及验证集上的准确率变化情况
17 plot(runner)
```

输出结果如图5.19所示.

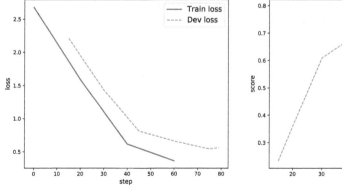
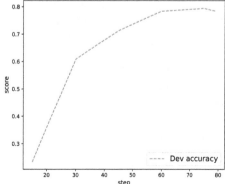

图 5.19 没有使用残差连接的 ResNet 的损失和准确率变化趋势

5.4.2.2 模型评价

使用测试数据对在训练过程中保存的最优模型进行评价, 观察模型在测试集上的准确率以及损失变化情况. 代码实现如下:

```
1  # 加载最优模型
2  runner.load_model("./checkpoint/model_best.pdparams")
3  # 模型评价
4  score, loss = runner.evaluate(test_loader)
5  print("[Test] accuracy/loss: {:.4f}/{:.4f}".format(score, loss))
```

输出结果为:

```
[Test] accuracy/loss: 0.8100/0.6627
```

从输出结果看, 对比 LeNet-5 模型评价实验结果, 网络层级加深后, 训练效果不升反降.

5.4.3   带残差连接的 ResNet18

5.4.3.1   模型训练

使用带残差连接的 ResNet18 重复上面的实验, 代码实现如下:

```
1  # 批大小
2  batch_size = 64
3  # 加载数据
4  train_loader = io.DataLoader(train_dataset, batch_size=batch_size, shuffle=True)
5  dev_loader = io.DataLoader(dev_dataset, batch_size=batch_size)
6  test_loader = io.DataLoader(test_dataset, batch_size=batch_size)
7  # 定义网络，通过指定use_residual为True，使用带残差结构的深层网络
8  model = Resnet18(in_channels=1, num_classes=10, use_residual=True)
9  # 定义优化器
10 optimizer = opt.SGD(learning_rate=0.01, parameters=model.parameters())
11 # 实例化RunnerV3
12 runner = RunnerV3(model, optimizer, loss_fn, metric)
13 # 模型训练
14 runner.train(train_loader, dev_loader, num_epochs=5, log_steps=15, eval_steps=15,
       save_path="./checkpoint/model_best.pdparams")
15 # 可视化观察训练集与验证集的损失变化情况，以及验证集上的准确率变化情况
16 plot(runner)
```

输出结果如图5.20所示.

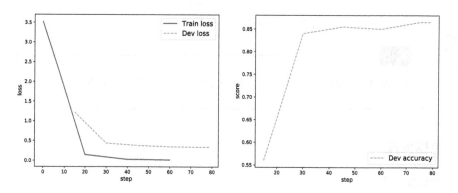

图 5.20 使用残差连接的 ResNet 的损失和准确率变化趋势

5.4.3.2 模型评价

使用测试数据对在训练过程中保存的最优模型进行评价,观察模型在测试集上的准确率以及损失变化情况.

```
1  # 加载最优模型
2  runner.load_model("./checkpoint/model_best.pdparams")
3  # 模型评价
4  score, loss = runner.evaluate(test_loader)
5  print("[Test] accuracy/loss: {:.4f}/{:.4f}".format(score, loss))
```

输出结果为:

[Test] accuracy/loss: 0.8750/0.3543

从输出结果看,和没有使用残差连接的 ResNet 相比,添加了残差连接后,模型效果有了一定的提升.

动手练习 5.3

尝试加深残差网络的层数,观察是否能够得到更高的精度.

5.5 实践:基于 ResNet18 网络完成图像分类任务

在本实践中,我们实践一个更通用的图像分类任务.图像分类(Image Classification)是计算机视觉中的一个基础任务,根据图像的语义将其划分为多个类别,很多图像任务可以转换为分类任务.比如人脸检测就是判断一个区域内是否有人脸,可以看作一个二分类的图像分类任务.

本实践使用计算机视觉领域的经典的 CIFAR-10 数据集, 网络为 ResNet18 模型, 损失函数为交叉熵损失, 优化器为 Adam 优化器, 评价指标为准确率.

笔记

Adam 优化器的介绍参考《神经网络与深度学习》第 7.2.4.3 节.

5.5.1　数据处理

5.5.1.1　数据集介绍

CIFAR-10 数据集包含了 10 种类别、共 60 000 幅图像, 其中每个类别的图像都是 6 000 幅, 图像大小均为 32×32 像素. CIFAR-10 数据集的示例如图 5.21 所示.

图 5.21　CIFAR-10 数据集示例

将数据集文件进行解压:

```
1  !tar -xvf ./datasets/cifar/cifar-10-python.tar.gz -C ./datasets/cifar/
```

输出结果为:

cifar−10−batches−py/
cifar−10−batches−py/data_batch_4
cifar−10−batches−py/readme.html
cifar−10−batches−py/test_batch
cifar−10−batches−py/data_batch_3
cifar−10−batches−py/batches.meta
cifar−10−batches−py/data_batch_2
cifar−10−batches−py/data_batch_5
cifar−10−batches−py/data_batch_1

原始数据集包含了训练集和测试集两个部分，其中训练集共有 50 000 条样本，测试集共有 10 000 条样本，每 10 000 条样本被存入一个批文件中.

5.5.1.2 数据读取

在本实践中，将原始训练集拆分成 train_set、dev_set 两个部分，分别包括 40 000 条和 10 000 条样本. 将 data_batch_1 到 data_batch_4 作为训练集，data_batch_5 作为验证集，test_batch 作为测试集. 最终的数据集构成如下：

- 训练集：40 000 条样本.
- 验证集：10 000 条样本.
- 测试集：10 000 条样本.

读取一个批数据的代码如下所示：

```
1   import os
2   import pickle
3
4   def load_cifar10_batch(folder_path, batch_id=1, mode='train'):
5       if mode == 'test':
6           file_path = os.path.join(folder_path, 'test_batch')
7       else:
8           file_path = os.path.join(folder_path, 'data_batch_'+str(batch_id))
9
10      # 加载数据集文件
11      with open(file_path, 'rb') as batch_file:
12          batch = pickle.load(batch_file, encoding = 'latin1')
13
14      imgs = batch['data'].reshape((len(batch['data']),3,32,32)) / 255.
15      labels = batch['labels']
16
17      return np.array(imgs, dtype='float32'), np.array(labels)
18
19  imgs_batch, labels_batch = load_cifar10_batch(folder_path='./datasets/cifar/cifar-10-
        batches-py', batch_id=1, mode='train')
```

查看数据的维度：

```
1   # 打印每个批中X和y的维度
2   print ("batch of imgs shape: ",imgs_batch.shape, "batch of labels shape: ", labels_batch.
        shape)
```

输出结果为：

batch of imgs shape: (10000, 3, 32, 32) batch of labels shape: (10000,)

可视化观察其中的一幅样本图像和对应的标签,代码如下所示:

```
1  image, label = imgs_batch[1], labels_batch[1]
2  print("The label in the picture is {}".format(label))
3  plt.figure(figsize=(2, 2))
4  plt.imshow(image.transpose(1,2,0))
```

输出结果为:

The label in the picture is 9

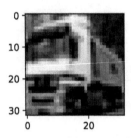

图 5.22 数据集样本图像

5.5.1.3 构造 Dataset 类

构造一个CIFAR10Dataset类,其将继承自paddle.io.Dataset类,可以逐个数据进行处理. 代码实现如下:

```
1  class CIFAR10Dataset(io.Dataset):
2      def __init__(self, folder_path, mode='train'):
3          if mode == 'train':
4              # 加载batch1-batch4作为训练集
5              self.imgs, self.labels = load_cifar10_batch(folder_path=folder_path, batch_id=1,
                    mode='train')
6              for i in range(2, 5):
7                  imgs_batch, labels_batch = load_cifar10_batch(folder_path=folder_path,
                        batch_id=i, mode='train')
8                  self.imgs, self.labels = np.concatenate([self.imgs, imgs_batch]), np.
                        concatenate([self.labels, labels_batch])
9          elif mode == 'dev':
10             # 加载batch5作为验证集
11             self.imgs, self.labels = load_cifar10_batch(folder_path=folder_path, batch_id=5,
                    mode='dev')
12         elif mode == 'test':
13             # 加载test作为测试集
14             self.imgs, self.labels = load_cifar10_batch(folder_path=folder_path,mode='test')
15         self.transform = Normalize(mean=[0.4914, 0.4822, 0.4465], std=[0.2023, 0.1994,
                0.2010], data_format='CHW')
```

```
16
17    def __getitem__(self, idx):
18        img, label = self.imgs[idx], self.labels[idx]
19        img = self.transform(img)
20        return img, label
21
22    def __len__(self):
23        return len(self.imgs)
24
25 paddle.seed(100)
26 cifar_path='./datasets/cifar/cifar-10-batches-py'
27 train_dataset = CIFAR10Dataset(cifar_path, mode='train')
28 dev_dataset = CIFAR10Dataset(cifar_path, mode='dev')
29 test_dataset = CIFAR10Dataset(cifar_path, mode='test')
```

5.5.2 模型构建

这里我们尝试使用飞桨高层API中的ResNet18进行图像分类实验.

```
1 from paddle.vision.models import resnet18
2 resnet18_model = resnet18()
```

笔记

飞桨高层API是对飞桨API的进一步封装与升级,提供了更加简洁易用的API,进一步提升了飞桨的易学易用性. 其中, 飞桨高层API封装了以下模块: ①Model类,支持仅用几行代码完成模型的训练;②图像预处理模块,包含数十种数据处理函数,基本涵盖了常用的数据处理、数据增强方法;③计算机视觉领域和自然语言处理领域的常用模型,包括但不限于mobilenet、resnet、yolov3、cyclegan、bert、transformer、seq2seq等,同时发布了对应模型的预训练模型,可以直接使用这些模型或者在此基础上完成二次开发. 飞桨高层API主要包含在`paddle.vision`和`paddle.text`目录中.

5.5.3 模型训练

复用RunnerV3类,实例化RunnerV3类,并传入训练配置. 由于这里的网络比较深,标准的SGD优化器效果不好,因此使用Adam优化器（见第7.3.3.2节）并使用权重衰减策略（见第7.6.4节）. 使用训练集和验证集进行模型训练,共训练30个回合. 在实验中,保存准确率最高的模型作为最优模型. 代码实现如下:

```
1 # 指定运行设备
2 use_gpu = True if paddle.get_device().startswith("gpu") else False
```

```
 3  if use_gpu:
 4      paddle.set_device('gpu:0')
 5  # 批大小
 6  batch_size = 64
 7  # 加载数据
 8  train_loader = io.DataLoader(train_dataset, batch_size=batch_size)
 9  dev_loader = io.DataLoader(dev_dataset, batch_size=batch_size)
10  test_loader = io.DataLoader(test_dataset, batch_size=batch_size)
11  # 定义网络
12  model = resnet18_model
13  # 定义优化器
14  optimizer = opt.Adam(learning_rate=0.001, parameters=model.parameters(),
15              weight_decay=0.005)
16  # 定义损失函数
17  loss_fn = F.cross_entropy
18  # 定义评价指标
19  metric = metric.Accuracy(is_logist=True)
20  # 实例化RunnerV3
21  runner = RunnerV3(model, optimizer, loss_fn, metric)
22  # 模型训练
23  runner.train(train_loader, dev_loader, num_epochs=30, log_steps=3000, eval_steps=3000, "./
       checkpoint/model_best.pdparams")
```

可视化观察训练集与验证集的损失以及验证集上的准确率变化情况,输出结果如图5.23所示.

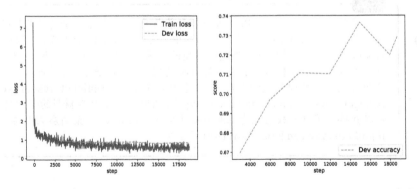

图 5.23   损失和准确率变化趋势

动手练习 5.4

在本实验中,使用了第 7 章中介绍的 Adam 优化器进行网络优化,如果使用 SGD 优化器,会造成过拟合的现象,在验证集上无法得到很好的收敛效果. 可以尝试使用第 7 章中其他优化策略调整训练配置,达到更高的模型精度.

5.5.4 模型评价

使用测试数据对在训练过程中保存的最优模型进行评价,观察模型在测试集上的准确率以及损失情况. 代码实现如下:

```
1  # 加载最优模型
2  runner.load_model("./checkpoint/model_best.pdparams")
3  # 模型评价
4  score, loss = runner.evaluate(test_loader)
5  print("[Test] accuracy/loss: {:.4f}/{:.4f}".format(score, loss))
```

输出结果为:

[Test] accuracy/loss: 0.7094/0.9058

5.5.5 模型预测

同样地,也可以使用保存好的模型,对测试集中的数据进行模型预测,观察模型效果. 代码实现如下:

```
1  id2label = {0:'airplane', 1:'automobile', 2:'bird', 3:'cat', 4:'deer', 5:'dog',
              6:'frog', 7:'horse', 8:'ship', 9:'truck'}
2  # 获取测试集中的一个批的数据
3  X, label_ids = next(test_loader())
4  logits = runner.predict(X)
5  # 获取概率最大的类别
6  pred_class_id = paddle.argmax(logits[2]).numpy()
7  label_id = label_ids[2][0].numpy()
8  pred_class = id2label[pred_class_id[0]]
9  label = id2label[label_id[0]]
10 # 输出真实类别与预测类别
11 print("The true category is {} and the predicted category is {}".format(label,pred_class))
12 # 可视化图像
13 plt.figure(figsize=(2, 2))
14 imgs, labels=load_cifar10_batch(folder_path='./datasets/cifar-10-batches-py', mode='test')
15 plt.imshow(imgs[2].transpose(1,2,0))
```

输出结果为:

The true category is ship and the predicted category is ship

可视化预测图像如图 5.24 所示.

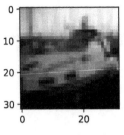

图 5.24　预测图像

动手练习 5.5

尝试使用 CIFAR-100 进行实验,观察不同模型在不同数据集上的学习效果.

5.6　小结

本章介绍卷积神经网络的基本概念、网络结构及代码实现. 我们首先从实现一个最简单的 2D 卷积算子开始,不断完善并扩展为支持多通道输入输出的 2D 卷积层算子. 然后,我们使用自己构建的 2D 卷积层算子和汇聚层算子构建了简单的 LeNet-5 模型,并进行手写体数字识别实验. 进一步,我们又实现了残差单元算子,并构建 ResNet18 来提高手写体数字识别任务的效果.

在实践部分,我们介绍了如何利用飞桨高层 API 来更便捷地完成图像分类任务.

第6章 循环神经网络

循环神经网络（Recurrent Neural Network, RNN）是一类具有短期记忆能力的神经网络, 非常适合处理序列数据. 在每个时刻, 循环神经网络中的神经元保存前一时刻的活性值 [也称为状态（State）], 并根据其他的输入信息更新当前时刻的状态, 形成具有环路的网络结构. 和前馈神经网络相比, 循环神经网络更加符合生物神经网络的结构. 目前, 循环神经网络已经被广泛应用在语音识别、语言模型以及文本生成等任务上.

本章内容基于《神经网络与深度学习》第6章(循环神经网络)相关内容进行设计. 在阅读本章之前, 建议先了解如图6.1所示的关键知识点, 以便更好地理解并掌握相应的理论和实践知识.

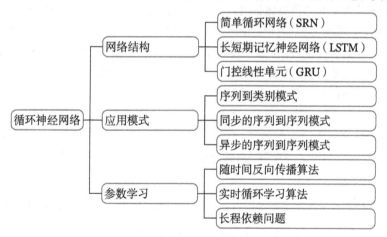

图 6.1 循环神经网络关键知识点回顾

本章内容主要包含两部分:

- 模型解读: 介绍经典循环神经网络原理, 为了更好地理解长程依赖问题, 我们设计一个简单的数字求和任务来验证简单循环网络的记忆能力. 长程依赖问题具体可分为梯度爆炸和梯度消失两种情况. 对于梯度爆炸, 我们复现简单循环网络的梯度爆炸现象并尝试解决. 对于梯度消失, 一种有效的方式是改进模型, 我们也动手实现一个长短期记忆网络, 并观察是否可以缓解长程依赖问题.

- 案例实践：基于双向长短期记忆网络实现文本分类任务. 并了解如何补齐序列数据，如何将文本数据转为向量表示，如何对补齐位置进行掩蔽等实践知识.

　　循环神经网络非常擅于处理序列数据，通过使用带自反馈的神经元，能够处理任意长度的序列数据. 给定输入序列 $[\boldsymbol{x}_0, \boldsymbol{x}_1, \boldsymbol{x}_2, \cdots]$，循环神经网络从左到右扫描该序列，并不断调用一个相同的组合函数 $f(\cdot)$ 来处理时序信息，这个函数也称为循环神经网络单元（RNN Cell）. 在每个时刻 t，循环神经单元接收输入信息 $\boldsymbol{x}_t \in \mathbb{R}^M$，并与前一时刻的隐状态 $\boldsymbol{h}_{t-1} \in \mathbb{R}^D$ 一起进行计算，输出一个新的当前时刻的隐状态 $\boldsymbol{h}_t$.

$$\boldsymbol{h}_t = f(\boldsymbol{h}_{t-1}, \boldsymbol{x}_t), \tag{6.1}$$

其中 $\boldsymbol{h}_0 = 0, f(\cdot)$ 是一个非线性函数.

　　循环神经网络的参数可以通过梯度下降法来学习. 和前馈神经网络类似，我们可以使用随时间反向传播（BackPropagation Through Time, BPTT）算法高效地手工计算梯度，也可以使用自动微分的方法，通过计算图自动计算梯度.

　　循环神经网络被认为是图灵完备的，一个完全连接的循环神经网络可以近似解决所有的可计算问题. 然而，虽然理论上循环神经网络可以建立长时间间隔的状态之间的依赖关系，但是具体的实现方式和参数学习方式会导致梯度爆炸或梯度消失问题，实际上，通常循环神经网络只能学习到短期的依赖关系，很难建模长距离的依赖关系. 这种现象称为长程依赖问题（Long-Term Dependencies Problem）.

6.1　循环神经网络的记忆能力实验

　　循环神经网络的一种简单实现是简单循环网络（Simple Recurrent Network, SRN）.

　　令向量 $\boldsymbol{x}_t \in \mathbb{R}^M$ 表示在时刻 t 时网络的输入，$\boldsymbol{h}_t \in \mathbb{R}^D$ 表示隐藏层状态（即隐藏层神经元活性值），则 $\boldsymbol{h}_t$ 不仅和当前时刻的输入 $\boldsymbol{x}_t$ 相关，也和上一个时刻的隐藏层状态 $\boldsymbol{h}_{t-1}$ 相关. SRN 在时刻 t 的更新公式为

$$\boldsymbol{h}_t = \tanh(\boldsymbol{W}\boldsymbol{x}_t + \boldsymbol{U}\boldsymbol{h}_{t-1} + \boldsymbol{b}), \tag{6.2}$$

其中 $\boldsymbol{h}_t$ 为隐状态向量，$\boldsymbol{U} \in \mathbb{R}^{D \times D}$ 为状态-状态权重矩阵，$\boldsymbol{W} \in \mathbb{R}^{D \times M}$ 为状态-输入权重矩阵，$\boldsymbol{b} \in \mathbb{R}^D$ 为偏置向量.

　　图6.2 展示了一个按时间展开的简单循环网络.

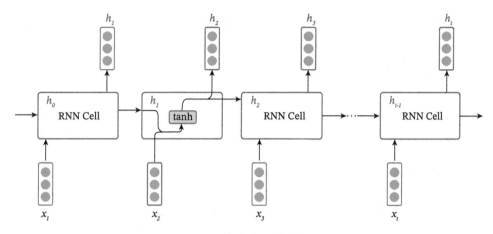

图 6.2 简单循环网络结构

SRN 在参数学习时存在长程依赖问题,很难建模长时间间隔(Long Range)的状态之间的依赖关系.为了测试简单循环网络的记忆能力,本节构建一个数字求和任务进行实验.

数字求和任务的输入是一串数字,前两位的数字为 0~9 之间的数字,其余数字随机生成(主要为 0),预测目标是输入序列中前两个数字的加和.图6.3为输入长度为 10 的数字求和任务样本示例.

数字序列										标签
1	2	0	0	0	0	0	0	0	0	3
2	4	0	0	3	0	0	0	0	0	6
3	2	0	0	0	0	1	0	0	0	5
4	1	0	0	0	0	0	0	4	0	5

图 6.3 数字求和任务示例

如果序列长度越长,准确率越高,则说明网络的记忆能力越好.因此,我们可以通过验证简单循环网络在不同长度的数据集上的表现,测试其长程依赖能力.

6.1.1 数据集构建

我们首先构建不同长度的数字求和数据集 DigitSum.

6.1.1.1 数据集的构建函数

在本任务中,输入序列的前两位数字为 0~9,其组合数是固定的,因此可以穷举所有的前两位数字组合,并在后面默认用 0 填充到固定长度.考虑到数据的多样性,这里对生成的数字序列中 0 的位置随机替换成 0~9 的数字,用来增加样本的数量.

　　我们可以通过设置 k 的数值来指定一条样本随机生成的数字序列数量. 当生成某个指定长度的数据集时, 会同时生成训练集、验证集和测试集. 当 $k = 3$ 时, 生成训练集. 当 $k = 1$ 时, 生成验证集和测试集. 代码实现如下:

```python
1    import random
2    import numpy as np
3
4    # 固定随机种子
5    random.seed(0)
6    np.random.seed(0)
7
8    def generate_data(length, k, save_path):
9        if length < 3:
10           raise ValueError("The length of data should be greater than 2.")
11       if k == 0:
12           raise ValueError("k should be greater than 0.")
13       # 生成长度为length的数字序列，除前两个字符外，序列其余数字暂用0填充
14       base_examples = []
15       for n1 in range(0, 10):
16           for n2 in range(0, 10):
17               seq = [n1, n2] + [0] * (length - 2)
18               label = n1 + n2
19               base_examples.append((seq, label))
20
21       examples = base_examples
22       # 用于记录数据增强后的数字序列
23       examples = []
24       for base_example in base_examples:
25           for _ in range(k):
26               # 随机生成替换的元素位置和元素
27               idx = np.random.randint(2, length)
28               val = np.random.randint(0, 10)
29               # 对序列中的对应0元素进行替换
30               seq = base_example[0].copy()
31               label = base_example[1]
32               seq[idx] = val
33               examples.append((seq, label))
34
35       # 保存增强后的数据
36       with open(save_path, "w", encoding="utf-8") as f:
37           for example in examples:
38               # 将数据转为字符串类型，方便保存
39               seq = [str(e) for e in example[0]]
40               label = str(example[1])
41               line = " ".join(seq) + "\t" + label + "\n"
```

```
42              f.write(line)
43
44      print(f"generate data to: {save_path}.")
45
46  # 定义生成的数字序列长度
47  lengths = [5, 10, 15, 20, 25, 30, 35]
48  for length in lengths:
49      # 生成长度为length的训练数据
50      save_path = f"./datasets/{length}/train.txt"
51      k = 3
52      generate_data(length, k, save_path)
53      # 生成长度为length的验证数据
54      save_path = f"./datasets/{length}/dev.txt"
55      k = 1
56      generate_data(length, k, save_path)
57      # 生成长度为length的测试数据
58      save_path = f"./datasets/{length}/test.txt"
59      k = 1
60      generate_data(length, k, save_path)
```

6.1.1.2 加载指定长度数据集

为方便使用,本实验提前生成了长度分别为5、10、15、20、25、30和35的7份数据,存放于"./datasets"目录下,读者可以直接加载使用. 代码实现如下:

```
1   import os
2   # 加载数据
3   def load_data(data_path):
4       # 加载训练集
5       train_examples = []
6       train_path = os.path.join(data_path, "train.txt")
7       with open(train_path, "r", encoding="utf-8") as f:
8           for line in f.readlines():
9               # 解析一行数据,将其处理为数字序列seq和标签label
10              items = line.strip().split("\t")
11              seq = [int(i) for i in items[0].split(" ")]
12              label = int(items[1])
13              train_examples.append((seq, label))
14
15      # 加载验证集
16      dev_examples = []
17      dev_path = os.path.join(data_path, "dev.txt")
18      with open(dev_path, "r", encoding="utf-8") as f:
19          for line in f.readlines():
20              # 解析一行数据,将其处理为数字序列seq和标签label
```

```
21          items = line.strip().split("\t")
22          seq = [int(i) for i in items[0].split(" ")]
23          label = int(items[1])
24          dev_examples.append((seq, label))
25
26      # 加载测试集
27      test_examples = []
28      test_path = os.path.join(data_path, "test.txt")
29      with open(test_path, "r", encoding="utf-8") as f:
30          for line in f.readlines():
31              # 解析一行数据，将其处理为数字序列seq和标签label
32              items = line.strip().split("\t")
33              seq = [int(i) for i in items[0].split(" ")]
34              label = int(items[1])
35              test_examples.append((seq, label))
36
37      return train_examples, dev_examples, test_examples
38
39  # 设定加载的数据集的长度
40  length = 5
41  # 该长度的数据集的存放目录
42  data_path = f"./datasets/{length}"
43  # 加载该数据集
44  train_examples, dev_examples, test_examples = load_data(data_path)
45  print("dev example:", dev_examples[:2])
46  print("训练集数量: ", len(train_examples))
47  print("验证集数量: ", len(dev_examples))
48  print("测试集数量: ", len(test_examples))
```

输出结果为:

```
dev example: [([0, 0, 6, 0, 0], 0), ([0, 1, 0, 0, 8], 1)]
训练集数量: 300
验证集数量: 100
测试集数量: 100
```

6.1.1.3 构造Dataset类

为了方便使用梯度下降法进行优化,我们构造了DigitSum数据集的Dataset类,`__getitem__`负责根据索引读取数据,并将数据转换为张量. 代码实现如下:

```
1  from paddle.io import Dataset
2
3  class DigitSumDataset(Dataset):
4      def __init__(self, data):
5          self.data = data
```

```
6
7     def __getitem__(self, idx):
8         example = self.data[idx]
9         seq = paddle.to_tensor(example[0], dtype="int64")
10        label = paddle.to_tensor(example[1], dtype="int64")
11        return seq, label
12
13    def __len__(self):
14        return len(self.data)
```

6.1.2 模型构建

使用SRN进行数字求和任务的模型结构为如图6.4所示.

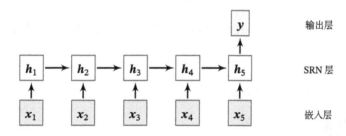

图 6.4 基于SRN模型的数字求和任务

模型由如下三层组成：

1）嵌入层：将输入的数字序列进行向量化，即将每个数字映射为向量.

2）SRN层：接收向量序列，更新循环单元，将最后时刻的隐状态作为整个序列的表示.

3）输出层：输出分类的概率.

6.1.2.1 嵌入层

本任务输入的样本是数字序列，为了更好地表示数字，需要将数字映射为一个嵌入（Embedding）向量. 嵌入向量中的每个维度均能用来刻画该数字本身的某种特性. 由于向量能够表达该数字更多的信息，利用向量进行数字求和任务，可以使得模型具有更强的拟合能力. 首先，我们构建一个嵌入矩阵（Embedding Matrix）$E \in \mathbb{R}^{10 \times M}$，其中第$i$行对应数字$i$的嵌入向量，每个嵌入向量的维度是$M$. 如图6.5所示. 给定一个组数字序列$S \in \mathbb{R}^{B \times L}$，其中$B$为批大小，$L$为序列长度，可以通过查表将其映射为嵌入表示$X \in \mathbb{R}^{B \times L \times M}$.

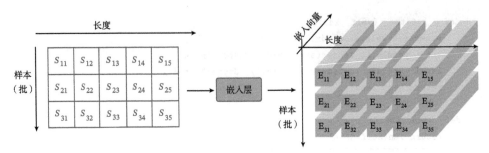

图 6.5　嵌入矩阵

提醒

为了和代码的实现保持一致，这里使用形状为"样本数量×序列长度×特征维度"的张量来表示一组样本.

也可以将每个数字表示为 10 维的 one-hot 向量，使用矩阵运算得到嵌入表示为

$$X = S'E, \tag{6.3}$$

其中 $S' \in \mathbb{R}^{B \times L \times 10}$ 是序列 S 对应的 one-hot 表示.

思考

如果不使用嵌入层，直接将数字作为 SRN 层的输入会有什么问题？

基于索引方式的嵌入层的代码实现如下：

```
1   import paddle
2   import paddle.nn as nn
3
4   class Embedding(nn.Layer):
5       def __init__(self, num_embeddings, embedding_dim):
6           super(Embedding, self).__init__()
7           # 定义嵌入矩阵
8           self.W = paddle.create_parameter(shape=[num_embeddings, embedding_dim], dtype="
                float32")
9
10      def forward(self, inputs):
11          # 根据索引获取对应嵌入向量
12          embs = self.W[inputs]
13          return embs
14
```

```
15   emb_layer = Embedding(10, 5)
16   inputs = paddle.to_tensor([0,1,2,3])
17   emb_layer(inputs)
```

输出结果为:

```
Tensor(shape=[4, 5], dtype=float32, place=CPUPlace, stop_gradient=False,
      [[-0.43534753,  0.57000738,  0.19362658,  0.00082773,  0.21791112],
       [ 0.28153169, -0.37681282, -0.17434263, -0.02827185,  0.30892974],
       [-0.00802702,  0.08376557, -0.29028597,  0.22342581, -0.32433814],
       [ 0.30093080, -0.50010848,  0.50845677, -0.04000103,  0.08173192]])
```

 思考

请思考应该如何实现基于one-hot编码的嵌入层.

6.1.2.2 SRN层

数字序列 $S \in \mathbb{R}^{B \times L}$ 经过嵌入层映射后,转换为 $X \in \mathbb{R}^{B \times L \times M}$,其中 B 为批大小,L 为序列长度,M 为嵌入维度.

在时刻 t,SRN 将当前的输入 $X_t \in \mathbb{R}^{B \times M}$ 与隐状态 $H_{t-1} \in \mathbb{R}^{B \times D}$ 进行线性变换和组合,并通过一个非线性激活函数 $f(\cdot)$ 得到新的隐状态,SRN 的状态更新函数为

$$H_t = \tanh(X_t W + H_{t-1} U + b), \tag{6.4}$$

其中 $W \in \mathbb{R}^{M \times D}$,$U \in \mathbb{R}^{D \times D}$,$b \in \mathbb{R}^{1 \times D}$ 是可学习参数,D 表示隐状态向量的维度.

SRN 的代码实现如下:

```
1    import paddle
2    import paddle.nn as nn
3    import paddle.nn.functional as F
4
5    # SRN模型
6    class SRN(nn.Layer):
7        def __init__(self, input_size, hidden_size):
8            super(SRN, self).__init__()
9            # 嵌入向量的维度
10           self.input_size = input_size
11           # 隐状态的维度
12           self.hidden_size = hidden_size
13           # 定义模型参数
14           self.W = paddle.create_parameter(shape=[input_size,hidden_size], dtype="float32")
15           self.U = paddle.create_parameter(shape=[hidden_size,hidden_size], dtype="float32")
```

```
16          self.b = paddle.create_parameter(shape=[1,hidden_size], dtype="float32")
17
18    # 初始化向量
19    def init_state(self, batch_size):
20        hidden_state = paddle.zeros(shape=[batch_size, self.hidden_size], dtype="float32")
21        return hidden_state
22
23    # 定义前向计算
24    def forward(self, inputs, hidden_state=None):
25        batch_size, seq_len, input_size = inputs.shape
26
27        # 若未传入hidden_state，则调用init_state进行初始化
28        if hidden_state is None:
29            hidden_state = self.init_state(batch_size)
30
31        # 循环执行RNN计算
32        for step in range(seq_len):
33            # 获取第step步的输入数据
34            step_input = inputs[:, step, :]
35            # 进行单元内的隐状态计算
36            hidden_state = F.tanh(paddle.matmul(step_input, self.W) + paddle.matmul(
37                    hidden_state, self.U) + self.b)
37        return hidden_state
```

提醒

这里只保留了简单循环网络的最后一个时刻的输出向量.

6.1.2.3　线性层

线性层将最后一个时刻的隐状态向量 $H_L \in \mathbb{R}^{B \times D}$ 进行线性变换,输出分类的对数几率（Logits）为

$$Y = H_L W_o + b_o, \tag{6.5}$$

其中 $W_o \in \mathbb{R}^{D \times 19}$, $b_o \in \mathbb{R}^{19}$ 为可学习的权重矩阵和偏置.

提醒

在分类问题的实践中,我们通常只需要模型输出分类的对数几率（Logits）,而不用输出每个类的概率.这需要损失函数可以直接接收对数几率来计算损失.

线性层直接使用paddle.nn.Linear算子.

6.1.2.4 模型汇总

在定义了每一层的算子之后，我们定义一个数字求和模型Model_RNN4SeqClass，该模型会将嵌入层、SRN层和线性层进行组合，以实现数字求和的功能.

具体来讲，Model_RNN4SeqClass会接收一个SRN层实例，用于处理数字序列数据，同时在__init__函数中定义一个Embedding嵌入层，其会将输入的数字作为索引，输出对应的向量，最后会使用paddle.nn.Linear定义一个线性层.

> **提醒**
>
> 为了方便进行对比实验，我们将SRN层的实例化放在Model_RNN4SeqClass类外面.通常情况下，模型内部算子的实例化是放在模型里面.

在forward函数中，调用上文实现的嵌入层、SRN层和线性层处理数字序列，同时返回最后一个位置的隐状态向量.代码实现如下：

```
1  # 基于RNN实现数字求和的模型
2  class Model_RNN4SeqClass(nn.Layer):
3      def __init__(self, model, num_digits, input_size,hidden_size, num_classes):
4          super(Model_RNN4SeqClass, self).__init__()
5          # 传入实例化的RNN层，例如SRN
6          self.rnn_model = model
7          # 词表大小，这里为10，即不同数字的数量
8          self.num_digits = num_digits
9          # 嵌入向量的维度
10         self.input_size = input_size
11         # 定义嵌入层
12         self.embedding = Embedding(num_digits, input_size)
13         # 定义线性层
14         self.linear = nn.Linear(hidden_size, num_classes)
15
16     def forward(self, inputs):
17         # 将数字序列映射为相应向量
18         inputs_emb = self.embedding(inputs)
19         # 调用RNN模型
20         hidden_state = self.rnn_model(inputs_emb)
21         # 使用最后一个时刻的状态进行数字求和
22         logits = self.linear(hidden_state)
23         return logits
```

6.1.3　模型训练

基于RunnerV3类进行训练, 只需要指定length便可以加载相应的数据. 设置超参数, 使用
Adam 优化器, 学习率为 0.001, 实例化模型, 使用第4.5.4节定义的Accuracy计算准确率. 使用
Runner 进行训练, 训练回合数设为 500. 代码实现如下:

```
1   import os
2   import random
3   import paddle
4   import numpy as np
5   from nndl import Accuracy, RunnerV3
6
7   # 为了实验的可重复性, 这里将所有的随机种子固定
8   np.random.seed(0)
9   random.seed(0)
10  paddle.seed(0)
11  # 输入数字的类别数
12  num_digits = 10
13  # 将数字映射为向量的维度
14  input_size = 32
15  # 隐状态向量的维度
16  hidden_size = 32
17  # 数字求和的类别数
18  num_classes = 19
19  # 批大小
20  batch_size = 8
21
22  # 可以设置不同的length进行不同长度数据的求和实验
23  length = 10
24  print(f"\n====> Training SRN with data of length {length}.")
25  # 加载长度为length的数据
26  data_path = f"./datasets/{length}"
27  train_examples, dev_examples, test_examples = load_data(data_path)
28  train_set, dev_set, test_set = DigitSumDataset(train_examples), DigitSumDataset(
            dev_examples), DigitSumDataset(test_examples)
29  train_loader = io.DataLoader(train_set, batch_size=batch_size)
30  dev_loader = io.DataLoader(dev_set, batch_size=batch_size)
31  test_loader = io.DataLoader(test_set, batch_size=batch_size)
32
33  # 实例化模型
34  base_model = SRN(input_size,hidden_size)
35  model = Model_RNN4SeqClass(base_model, num_digits, input_size,hidden_size, num_classes)
36  # 指定优化器
37  optimizer = paddle.optimizer.Adam(learning_rate=0.001, parameters=model.parameters())
38  # 定义评价指标
```

```
39    metric = Accuracy()
40    # 定义损失函数
41    loss_fn = nn.CrossEntropyLoss()
42
43    # 基于以上组件，实例化Runner
44    runner = RunnerV3(model, optimizer, loss_fn, metric)
45    # 模型保存目录
46    save_dir = "./checkpoints"
47    model_save_path = os.path.join(save_dir, f"best_srn_model_{length}.pdparams")
48    # 模型训练
49    runner.train(train_loader, dev_loader, num_epochs=500, eval_steps=100, log_steps=100,
          save_path=model_save_path)
```

动手练习 6.1

将上面代码的第23行length = 10中length的值改为15、20、25、30和35，并重复上面实验，保存实验结果.

图6.6展示了SRN在6个数据集上的损失变化情况，数据集的长度分别为10、15、20、25、30和35. 从输出结果看，随着数据序列长度的增加，虽然训练集损失逐渐逼近于0，但是验证集损失整体趋向越来越大，这表明当序列变长时，SRN模型过拟合到序列结尾的信息，而遗忘了序列开始位置的信息. 这个实验说明，SRN模型在建模长程依赖方面的能力比较弱.

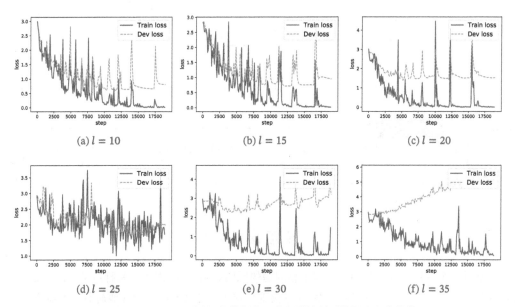

图 6.6　SRN在不同长度数据集上进行训练得到的损失变化趋势

6.1.4 模型评价

在模型评价时,首先加载训练过程中效果最好的模型,然后使用测试集对该模型进行评价,并观察模型在测试集上预测的准确率.代码实现如下:

```
1  print(f"Evaluate SRN with data length {length}.")
2
3  # 加载训练过程中效果最好的模型
4  model_path = os.path.join(save_dir, f"best_srn_model_{length}.pdparams")
5  runner.load_model(model_path)
6  # 使用测试集评价模型
7  score, _ = runner.evaluate(test_loader)
8  print(f"[SRN] length:{length}, Score: {score: .5f}")
```

图6.7展示了训练过程中效果最好的SRN模型在不同长度的验证集和测试集上的表现.可以看到,随着序列长度的增加,验证集和测试集的准确率是降低的,这同样说明SRN保持长期依赖的能力在不断降低.

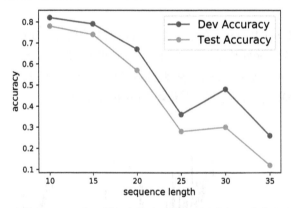

图 6.7 SRN在不同长度的验证集和测试集的准确率变化

动手练习 6.2

参考《神经网络与深度学习》中的公式(6.50),改进SRN的循环单元,加入隐状态之间的残差连接,并重复数字求和实验.观察是否可以缓解长程依赖问题.

6.2 梯度爆炸实验

造成简单循环网络较难建模的长程依赖问题的原因有两个:梯度爆炸和梯度消失.一般来讲,循环网络的梯度爆炸问题比较容易解决,通过权重衰减或梯度截断可以较好地避免梯度爆炸问题;对于梯度消失问题,更加有效的方式是改变模型,比如通过长短期记忆网络(LSTM)来缓解.

本实验先复现SRN中的梯度爆炸问题,然后尝试使用梯度截断的方式来解决. 采用长度为20的数据集进行实验,训练过程中将输出 W、U 和 b 的梯度向量的范数,用于衡量梯度的变化情况.

6.2.1 梯度打印函数

使用custom_print_log实现在训练过程中打印梯度的功能,custom_print_log需要接收Runner的实例,并通过model.named_parameters()获取该模型中的参数名和参数值.代码实现如下:

```
1  from numpy.linalg import norm
2
3  # 计算梯度范数
4  def custom_print_log(runner):
5      model = runner.model
6      W_grad_l2, U_grad_l2, b_grad_l2 = 0, 0, 0
7      for name, param in model.named_parameters():
8          if name == "rnn_model.W":
9              W_grad_l2 = norm(param.grad)
10         if name == "rnn_model.U":
11             U_grad_l2 = norm(param.grad)
12         if name == "rnn_model.b":
13             b_grad_l2 = norm(param.grad)
14     print(f"[Training] W_grad_l2: {W_grad_l2:.5f}, U_grad_l2: {U_grad_l2:.5f}, b_grad_l2: {
           b_grad_l2:.5f} ")
```

6.2.2 复现梯度爆炸问题

为了更好地复现梯度爆炸问题,使用SGD优化器将批大小和学习率调大,学习率为0.2,同时在计算交叉熵损失时,将reduction设置为sum,表示将损失进行累加. 代码实现如下:

```
1  import os
2  import random
3  import paddle
4  import numpy as np
5
6  # 为了实验的可重复性, 这里将所有的随机种子固定
7  np.random.seed(0)
8  random.seed(0)
9  paddle.seed(0)
10
11 # 输入数字的类别数
12 num_digits = 10
13 # 将数字映射为向量的维度
```

```
14  input_size = 32
15  # 隐状态向量的维度
16  hidden_size = 32
17  # 数字求和的类别数
18  num_classes = 19
19  # 批大小
20  batch_size = 64
21
22  # 可以设置不同的length进行不同长度数据的求和实验
23  length = 20
24  print(f"\n====> Training SRN with data of length {length}.")
25
26  # 加载长度为length的数据
27  data_path = f"./datasets/{length}"
28  train_examples, dev_examples, test_examples = load_data(data_path)
29  train_set, dev_set, test_set = DigitSumDataset(train_examples), DigitSumDataset(
        dev_examples), DigitSumDataset(test_examples)
30  train_loader = io.DataLoader(train_set, batch_size=batch_size)
31  dev_loader = io.DataLoader(dev_set, batch_size=batch_size)
32  test_loader = io.DataLoader(test_set, batch_size=batch_size)
33
34  # 实例化模型
35  base_model = SRN(input_size,hidden_size)
36  model = Model_RNN4SeqClass(base_model, num_digits, input_size,hidden_size, num_classes)
37  # 指定优化器
38  optimizer = paddle.optimizer.SGD(learning_rate=0.2, parameters=model.parameters())
39  # 定义评价指标
40  metric = Accuracy()
41  # 定义损失函数
42  loss_fn = nn.CrossEntropyLoss(reduction="sum")
43  # 实例化Runner
44  runner = RunnerV3(model, optimizer, loss_fn, metric)
45  # 模型保存目录
46  save_dir = "./checkpoints"
47  model_save_path = os.path.join(save_dir, f"srn_explosion_model_{length}.pdparams")
48  # 模型训练
49  runner.train(train_loader, dev_loader, num_epochs=20, eval_steps=100, log_steps=1,
        save_path=model_save_path, custom_print_log=custom_print_log)
```

图6.8展示了在训练过程中关于 $\boldsymbol{W}$、$\boldsymbol{U}$ 和 $\boldsymbol{b}$ 参数梯度的 ℓ_2 范数. 从输出结果看, 通过学习率和批大小的调整, 梯度急剧变大, 相应更新的参数数值也会变大, 最终导致前向计算落入 Tanh 函数的梯度饱和区内, 后续梯度几乎为0, 模型很难继续训练.

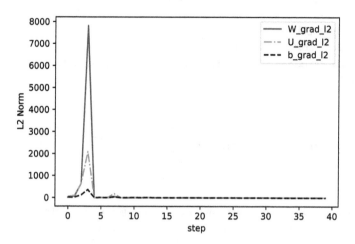

图 6.8 SRN在训练过程中参数梯度的 ℓ_2 范数变化

6.2.3 使用梯度截断解决梯度爆炸问题

梯度截断是一种可以有效解决梯度爆炸问题的启发式方法,当梯度的模大于一定阈值时,就将它截断成为一个较小的数. 一般有两种截断方式:按值截断和按模截断. 本实验使用按模截断的方式解决梯度爆炸问题.

按模截断是按照梯度向量 $\boldsymbol{g}$ 的模进行截断,保证梯度向量的模值不大于阈值 b,裁剪后的梯度为

$$\boldsymbol{g} = \begin{cases} \boldsymbol{g} & \|\boldsymbol{g}\| \leqslant b \\ \frac{b}{\|\boldsymbol{g}\|}\boldsymbol{g} & \|\boldsymbol{g}\| > b \end{cases} \tag{6.6}$$

当梯度向量 $\boldsymbol{g}$ 的模不大于阈值 b 时,$\boldsymbol{g}$ 数值不变,否则对 $\boldsymbol{g}$ 进行数值缩放.

> **笔记**
>
> 在飞桨中,可以使用 paddle.nn.ClipGradByNorm 进行按模截断. 代码实现时,将 ClipGradByNorm 传入优化器,优化器在反向迭代过程中,每次梯度更新时默认可以对所有梯度进行裁剪.

在引入梯度截断之后,我们重新观察模型的训练情况. 重新实例化模型和优化器,然后组装 Runner 进行训练. 代码实现如下:

```
1  # 实例化模型
2  base_model = SRN(input_size,hidden_size)
```

```
 3  model = Model_RNN4SeqClass(base_model, num_digits, input_size,hidden_size, num_classes)
 4
 5  # 定义clip，并实例化优化器
 6  clip = nn.ClipGradByNorm(clip_norm=5.0)
 7  optimizer = paddle.optimizer.SGD(learning_rate=lr, parameters=model.parameters(),
        grad_clip=clip)
 8  # 定义评价指标
 9  metric = Accuracy()
10  # 定义损失函数
11  loss_fn = nn.CrossEntropyLoss(reduction="sum")
12  # 实例化Runner
13  runner = RunnerV3(model, optimizer, loss_fn, metric)
14  # 训练模型
15  runner.train(train_loader, dev_loader, num_epochs=num_epochs, eval_steps=100, log_steps=1,
        save_path=model_save_path, custom_print_log=custom_print_log)
```

图6.9展示了引入按模截断策略之后模型训练时参数梯度的变化情况. 从输出结果看,随着迭代的进行,梯度始终保持在一个有值的状态,表明按模截断能够很好地解决梯度爆炸的问题.

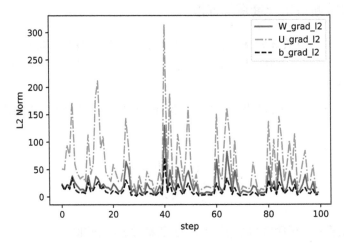

图 6.9 引入梯度截断策略后 SRN 在训练过程中参数梯度的 ℓ_2 范数变化

6.3 LSTM 的记忆能力实验

长短期记忆网络（Long Short-Term Memory network, LSTM）是一种可以有效缓解长程依赖问题的循环神经网络. LSTM 的特点是引入了一个新的内部状态（Internal State）$c \in \mathbb{R}^D$ 和门控机制（Gating Mechanism）. 不同时刻的内部状态以近似线性的方式进行传递,从而缓解梯度消失或梯度爆炸问题. 同时门控机制进行信息筛选,可以有效地增加记忆能力. 例如输入门可以让网络忽略无关紧要的输入信息. 遗忘门可以让网络保留有用的历史信息.

在第6.1节的数字求和任务中,如果模型能够记住前两个非零数字,同时忽略掉一些不重要的干扰信息,那么即使序列很长,模型也可以有效进行预测.

LSTM 模型在第 t 步时,循环单元的内部结构如图6.10所示.

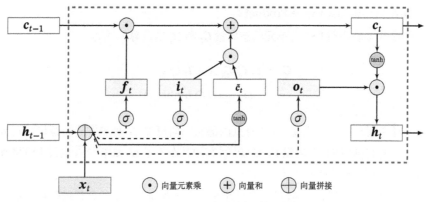

图 6.10 LSTM 网络的循环单元结构

提醒 为了和代码的实现保持一致,这里使用形状为"样本数量×序列长度×特征维度"的张量来表示一组样本.

假设一组输入序列为 $\boldsymbol{X} \in \mathbb{R}^{B \times L \times M}$,其中 B 为批大小,L 为序列长度,M 为输入特征维度,LSTM 从左到右依次扫描序列,并通过循环单元计算更新每一时刻的单元内部状态 $\boldsymbol{C}_t \in \mathbb{R}^{B \times D}$ 和输出状态 $\boldsymbol{H}_t \in \mathbb{R}^{B \times D}$.

具体计算分为三步:

（1）计算三个"门" 在时刻 t,LSTM 的循环单元将当前时刻的输入 $\boldsymbol{X}_t \in \mathbb{R}^{B \times M}$ 与上一时刻的输出状态 $\boldsymbol{H}_{t-1} \in \mathbb{R}^{B \times D}$ 进行计算,输出一组输入门 $\boldsymbol{I}_t$、遗忘门 $\boldsymbol{F}_t$ 和输出门 $\boldsymbol{O}_t$,公式为

$$\boldsymbol{I}_t = \sigma(\boldsymbol{X}_t \boldsymbol{W}_i + \boldsymbol{H}_{t-1} \boldsymbol{U}_i + \boldsymbol{b}_i) \in \mathbb{R}^{B \times D}, \tag{6.7}$$

$$\boldsymbol{F}_t = \sigma(\boldsymbol{X}_t \boldsymbol{W}_f + \boldsymbol{H}_{t-1} \boldsymbol{U}_f + \boldsymbol{b}_f) \in \mathbb{R}^{B \times D}, \tag{6.8}$$

$$\boldsymbol{O}_t = \sigma(\boldsymbol{X}_t \boldsymbol{W}_o + \boldsymbol{H}_{t-1} \boldsymbol{U}_o + \boldsymbol{b}_o) \in \mathbb{R}^{B \times D}, \tag{6.9}$$

其中 $\boldsymbol{W}_* \in \mathbb{R}^{M \times D}, \boldsymbol{U}_* \in \mathbb{R}^{D \times D}, \boldsymbol{b}_* \in \mathbb{R}^D$ 为可学习的参数,σ 表示 Logistic 函数,将"门"的取值控制在 $(0,1)$ 区间. 这里的"门"都是 B 个样本组成的矩阵,每一行为一个样本的"门"向量.

（2）计算内部状态 首先计算候选内部状态:

$$\tilde{\boldsymbol{C}}_t = \tanh(\boldsymbol{X}_t \boldsymbol{W}_c + \boldsymbol{H}_{t-1} \boldsymbol{U}_c + \boldsymbol{b}_c) \in \mathbb{R}^{B \times D}, \tag{6.10}$$

其中 $\boldsymbol{W}_c \in \mathbb{R}^{M \times D}, \boldsymbol{U}_c \in \mathbb{R}^{D \times D}, \boldsymbol{b}_c \in \mathbb{R}^D$ 为可学习的参数.

使用遗忘门和输入门,计算时刻 t 的内部状态:

$$C_t = F_t \odot C_{t-1} + I_t \odot \tilde{C}_t, \tag{6.11}$$

其中 $\odot$ 为逐元素积(Element-wise Product).

(3)计算输出状态 当前LSTM单元状态向量 C_t 和 H_t 的计算公式为

$$C_t = F_t \odot C_{t-1} + I_t \odot \tilde{C}_t, \tag{6.12}$$

$$H_t = O_t \odot \tanh(C_t). \tag{6.13}$$

LSTM 循环单元结构的输入是 $t-1$ 时刻内部状态向量 $C_{t-1} \in \mathbb{R}^{B \times D}$ 和隐状态向量 $H_{t-1} \in \mathbb{R}^{B \times D}$,输出是当前时刻 t 的状态向量 $C_t \in \mathbb{R}^{B \times D}$ 和隐状态向量 $H_t \in \mathbb{R}^{B \times D}$. 通过 LSTM 循环单元,整个网络可以建立较长距离的时序依赖关系.

通过学习这些门的设置,LSTM 可以选择性地忽略或者强化当前的记忆或是输入信息,帮助网络更好地学习长句子的语义信息.

在本节中,我们使用 LSTM 模型重新进行数字求和实验,验证 LSTM 模型的长程依赖能力.

6.3.1　模型构建

在本实验中,我们将使用第6.1.2.4节中定义的`Model_RNN4SeqClass`模型,并构建 LSTM 算子. 只需要实例化 LSTM 算子,并传入`Model_RNN4SeqClass`模型,就可以用 LSTM 进行数字求和实验.

6.3.1.1　LSTM 层

LSTM 层的代码与 SRN 层结构相似,只是在 SRN 层的基础上增加了内部状态、输入门、遗忘门和输出门的定义和计算. 这里 LSTM 层的输出也依然为序列的最后一个位置的隐状态向量. 代码实现如下:

```
1  import paddle.nn.functional as F
2  # 声明LSTM和相关参数
3  class LSTM(nn.Layer):
4      def __init__(self, input_size,hidden_size):
5          super(LSTM, self).__init__()
6          self.input_size = input_size
7          self.hidden_size = hidden_size
8          # 初始化模型参数
9          self.W_i = paddle.create_parameter(shape=[input_size,hidden_size],dtype="float32")
10         self.W_f = paddle.create_parameter(shape=[input_size,hidden_size],dtype="float32")
11         self.W_o = paddle.create_parameter(shape=[input_size,hidden_size],dtype="float32")
12         self.W_a = paddle.create_parameter(shape=[input_size,hidden_size],dtype="float32")
13         self.U_i = paddle.create_parameter(shape=[hidden_size,hidden_size],dtype="float32")
```

```
14        self.U_f = paddle.create_parameter(shape=[hidden_size,hidden_size],dtype="float32")
15        self.U_o = paddle.create_parameter(shape=[hidden_size,hidden_size],dtype="float32")
16        self.U_a = paddle.create_parameter(shape=[hidden_size,hidden_size],dtype="float32")
17        self.b_i = paddle.create_parameter(shape=[1,hidden_size],dtype="float32")
18        self.b_f = paddle.create_parameter(shape=[1,hidden_size],dtype="float32")
19        self.b_o = paddle.create_parameter(shape=[1,hidden_size],dtype="float32")
20        self.b_a = paddle.create_parameter(shape=[1,hidden_size],dtype="float32")
21
22     # 初始化状态向量和隐状态向量
23     def init_state(self, batch_size):
24        hidden_state = paddle.zeros(shape=[batch_size, self.hidden_size], dtype="float32")
25        cell_state = paddle.zeros(shape=[batch_size, self.hidden_size], dtype="float32")
26        return hidden_state, cell_state
27
28     # 定义前向计算
29     def forward(self, inputs, states=None):
30        batch_size, seq_len, input_size = inputs.shape
31
32        # 若未传入states，则调用init_state进行初始化
33        if states is None:
34            states = self.init_state(batch_size)
35        hidden_state, cell_state = states
36
37        # 执行LSTM计算，包括：输入门、遗忘门、输出门、候选内部状态、内部状态和隐状态
38        for step in range(seq_len):
39            input_step = inputs[:, step, :]
40            I_gate = F.sigmoid(paddle.matmul(input_step, self.W_i) + paddle.matmul(
                    hidden_state, self.U_i) + self.b_i)
41            F_gate = F.sigmoid(paddle.matmul(input_step, self.W_f) + paddle.matmul(
                    hidden_state, self.U_f) + self.b_f)
42            O_gate = F.sigmoid(paddle.matmul(input_step, self.W_o) + paddle.matmul(
                    hidden_state, self.U_o) + self.b_o)
43            C_tilde = F.tanh(paddle.matmul(input_step, self.W_a) + paddle.matmul(
                    hidden_state, self.U_a) + self.b_a)
44            cell_state = F_gate * cell_state + I_gate * C_tilde
45            hidden_state = O_gate * F.tanh(cell_state)
46
47        return hidden_state
```

6.3.1.2　模型汇总

这里复用第6.1.2.4节的Model_RNN4SeqClass作为预测模型，不同在于在实例化时将传入实例化的LSTM层.

动手练习 6.3

在我们手动实现的 LSTM 算子中, 是逐步计算每个时刻的隐状态. 请思考如何实现更加高效的 LSTM 算子.

6.3.2 模型训练

使用RunnerV3进行模型训练. 先定义模型训练的超参数, 使用 Adam 优化器, 学习率为 0.001, 并保证和简单循环网络的超参数一致, 然后获取指定长度的数据集, 并进行训练, 训练回合数为500. 代码实现如下:

```
1  import os
2  import random
3  import paddle
4  import numpy as np
5  from nndl import RunnerV3
6
7  np.random.seed(0)
8  random.seed(0)
9  paddle.seed(0)
10 # 输入数字的类别数
11 num_digits = 10
12 # 将数字映射为向量的维度
13 input_size = 32
14 # 隐状态向量的维度
15 hidden_size = 32
16 # 数字求和的类别数
17 num_classes = 19
18 # 批大小
19 batch_size = 8
20 # 模型保存目录
21 save_dir = "./checkpoints"
22
23 # 可以设置不同的length进行不同长度数据的求和实验
24 length = 10
25 print(f"\n====> Training LSTM with data of length {length}.")
26 # 加载长度为length的数据
27 data_path = f"./datasets/{length}"
28 train_examples, dev_examples, test_examples = load_data(data_path)
29 train_set, dev_set, test_set = DigitSumDataset(train_examples), DigitSumDataset(
       dev_examples), DigitSumDataset(test_examples)
30 train_loader = io.DataLoader(train_set, batch_size=batch_size)
31 dev_loader = io.DataLoader(dev_set, batch_size=batch_size)
32 test_loader = io.DataLoader(test_set, batch_size=batch_size)
```

```
33
34  # 实例化模型
35  base_model = LSTM(input_size,hidden_size)
36  model = Model_RNN4SeqClass(base_model, num_digits, input_size,hidden_size, num_classes)
37  # 指定优化器
38  optimizer = paddle.optimizer.Adam(learning_rate= 0.001, parameters=model.parameters())
39  # 定义评价指标
40  metric = Accuracy()
41  # 定义损失函数
42  loss_fn = nn.CrossEntropyLoss()
43
44  # 实例化Runner
45  runner = RunnerV3(model, optimizer, loss_fn, metric)
46  # 模型训练
47  model_save_path = os.path.join(save_dir, f"best_lstm_model_{length}.pdparams")
48  runner.train(train_loader, dev_loader, num_epochs=500, eval_steps=100, log_steps=100,
        save_path=model_save_path)
```

图6.11展示了 LSTM 模型在不同长度数据集上进行训练后的损失变化. 同 SRN 模型一样, 随着序列长度的增加, 训练集上的损失逐渐不稳定, 验证集上的损失整体趋向于变大, 说明当序列长度增加时, 保持长期依赖的能力同样在逐渐变弱. 和图6.6相比, LSTM 模型在序列长度增加时, 收敛情况比 SRN 模型更好.

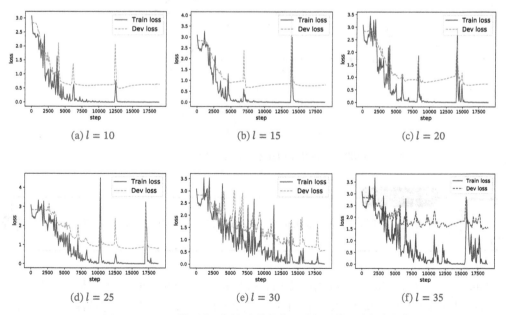

图 6.11　LSTM 模型在不同长度数据集上进行训练后的损失变化

动手练习 **6.4**

改进第 6.3.1.1 节中的 LSTM 算子,使其可以支持双向 LSTM 模型的计算.

6.3.3 模型评价

使用测试数据对在训练过程中保存的最优模型进行评价,观察模型在测试集上的准确率.

```
1  print(f"Evaluate LSTM with data length {length}.")
2
3  # 加载训练过程中效果最好的模型
4  model_path = os.path.join(save_dir, f"best_lstm_model_{length}.pdparams")
5  runner.load_model(model_path)
6  # 使用测试集评价模型
7  score, _ = runner.evaluate(test_loader)
8  print(f"[LSTM] length:{length}, Score: {score: .5f}")
```

图6.12展示了 LSTM 模型与 SRN 模型在不同长度数据集上的准确率对比. 随着数据集长度的增加,LSTM 模型在验证集和测试集上的准确率整体也趋向于降低. 同时 LSTM 模型的准确率显著高于 SRN 网络,表明 LSTM 模型保持长期依赖的能力要优于 SRN 模型.

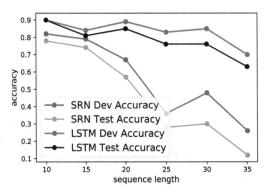

图 6.12　LSTM 与 SRN 模型在不同长度数据集上的准确率对比

动手练习 **6.5**

请实现 GRU 算子,并完成上面实验,对比 GRU 和 LSTM 的实验效果.

图6.13给出了在 LSTM 计算过程中三个门和内部单元的激活值的变化,其中横坐标为输入数字序列 $[6, 7, 0, 0, 1, 0, 0, 0, 0, 0]$,纵坐标为相应门或单元状态向量的维度,颜色的深浅代表数值的大小. 可以看到,当输入门遇到不同位置的数字0时,保持了相对一致的数值大小,表明对于0元素

保持相同的门控过滤机制,避免输入信息的变化给当前模型带来困扰. 当遗忘门遇到数字 1 后,遗忘门数值在一些维度上变小,表明对某些信息进行了遗忘. 随着序列的输入,输出门和单元状态在某些维度上数值变小,在某些维度上数值变大,表明输出门在根据信息的重要性来选择信息进行输出,同时单元状态也在保持着对文本预测重要的一些信息.

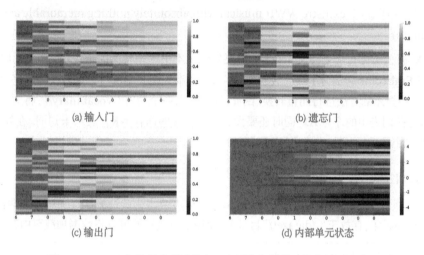

图 6.13 LSTM 在处理序列过程中三个门和内部单元状态的可视化

6.4 实践:基于双向 LSTM 模型完成文本分类任务

电影评论可以蕴含丰富的情感,比如喜欢、讨厌等. 情感分析(Sentiment Analysis)是一个文本分类问题,即判定给定的一段文本信息表达的情感属于积极情绪还是消极情绪.

本实践使用 IMDB 电影评论数据集,使用双向 LSTM 模型对电影评论进行情感分析.

6.4.1 数据处理

IMDB 电影评论数据集是一个经典的二分类数据集,按照用户对电影评分的高低筛选出积极评论和消极评论. 如果评分 $\geqslant 7$,则认为是积极评论. 如果评分 $\leqslant 4$,则认为是消极评论. IMDB 数据集包含训练集数据和测试集数据两部分,数量各为 25 000 条,每条数据都是一段用户关于某部电影的真实评价,以及用户对这部电影的情感倾向,其目录结构如下所示:

```
1  |--train/
2     |--neg # 消极数据
3     |--pos # 积极数据
4     |--unsup # 无标签数据
5  |--test/
```

```
6      |--neg # 消极数据
7      |--pos # 积极数据
```

在test/neg目录中任选一条电影评论数据,内容如下:

"Cover Girl"is a lacklustre WWII musical with absolutely nothing memorable about it, save for its signature song, "Long Ago and Far Away".

LSTM模型不能直接处理文本数据,需要先将文本中的词转为向量表示,称为词向量或词嵌入(Word Embedding).为了提高转换效率,通常会事先把文本的每个词转换为数字ID,再使用第6.1.2.1节中介绍的方法进行向量转换.因此,需要准备一个词表(Vocabulary),将文本中的每个词转换为它在词表中的序号ID.同时还要设置一个特殊的词 [UNK],表示未知词.在处理文本时,如果碰到不在词表中的词,一律按 [UNK] 处理.

6.4.1.1　数据加载

原始训练集和测试集数据数量分别为25 000条,本节将原始的测试集平均分为两份,分别作为验证集和测试集,存放于"./dataset/"目录下.使用如下代码便可以将数据加载至内存:

```
1      from utils.data import load_imdb_data
2
3      # 加载IMDB数据集
4      train_data, dev_data, test_data = load_imdb_data("./dataset/")
5      # 打印加载后的数据样式
6      print(train_data[1])
```

输出结果为:

```
(this movie is so bad it \'s funny.    .......
  the royals would never end an inning let alone lose a game., 0)
```

从输出结果看,加载后的每条样本包含两部分内容:文本串和标签.

6.4.1.2　构造Dataset类

首先,我们构造IMDBDataset类用于数据管理,它继承自`paddle.io.Dataset`类.

由于这里的输入是文本序列,需要先将其中的每个词转换为该词在词表中的序号 ID,然后根据词表ID查询这些词对应的词向量,该过程同第6.1.1节中将数字向量化的操作,在获得词向量后会将其输入至模型进行后续计算.可以使用IMDBDataset类中的`words_to_id`方法实现这个功能.具体而言,利用词表word2id_dict将序列中的每个词映射为对应的数字编号,便于进一步转为词向量.当序列中的词没有包含在词表时,默认会将该词用 [UNK] 代替.`words_to_id`方法利用一个如表6.1所示的哈希表来进行转换.

表 6.1 `words_to_id`方法中使用的`word2id_dict`词表示例

词	ID
[PAD]	0
[UNK]	1
the	2
a	3
and	4
…	…

代码实现如下：

```
1   import paddle
2   import paddle.nn as nn
3   from paddle.io import Dataset
4   from utils.data import load_vocab
5
6   class IMDBDataset(Dataset):
7       def __init__(self, examples, word2id_dict):
8           super(IMDBDataset, self).__init__()
9           # 词表，用于将词转为词表索引的数字
10          self.word2id_dict = word2id_dict
11          # 加载后的数据集
12          self.examples = self.words_to_id(examples)
13
14      def words_to_id(self, examples):
15          tmp_examples = []
16          for idx, example in enumerate(examples):
17              seq, label = example
18              # 将词映射为词表索引的ID， 对于词表中没有的词用[UNK]对应的ID进行替代
19              seq = [self.word2id_dict.get(word, self.word2id_dict['[UNK]']) for word in seq.
                        split(" ")]
20              label = int(label)
21              tmp_examples.append([seq, label])
22          return tmp_examples
23
24      def __getitem__(self, idx):
25          seq, label = self.examples[idx]
26          return seq, label
27
28      def __len__(self):
```

```
29          return len(self.examples)
30
31  # 加载词表
32  word2id_dict= load_vocab("./dataset/vocab.txt")
33
34  # 实例化Dataset
35  train_set = IMDBDataset(train_data, word2id_dict)
36  dev_set = IMDBDataset(dev_data, word2id_dict)
37  test_set = IMDBDataset(test_data, word2id_dict)
38
39  print('训练集样本数: ', len(train_set))
40  print('样本示例: ', train_set[0])
```

输出结果为:

训练集样本数: 25000
样本示例: ([12, 114, 268, 37, 10, 24, 7, 84022, 2440, 25, 452, 120, 12, 40, 779, 112, 9, 403, 619,
        13, 165, 1041, 17, 2, 146466, 11, 1100, 25, 39, 3633, 28663, 10, 2506, 13, 4158, 358, 8, 2, 151,
        877, 4597, 287, 21, 1384, 3, 4644, 247, 31, 146467, 25606, 26222, 146468, 507, 7, 6, 2858, 8,
        105, 146469, 38, 65, 547, 2, 4644, 251, 37, 3, 5877, 18, 34, 3, 19243, 25, 64, 337, 48, 2, 961,
        701, 4597, 5165, 11, 2, 4644, 41, 3, 63486, 60235, 9, 250, 10, 7, 3, 3275, 6, 2, 63493, 10, 20,
        7, 37, 11, 25606, 15503, 44, 25606, 146470, 4, 44, 60, 9045, 11, 2, 490, 5, 2, 20, 6415, 6, 11,
        46562, 13, 255, 7, 23, 111, 716, 9899], 1)

6.4.1.3 封装 DataLoader

在构建Dataset类之后,我们构造对应的DataLoader,用于批量数据的迭代. 和前几章的
DataLoader不同,本实验的DataLoader需要引入如下两个功能:

1)长度限制:需要将序列的长度控制在一定的范围内,避免部分数据过长影响整体训练
效果.

2)长度补齐:神经网络模型通常需要同一批处理的数据的序列长度是相同的,然而在分批时
通常会将不同长度序列放在同一批,因此需要对序列进行补齐处理.

对于长度限制,使用 `max_seq_len` 参数对于过长的文本进行截断. 对于长度补齐,我们先统计
该批数据中序列的最大长度,将短的序列填充一些没有特殊意义的占位符 [PAD],将长度补齐到该
批次的最大长度,这样便能使同一批次的数据变得规整. 比如给定两个句子:

句子1: This movie was craptacular.
句子2: I got stuck in traffic on the way to the theater

将上面的两个句子补齐,变为:

句子1: This movie was craptacular [PAD] [PAD] [PAD] [PAD] [PAD] [PAD] [PAD]
句子2: I got stuck in traffic on the way to the theater

具体来讲,本实验定义了一个collate_fn函数实现数据的截断和填充.该函数可以作为回调函数传入 DataLoader,DataLoader 在返回一批数据之前调用该函数去处理数据,并返回处理后的序列数据和对应标签.

另外,使用 [PAD] 占位符对短序列填充后,再进行文本分类任务时,默认无须使用 [PAD] 位置,因此需要使用变量seq_lens来表示序列中非 [PAD] 位置的真实长度.seq_lens可以在collate_fn 函数处理批次数据时进行获取并返回.需要注意的是,由于RunnerV3类默认按照输入数据和标签两类信息获取数据,因此需要将序列数据和序列长度组成元组作为输入数据进行返回,以方便RunnerV3解析数据.

代码实现如下:

```
1  from functools import partial
2
3  def collate_fn(batch_data, pad_val=0, max_seq_len=256):
4      seqs, seq_lens, labels = [], [], []
5      max_len = 0
6      for example in batch_data:
7          seq, label = example
8          # 对数据序列进行截断
9          seq = seq[:max_seq_len]
10         # 对数据截断并保存于seqs中
11         seqs.append(seq)
12         seq_lens.append(len(seq))
13         labels.append(label)
14         # 保存序列最大长度
15         max_len = max(max_len, len(seq))
16     # 对数据序列进行填充至最大长度
17     for i in range(len(seqs)):
18         seqs[i] = seqs[i] + [pad_val] * (max_len - len(seqs[i]))
19
20     return (paddle.to_tensor(seqs), paddle.to_tensor(seq_lens)), paddle.to_tensor(labels)
21
22 # 最大序列长度
23 max_seq_len = 256
24 batch_size = 128
25 collate_fn = partial(collate_fn, pad_val=word2id_dict.get("[PAD]"), max_seq_len=
       max_seq_len)
26 train_loader = io.DataLoader(train_set, batch_size=batch_size, shuffle=True, drop_last=
       False, collate_fn=collate_fn)
27 dev_loader = io.DataLoader(dev_set, batch_size=batch_size, shuffle=False, drop_last=False,
       collate_fn=collate_fn)
28 test_loader = io.DataLoader(test_set, batch_size=batch_size, shuffle=False, drop_last=
       False, collate_fn=collate_fn)
```

6.4.2　模型构建

本实践的模型结构如图6.14所示.

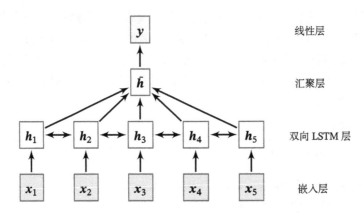

图 6.14　基于双向 LSTM 的文本分类模型结构

由如下几部分组成:

1）嵌入层:将输入的数字序列进行向量化,即将每个数字映射为向量. 这里直接使用飞桨API `paddle.nn.Embedding`来完成.

```
1  class paddle.nn.Embedding(num_embeddings, embedding_dim, padding_idx=None, sparse=False,
       weight_attr=None, name=None)
```

该API有两个重要的参数:num_embeddings表示需要用到的Embedding的数量. embedding_dim表示嵌入向量的维度. `paddle.nn.Embedding`会根据[num_embeddings, embedding_dim]自动构造一个二维嵌入矩阵. 参数padding_idx是指用来补齐序列的占位符 [PAD] 对应的词表ID,那么在训练过程中遇到此ID时,其参数及对应的梯度将会以 0 进行填充. 在实现中为了简单起见,我们通常会将 [PAD] 放在词表中的第一位,即对应的 ID 为 0.

2）双向 LSTM 层:接收向量序列,分别用前向和反向更新循环单元. 这里我们直接使用飞桨API `paddle.nn.LSTM`来完成. 只需要在定义 LSTM 时设置参数direction为bidirectional,便可以直接使用双向 LSTM.

> 思考
>
> 思考在实现双向 LSTM 时,因为需要进行序列补齐,在计算反向 LSTM 时,占位符 [PAD] 是否会对 LSTM 参数梯度的更新有影响. 如果有的话,如何消除影响?
> 注:在调用`paddle.nn.LSTM`实现双向 LSTM 时,可以传入该批次数据的真实长度`paddle.nn.LSTM`会根据真实序列长度处理数据,对占位符 [PAD] 进行掩蔽,[PAD] 位置将返回零向量.

3）汇聚层:将双向 LSTM 层所有位置上的隐状态进行平均,作为整个句子的表示.

4）线性层:输出层,输出分类的对数几率. 这里可以直接调用 `paddle.nn.Linear` 来完成.

动手练习 6.6

改进第 6.3.1.1 节中的 LSTM 算子,使其可以支持一个批次中包含不同长度的序列样本,并支持双向 LSTM 模型的计算.

上面模型中的嵌入层、双向 LSTM 层和线性层都可以直接调用飞桨 API 来实现,这里我们只需要实现汇聚层算子. 需要注意的是,虽然飞桨内置 LSTM 在传入批次数据的真实长度后会对 [PAD] 位置返回零向量,但考虑到汇聚层与处理序列数据的模型进行解耦,因此在本节汇聚层的实现中,会对 [PAD] 位置进行掩码.

汇聚层算子   汇聚层算子将双向 LSTM 层所有位置上的隐状态进行平均,作为整个句子的表示. 这里我们实现了 AveragePooling 算子进行隐状态的汇聚,首先利用序列长度向量生成掩码(Mask)矩阵,用于对文本序列中 [PAD] 位置的向量进行掩蔽,然后将该序列的向量进行相加后取均值. 代码实现如下:

```
1  class AveragePooling(nn.Layer):
2      def __init__(self):
3          super(AveragePooling, self).__init__()
4
5      def forward(self, sequence_output, sequence_length):
6          sequence_length = paddle.cast(sequence_length.unsqueeze(-1), dtype="float32")
7          # 根据sequence_length生成掩码矩阵，用于对Padding位置的信息进行掩蔽
8          max_len = sequence_output.shape[1]
9          mask = paddle.arange(max_len) < sequence_length
10         mask = paddle.cast(mask, dtype="float32").unsqueeze(-1)
11         # 对序列中Padding部分进行掩蔽
12         sequence_output = paddle.multiply(sequence_output, mask)
13         # 对序列中的向量取均值
14         batch_mean_hidden = paddle.divide(paddle.sum(sequence_output, axis=1),
                  sequence_length)
15         return batch_mean_hidden
```

模型汇总   将上面的算子汇总,组合为最终的分类模型. 代码实现如下:

```
1  class Model_BiLSTM_FC(nn.Layer):
2      def __init__(self, num_embeddings, input_size, hidden_size, num_classes=2):
3          super(Model_BiLSTM_FC, self).__init__()
4          # 词表大小
5          self.num_embeddings = num_embeddings
6          # 词向量的维度
7          self.input_size = input_size
```

```
 8          # LSTM隐藏单元数量
 9          self.hidden_size = hidden_size
10          # 情感分类类别数量
11          self.num_classes = num_classes
12          # 实例化嵌入层
13          self.embedding_layer = nn.Embedding(num_embeddings, input_size, padding_idx=0)
14          # 实例化LSTM层
15          self.lstm_layer = nn.LSTM(input_size, hidden_size, direction="bidirectional")
16          # 实例化汇聚层
17          self.average_layer = AveragePooling()
18          # 实例化线性层
19          self.output_layer = nn.Linear(hidden_size * 2, num_classes)
20
21      def forward(self, inputs):
22          # 对模型输入拆分为序列数据和掩码
23          input_ids, sequence_length = inputs
24          # 获取词向量
25          inputs_emb = self.embedding_layer(input_ids)
26          # 使用lstm处理数据
27          sequence_output, _ = self.lstm_layer(inputs_emb, sequence_length=sequence_length)
28          # 使用汇聚层汇聚sequence_output
29          batch_mean_hidden = self.average_layer(sequence_output, sequence_length)
30          # 输出文本分类logits
31          logits = self.output_layer(batch_mean_hidden)
32          return logits
```

6.4.3 模型训练

本节将基于 RunnerV3 进行训练,首先指定模型训练的超参数,实例化组装 Runner 的相关组件,然后进行模型训练,训练回合数为 3. 代码实现如下:

```
 1  from nndl import Accuracy, RunnerV3
 2
 3  # 指定嵌入向量的数量为词表大小
 4  num_embeddings = len(word2id_dict)
 5  # 嵌入向量的维度
 6  input_size = 256
 7  # LSTM网络隐状态向量的维度
 8  hidden_size = 256
 9  # 实例化模型
10  model = Model_BiLSTM_FC(num_embeddings, input_size, hidden_size)
11  # 指定优化器
12  optimizer = paddle.optimizer.Adam(learning_rate=0.001, beta1=0.9, beta2=0.999,
13              parameters= model.parameters())
```

```
14  # 指定损失函数
15  loss_fn = nn.CrossEntropyLoss()
16  # 指定评价指标
17  metric = Accuracy()
18  # 实例化Runner
19  runner = RunnerV3(model, optimizer, loss_fn, metric)
20  # 模型训练
21  runner.train(train_loader, dev_loader, num_epochs=3, eval_steps=10, log_steps=10,
        save_path="./checkpoints/best.pdparams")
```

图6.15展示了文本分类模型在训练过程中的损失曲线,分别表示在训练集和验证集上的损失变化.可以看到,随着训练过程的进行,训练集的损失不断下降,验证集上的损失在大概200步后开始上升,这是因为在训练过程中发生了过拟合,可以选择保存训练过程中在验证集上效果最好的模型来解决这个问题.

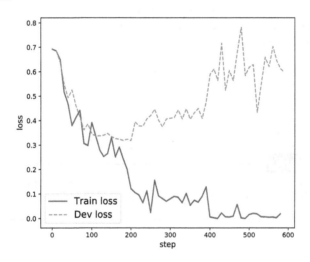

图 6.15 基于双向LSTM的文本分类模型训练过程中的损失变化

6.4.4 模型评价

加载训练过程中效果最好的模型,然后使用测试集进行测试.

```
1  runner.load_model("./checkpoint/model_best.pdparams")
2  accuracy, _ = runner.evaluate(test_loader)
3  print(f"Evaluate on test set, Accuracy: {accuracy:.5f}")
```

输出结果为:

Evaluate on test set, Accuracy: 0.86064

6.4.5　模型预测

给定任意的一句话,使用训练好的模型进行预测,判断这句话中所蕴含的情感极性. 代码实现如下:

```
1  id2label={0:"消极情绪", 1:"积极情绪"}
2  text = "this movie is so great. I watched it three times already"
3  # 处理单条文本
4  sentence = text.split(" ")
5  tokens = [word2id_dict[word] if word in word2id_dict else word2id_dict['[UNK]'] for word
       in sentence]
6  tokens = tokens[:max_seq_len]
7  sequence_length = paddle.to_tensor([len(tokens)], dtype="int64")
8  tokens = paddle.to_tensor(tokens, dtype="int64").unsqueeze(0)
9  # 使用模型进行预测
10 logits = runner.predict((tokens, sequence_length))
11 max_label_id = paddle.argmax(logits, axis=-1).numpy()[0]
12 pred_label = id2label[max_label_id]
13 print("Label: ", pred_label)
```

输出结果为:

Label:　积极情绪

动手练习 6.7

LSTM 在实际应用中可以叠加多层, 请使用多层的 LSTM 进行情感分析任务, 观察模型性能随模型深度如何变化, 并思考改进方法.

6.5　小结

本章通过实践来加深读者对循环神经网络的基本概念、网络结构和长程依赖问题的理解. 我们构建一个数字求和任务,并动手实现了 SRN 和 LSTM 模型,对比它们在数字求和任务上的记忆能力.

在实践部分,我们利用双向 LSTM 模型来进行文本分类任务——IMDB 电影评论情感分析,并了解如何通过嵌入层将文本数据转换为向量表示.

第7章 网络优化与正则化

神经网络具有非常强的表达能力,但将神经网络模型应用到机器学习时依然存在一些难点问题. 首先,神经网络的损失函数是一个非凸函数,找到全局最优解通常比较困难. 其次,深度神经网络的参数非常多,训练数据也比较大,因此无法使用计算代价很高的二阶优化方法,而一阶优化方法的训练效率通常比较低. 最后,深度神经网络存在梯度消失或爆炸问题,导致基于梯度的优化方法经常失效.

目前,神经网络变得流行除了本身模型能力强之外,还有一个重要的原因是研究者从大量的实践中总结了一些经验方法,在神经网络的表示能力、复杂度、学习效率和泛化能力之间找到了比较好的平衡. 本章主要介绍神经网络的参数学习中常用的优化和正则化方法.

本章内容基于《神经网络与深度学习》第7章(网络优化与正则化)相关内容进行设计. 在阅读本章之前,建议先了解如图7.1所示的关键知识点,以便更好地理解并掌握相应的理论和实践知识.

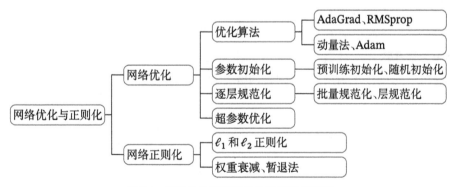

图 7.1 网络优化和正则化关键知识点回顾

本章内容主要包含两部分:

- 网络优化:通过案例和可视化对优化算法、参数初始化、逐层规范化等网络优化算法进行分析和对比,展示它们的效果,并通过代码详细展示这些算法的实现过程.

- 网络正则化:通过案例和可视化对 ℓ_1 和 ℓ_2 正则化、权重衰减、暂退法等网络正则化方法进行分析和对比,展示它们的效果.

提醒　在本书中,对《神经网络与深度学习》中一些术语的翻译进行修正. Normalization 翻译为规范化、Dropout 翻译为暂退法.

7.1　小批量梯度下降法

目前,深度神经网络的优化方法主要是通过梯度下降法来寻找一组可以最小化结构风险的参数. 在具体实现中, 梯度下降法可以分为批量梯度下降、随机梯度下降和小批量梯度下降(Mini-Batch Gradient Descent)三种方式. 它们的区别在于批大小(Batch Size)不同,这三种梯度下降法分别针对全部样本、单个随机样本和小批量随机样本进行梯度计算. 根据不同的数据量和参数量,可以选择不同的实现形式. 下面我们以小批量梯度下降法为主进行介绍.

令 $f(\boldsymbol{x};\theta)$ 表示一个神经网络模型,θ 为模型参数,$\mathcal{L}(\cdot)$ 为可微分的损失函数,$\nabla_\theta \mathcal{L}(\boldsymbol{y}, f(\boldsymbol{x};\theta)) = \frac{\partial \mathcal{L}(\boldsymbol{y}, f(\boldsymbol{x};\theta))}{\partial \theta}$ 为损失函数关于参数 θ 的偏导数. 在使用小批量梯度下降法进行优化时,每次选取 K 个训练样本 $\mathcal{S}_t = (\boldsymbol{x}^{(k)}, \boldsymbol{y}^{(k)})_{k=1}^{K}$. 第 t 次迭代时参数 θ 的梯度为

$$\boldsymbol{g}_t = \frac{1}{K} \sum_{(\boldsymbol{x},\boldsymbol{y}) \in \mathcal{S}_t} \nabla_\theta \mathcal{L}(\boldsymbol{y}, f(\boldsymbol{x};\theta_{t-1})), \tag{7.1}$$

其中 $\mathcal{L}(\cdot)$ 为可微分的损失函数,K 为批大小.

使用梯度下降来更新参数,

$$\theta_t \leftarrow \theta_{t-1} - \alpha \boldsymbol{g}_t, \tag{7.2}$$

其中 $\alpha > 0$ 为学习率.

从上面公式可以看出,有三个影响神经网络优化的主要超参数:

1)批大小 K

2)学习率 α

3)梯度计算 $\boldsymbol{g}_t$

不同优化算法主要从这三个方面进行改进. 下面我们通过动手实践来更好地理解不同的网络优化方法.

7.2　批大小的调整实验

在训练深度神经网络时,训练数据的规模通常都比较大. 如果在梯度下降时每次迭代都要计算整个训练数据上的梯度,就需要比较多的计算资源. 另外,大规模训练集中的数据通常非常冗余,也没有必要在整个训练集上计算梯度. 因此,在训练深度神经网络时,经常使用小批量梯度下降法.

为了观察不同批大小对模型收敛速度的影响, 我们使用经典的 LeNet 网络进行图像分类, 调用`paddle.vision.datasets.MNIST`函数读取 MNIST 数据集, 并将数据进行规范化预处理. 代码实现如下:

```
1   import paddle
2
3   # 将图像值规范化到0~1之间
4   def transform(image):
5       image = paddle.to_tensor(image / 255, dtype='float32')
6       image = paddle.unsqueeze(image, axis=0)
7       return image
```

为方便起见, 本节使用第4.5.4节构建的RunnerV3类进行模型训练, 并使用`paddle.vision.`
`models.LeNet`快速构建 LeNet 网络, 使用`paddle.io.DataLoader`根据批大小对数据进行划分, 使用交叉熵损失函数及标准的随机梯度下降优化器`paddle.optimizer.SGD`. RunnerV3类会保存每轮迭代和每个回合的损失值, 可以方便地观察批大小对模型收敛速度的影响.

通常情况下, 批大小与学习率大小成正比. 选择批大小为 16、32、64、128、256 的情况进行训练. 相应地, 学习率大小被设置为 0.01、0.02、0.04、0.08、0.16. 代码实现如下:

```
1   import paddle.io as io
2   import paddle.optimizer as optimizer
3   import paddle.nn.functional as F
4
5   from nndl import RunnerV3
6   from paddle.vision.models import LeNet
7   from paddle.vision.datasets import MNIST
8
9   # 固定随机种子
10  paddle.seed(0)
11
12  # 准备数据
13  # 确保从paddle.vision.datasets.MNIST中加载的图像数据是np.ndarray类型
14  paddle.vision.image.set_image_backend('cv2')
15  train_dataset = MNIST(mode='train', transform=transform)
16  # 迭代器加载数据集
17  # 为保证每次输出结果相同, 没有设置shuffle=True, 真实模型训练场景需要开启
18  train_loader1 = io.DataLoader(train_dataset, batch_size=16)
19
20  # 定义网络
21  model1 = LeNet()
22  # 定义优化器, 使用随机梯度下降（SGD）优化器
23  opt1 = optimizer.SGD(learning_rate=0.01, parameters=model1.parameters())
24  # 定义损失函数
25  loss_fn = F.cross_entropy
```

```
26  # 定义runner类
27  runner1 = RunnerV3(model1, opt1, loss_fn, None)
28  runner1.train(train_loader1, num_epochs=30, log_steps=0)
29
30  model2 = LeNet()
31  train_loader2 = io.DataLoader(train_dataset, batch_size=32)
32  opt2 = optimizer.SGD(learning_rate=0.02, parameters=model2.parameters())
33  runner2 = RunnerV3(model2, opt2, loss_fn, None)
34  runner2.train(train_loader2, num_epochs=30, log_steps=0)
35
36  model3 = LeNet()
37  train_loader3 = io.DataLoader(train_dataset, batch_size=64)
38  opt3 = optimizer.SGD(learning_rate=0.04, parameters=model3.parameters())
39  runner3 = RunnerV3(model3, opt3, loss_fn, None)
40  runner3.train(train_loader3, num_epochs=30, log_steps=0)
41
42  model4 = LeNet()
43  train_loader4 = io.DataLoader(train_dataset, batch_size=128)
44  opt4 = optimizer.SGD(learning_rate=0.08, parameters=model4.parameters())
45  runner4 = RunnerV3(model4, opt4, loss_fn, None)
46  runner4.train(train_loader4, num_epochs=30, log_steps=0)
47
48  model5 = LeNet()
49  train_loader5 = io.DataLoader(train_dataset, batch_size=256)
50  opt5 = optimizer.SGD(learning_rate=0.16, parameters=model5.parameters())
51  runner5 = RunnerV3(model5, opt5, loss_fn, None)
52  runner5.train(train_loader5, num_epochs=30, log_steps=0)
```

可视化损失函数的变化趋势. 代码实现如下：

```
1   import matplotlib.pyplot as plt
2   %matplotlib inline
3
4   # 绘制每个回合的损失
5   plt.plot(runner1.train_epoch_losses, label='batch size: 16, lr: 0.01')
6   plt.plot(runner2.train_epoch_losses, label='batch size: 32, lr: 0.02')
7   plt.plot(runner3.train_epoch_losses, label='batch size: 64, lr: 0.04')
8   plt.plot(runner4.train_epoch_losses, label='batch size: 128, lr: 0.08')
9   plt.plot(runner5.train_epoch_losses, label='batch size: 256, lr: 0.16')
10  plt.legend()
11  plt.title('epoch loss with different bs and lr')
12  plt.show()
```

输出结果如图7.2所示.

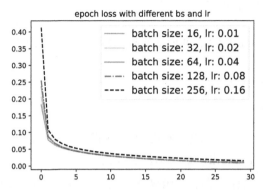

图 7.2 在 MNIST 数据集上批大小对损失下降的影响

从输出结果看,如果按每个回合的损失来看,每批次样本数越小,下降效果越明显.适当小的批大小可以导致更快的收敛.

动手练习 7.1
尝试画出按迭代的损失变化图,观察不同的批大小在两种损失图中的下降效果是否相同.

动手练习 7.2
对比下面两种实验设置,分析和比较它们的区别.
①批大小增大一倍,学习率不变.②批大小不变,学习率减小一半.

7.3 不同优化算法的比较分析

除了批大小对模型收敛速度的影响外,学习率和梯度估计也是影响神经网络优化的重要因素.神经网络优化中常用的优化方法主要是如下两方面的改进,包括:

1)学习率调整:主要通过自适应地调整学习率使得优化更稳定.这类算法主要有 AdaGrad、RMSprop、AdaDelta 算法等.

2)梯度估计修正:主要通过修正每次迭代时估计的梯度方向来加快收敛速度.这类算法主要有动量法、Nesterov 加速梯度方法等.

除上述方法外,本节还会介绍综合学习率调整和梯度估计修正的优化算法,如 Adam 算法.

7.3.1 优化算法的实验设定

为了更好地对比不同的优化算法,我们准备两个实验:第一个是2D可视化实验.第二个是简单拟合实验.

首先介绍这两个实验的任务设定.

7.3.1.1 2D可视化实验

为了更好地展示不同优化算法的能力对比,我们选择一个二维空间中的凸函数,然后用不同的优化算法来寻找最优解,并可视化梯度下降过程的轨迹.

被优化函数 选择Sphere函数作为被优化函数,并对比它们的优化效果.Sphere函数的定义为

$$\text{Sphere}(\boldsymbol{x}) = \sum_{d=1}^{D} x_d^2 = \boldsymbol{x}^2, \tag{7.3}$$

其中$\boldsymbol{x} \in \mathbb{R}^D$,$\boldsymbol{x}^2$表示逐元素平方.Sphere函数有全局的最优点$\boldsymbol{x}^* = 0$.

这里为了展示方便,我们使用二维的输入并略微修改Sphere函数,定义$\text{Sphere}(\boldsymbol{x}) = \boldsymbol{w}^\mathsf{T}\boldsymbol{x}^2$,并根据梯度下降公式计算对$\boldsymbol{x}$的偏导

$$\frac{\partial \text{Sphere}(\boldsymbol{x})}{\partial \boldsymbol{x}} = 2\boldsymbol{w} \odot \boldsymbol{x}, \tag{7.4}$$

其中$\odot$表示逐元素积.

将被优化函数实现为OptimizedFunction算子,其forward方法是Sphere函数的前向计算,backward方法则计算被优化函数对$\boldsymbol{x}$的偏导.代码实现如下:

```
1  from nndl.op import Op
2
3  class OptimizedFunction(Op):
4      def __init__(self, w):
5          super(OptimizedFunction, self).__init__()
6          self.w = w
7          self.params = {'x': 0}
8          self.grads = {'x': 0}
9
10     def forward(self, x):
11         self.params['x'] = x
12         return paddle.matmul(self.w.T, paddle.square(self.params['x']))
13
14     def backward(self):
15         self.grads['x'] = 2 * paddle.multiply(self.w.T, self.params['x'])
```

小批量梯度下降优化器 复用第3.1.4.3节定义的梯度下降优化器SimpleBatchGD.按照梯度下降的梯度更新公式$\theta_t \leftarrow \theta_{t-1} - \alpha\mathbf{g}_t$进行梯度更新.

训练函数 定义一个简易的训练函数,记录梯度下降过程中每轮的参数 x 和损失. 代码实现如下:

```
1  def train_f(model, optimizer, x_init, epoch):
2      """
3      训练函数
4      输入:
5          - model: 被优化函数
6          - optimizer: 优化器
7          - x_init: x初始值
8          - epoch: 训练回合数
9      """
10     x = x_init
11     all_x = []
12     losses = []
13     for i in range(epoch):
14         all_x.append(x)
15         loss = model(x)
16         losses.append(loss)
17         model.backward()
18         optimizer.step()
19         x = model.params['x']
20     return paddle.to_tensor(all_x), losses
```

可视化函数 定义一个Visualization类,用于绘制 x 的更新轨迹. 代码实现如下:

```
1  class Visualization(object):
2      def __init__(self):
3          """
4          初始化可视化类
5          """
6          # 只画出参数x1和x2在区间[-5, 5]的曲线部分
7          x1 = np.arange(-5, 5, 0.1)
8          x2 = np.arange(-5, 5, 0.1)
9          x1, x2 = np.meshgrid(x1, x2)
10         self.init_x = paddle.to_tensor([x1, x2])
11
12     def plot_2d(self, model, x):
13         """
14         可视化参数更新轨迹
15         """
16         fig, ax = plt.subplots(figsize=(10, 6))
17         cp = ax.contourf(self.init_x[0], self.init_x[1], model(self.init_x.transpose([1, 0,
               2])), cmap='rainbow')
18         c = ax.contour(self.init_x[0], self.init_x[1], model(self.init_x.transpose([1, 0,
               2])), colors='black')
19         cbar = fig.colorbar(cp)
```

```
20        ax.plot(x[:, 0], x[:, 1], '-o', color='b')
21        ax.plot(0, 'r*', markersize=18)
22
23        ax.set_xlabel('$x1$')
24        ax.set_ylabel('$x2$')
25
26        ax.set_xlim((-2, 5))
27        ax.set_ylim((-2, 5))
```

定义train_and_plot_f函数,调用train_f和Visualization,训练模型并可视化参数更新轨迹.代码实现如下:

```
1   import numpy as np
2
3   def train_and_plot_f(model, optimizer, epoch):
4       """
5       训练模型并可视化参数更新轨迹
6       """
7       # 设置x的初始值
8       x_init = paddle.to_tensor([3, 4], dtype='float32')
9       print('x1 initiate: {}, x2 initiate: {}'.format(x_init[0].numpy(), x_init[1].numpy()))
10      x, losses = train_f(model, optimizer, x_init, epoch)
11      losses = np.array(losses)
12
13      # 展示x1、x2的更新轨迹
14      vis = Visualization()
15      vis.plot_2d(model, x)
```

模型训练与可视化　指定Sphere函数中 w 的值,实例化被优化函数,通过小批量梯度下降法更新参数,并可视化 x 的更新轨迹.代码实现如下:

```
1   from nndl.op import SimpleBatchGD
2   # 固定随机种子
3   paddle.seed(0)
4   w = paddle.to_tensor([0.2, 2])
5   model = OptimizedFunction(w)
6   opt = SimpleBatchGD(init_lr=0.2, model=model)
7   train_and_plot_f(model, opt, epoch=20)
```

输出结果如图7.3所示.图中不同颜色代表 $f(x_1, x_2)$ 的值区间,具体数值可以参考图右侧的对应条,比如深蓝色区域代表 $f(x_1, x_2)$ 在0~8之间,不同颜色间黑色的曲线是等值线,代表落在该线上的点对应的 $f(x_1, x_2)$ 的值都相同.

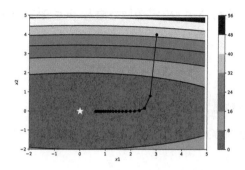

图 7.3 梯度下降法的参数更新轨迹

7.3.1.2 简单拟合实验

除了 2D 可视化实验外, 我们还设计一个简单的拟合任务, 然后对比不同的优化算法.

这里我们随机生成一组数据作为数据样本, 再构建一个简单的单层前馈神经网络, 用于前向计算.

数据集构建   通过 paddle.randn 随机生成一些训练数据 X, 并根据一个预定义函数 $y = 0.5 \times x_1 + 0.8 \times x_2 + 0.01 \times$ noise 计算得到 y, 再将 X 和 y 拼接起来得到训练样本. 代码实现如下:

```
1   # 固定随机种子
2   paddle.seed(0)
3   # 随机生成shape为（1000，2）的训练数据
4   X = paddle.randn([1000, 2])
5   w = paddle.to_tensor([0.5, 0.8])
6   w = paddle.unsqueeze(w, axis=1)
7   noise = 0.01 * paddle.rand([1000])
8   noise = paddle.unsqueeze(noise, axis=1)
9   # 计算y
10  y = paddle.matmul(X, w) + noise
11  # 打印X, y样本
12  print('X: ', X[0].numpy())
13  print('y: ', y[0].numpy())
14
15  # X, y组成训练样本数据
16  data = paddle.concat((X, y), axis=1)
17  print('input data shape: ', data.shape)
18  print('data: ', data[0].numpy())
```

输出结果为:

```
X:  [−4.080414 −1.3719953]
y:  [−3.136211]
input data shape:  [1000, 3]
data:  [−4.080414 −1.3719953 −3.136211 ]
```

模型构建　定义单层前馈神经网络,$\boldsymbol{X} \in \mathbb{R}^{K \times D}$ 为网络输入,$\boldsymbol{w} \in \mathbb{R}^{D}$ 是网络的权重矩阵,$\boldsymbol{b} \in \mathbb{R}$ 为偏置.

$$y = Xw + b \in \mathbb{R}^{K \times 1}, \tag{7.5}$$

其中 K 代表一个批次中的样本数量,D 为单层网络的输入特征维度.

损失函数　使用均方误差作为训练时的损失函数,计算损失函数关于参数 $\boldsymbol{w}$ 和 $\boldsymbol{b}$ 的偏导数. 定义均方误差损失函数的计算方法为

$$\mathcal{L} = \frac{1}{2K} \sum_{k=1}^{K} (\boldsymbol{y}^{(k)} - \boldsymbol{z}^{(k)})^2, \tag{7.6}$$

其中 $\boldsymbol{z}^{(k)}$ 是网络对第 k 个样本的预测值. 根据损失函数关于参数的偏导公式,得到 $\mathcal{L}(\cdot)$ 对于参数 $\boldsymbol{w}$ 和 $\boldsymbol{b}$ 的偏导数为

$$\frac{\partial \mathcal{L}}{\partial \boldsymbol{w}} = \frac{1}{K} \sum_{k=1}^{K} \boldsymbol{x}^{(k)} (\boldsymbol{z}^{(k)} - \boldsymbol{y}^{(k)}) = \frac{1}{K} \boldsymbol{X}^{\mathsf{T}} (\boldsymbol{z} - \boldsymbol{y}), \tag{7.7}$$

$$\frac{\partial \mathcal{L}}{\partial \boldsymbol{b}} = \frac{1}{K} \sum_{k=1}^{K} (\boldsymbol{z}^{(k)} - \boldsymbol{y}^{(k)}) = \frac{1}{K} \boldsymbol{1}^{\mathsf{T}} (\boldsymbol{z} - \boldsymbol{y}). \tag{7.8}$$

定义 Linear 算子,实现一个线性层的前向和反向计算. 代码实现如下:

```
1   class Linear(Op):
2       def __init__(self, input_size, weight_init=paddle.standard_normal, bias_init=paddle.
          zeros):
3           super(Linear, self).__init__()
4           self.params = {}
5           self.params['W'] = weight_init(shape=[input_size, 1])
6           self.params['b'] = bias_init(shape=[1])
7           self.inputs = None
8           self.grads = {}
9
10      def forward(self, inputs):
11          self.inputs = inputs
12          self.outputs = paddle.matmul(self.inputs, self.params['W']) + self.params['b']
13          return self.outputs
14
15      def backward(self, labels):
16          K = self.inputs.shape[0]
17          self.grads['W'] = 1. /K * paddle.matmul(self.inputs.T, (self.outputs - labels))
18          self.grads['b'] = 1. /K * paddle.sum(self.outputs - labels, axis=0)
```

> 这里 backward 函数中实现的梯度并不是 forward 函数对应的梯度, 而是最终损失关于参数的梯度. 由于这里的梯度是手动计算的, 所以直接给出了最终的梯度.

训练函数 在准备好样本数据和网络以后, 复用优化器 `SimpleBatchGD` 类, 使用小批量梯度下降来进行简单的拟合实验.

这里我们重新定义模型训练 `train` 函数. 主要以下两点原因:

1) 在一般的随机梯度下降中要在每回合迭代开始之前随机打乱训练数据的顺序, 再按批大小进行分组. 这里为了保证每次运行结果一致以便更好地对比不同的优化算法, 不再随机打乱数据.

2) 与 RunnerV2 中的训练函数相比, 这里使用小批量梯度下降. 而与 RunnerV3 中的训练函数相比, 又通过继承优化器基类 `Optimizer` 实现不同的优化器.

模型训练 `train` 函数的代码实现如下:

```
1  def train(data, num_epochs, batch_size, model, calculate_loss, optimizer, verbose=False):
2      """
3      训练神经网络
4      输入:
5          - data: 训练样本
6          - num_epochs: 训练回合数
7          - batch_size: 批大小
8          - model: 实例化的模型
9          - calculate_loss: 损失函数
10         - optimizer: 优化器
11         - verbose: 日志显示, 默认为False
12     输出:
13         - iter_loss: 每次迭代的损失值
14         - epoch_loss: 每个回合的平均损失值
15     """
16     # 记录每个回合损失的变化
17     epoch_loss = []
18     # 记录每次迭代损失的变化
19     iter_loss = []
20     N = len(data)
21     for epoch_id in range(num_epochs):
22         # np.random.shuffle(data) #不再随机打乱数据
23         # 将训练数据进行拆分, 每个mini_batch包含batch_size条数据
24         mini_batches = [data[i:i+batch_size] for i in range(0, N, batch_size)]
25         for iter_id, mini_batch in enumerate(mini_batches):
26             # data中前两个分量为X
```

```
27              inputs = mini_batch[:, :-1]
28              # data中最后一个分量为y
29              labels = mini_batch[:, -1:]
30              # 前向计算
31              outputs = model(inputs)
32              # 计算损失
33              loss = calculate_loss(outputs, labels).numpy()[0]
34              # 计算梯度
35              model.backward(labels)
36              # 梯度更新
37              optimizer.step()
38              iter_loss.append(loss)
39          # verbose = True 则打印当前回合的损失
40          if verbose:
41              print('Epoch {:3d}, loss = {:.4f}'.format(epoch_id, np.mean(iter_loss)))
42          epoch_loss.append(np.mean(iter_loss))
43      return iter_loss, epoch_loss
```

优化过程可视化　定义 `plot_loss` 函数,用于绘制损失函数变化趋势. 代码实现如下:

```
1  def plot_loss(iter_loss, epoch_loss):
2      """
3      可视化损失函数的变化趋势
4      """
5      plt.figure(figsize=(10, 4))
6      ax1 = plt.subplot(121)
7      ax1.plot(iter_loss)
8      plt.title('iteration loss')
9      ax2 = plt.subplot(122)
10     ax2.plot(epoch_loss)
11     plt.title('epoch loss')
12     plt.show()
```

对于使用不同优化器的模型训练,保存每一个回合损失的更新情况,并绘制出损失函数的变化趋势,以此验证模型是否收敛. 定义 `train_and_plot` 函数,调用 `train` 和 `plot_loss`,训练并展示每个回合和每次迭代(Iteration)的损失变化情况. 在模型训练时,使用 `paddle.nn.MSELoss()` 计算均方误差. 代码实现如下:

```
1  import paddle.nn as nn
2  def train_and_plot(optimizer):
3      """
4      训练网络并画出损失函数的变化趋势
5      输入:
6          - optimizer: 优化器
7      """
```

```
8    # 定义均方误差损失
9    mse = nn.MSELoss()
10   iter_loss, epoch_loss = train(data, num_epochs=30, batch_size=64, model=model,
            calculate_loss=mse, optimizer=optimizer)
11   plot_loss(iter_loss, epoch_loss)
```

训练网络并可视化损失函数的变化趋势. 代码实现如下:

```
1    # 固定随机种子
2    paddle.seed(0)
3    # 定义网络结构
4    model = Linear(2)
5    # 定义优化器
6    opt = SimpleBatchGD(init_lr=0.01, model=model)
7    train_and_plot(opt)
```

输出结果如图7.4所示.

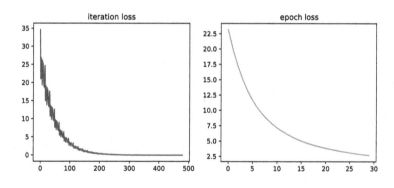

图 7.4 小批量梯度下降法的损失函数变化趋势

从输出结果看, 损失不断减小, 模型逐渐收敛.

> **提醒**
>
> 在本小节中, 我们定义了两个实验: 2D 可视化实验和简单拟合实验. 这两个实验会在本节介绍的所有优化算法中反复使用, 以便进行对比.

7.3.2 学习率调整

学习率是神经网络优化时的重要超参数. 在梯度下降法中, 学习率 α 的取值非常关键, 如果取值过大就不会收敛, 如果过小则收敛速度太慢.

动手练习 7.3
尝试《神经网络与深度学习》第 7.2.3.1 节中定义的不同学习率衰减方法，重复
上面的实验并分析实验结果.

常用的学习率调整方法包括学习率衰减、学习率预热、周期性学习率调整以及一些自适应调整学习率的方法，比如 AdaGrad、RMSprop、AdaDelta 等. 自适应学习率方法可以针对每个参数设置不同的学习率.

下面我们来详细介绍 AdaGrad 和 RMSprop 算法.

7.3.2.1　AdaGrad算法

AdaGrad算法（Adaptive Gradient Algorithm，自适应梯度算法)是借鉴 ℓ_2 正则化的思想，每次迭代时自适应地调整每个参数的学习率. 在第 t 次迭代时，先计算每个参数梯度平方的累积值.

$$G_t = \sum_{\tau=1}^{t} \boldsymbol{g}_\tau \odot \boldsymbol{g}_\tau, \tag{7.9}$$

其中 $\odot$ 为按元素乘积，$\boldsymbol{g}_\tau \in \mathbb{R}^{|\theta|}$ 是第 τ 次迭代时的梯度.

$$\Delta\theta_t = -\frac{\alpha}{\sqrt{G_t + \epsilon}} \odot \boldsymbol{g}_t, \tag{7.10}$$

其中 α 是初始的学习率，ϵ 是为了保持数值稳定性而设置的非常小的常数，一般取值 e^{-7} 到 e^{-10}. 此外，这里的开平方、除、加运算都是按元素进行的操作.

构建优化器　定义Adagrad类，继承Optimizer类. 定义step函数调用adagrad进行参数更新. 代码实现如下：

```
1  from nndl.op import Optimizer
2
3  class Adagrad(Optimizer):
4      def __init__(self, init_lr, model, epsilon):
5          """
6          Adagrad 优化器初始化
7          输入：
8              - init_lr: 初始学习率
9              - model: 模型，model.params存储模型参数值
10             - epsilon: 保持数值稳定性而设置的非常小的常数
11         """
12         super(Adagrad, self).__init__(init_lr=init_lr, model=model)
13         self.G = {}
14         for key in self.model.params.keys():
15             self.G[key] = 0
16         self.epsilon = epsilon
```

```
17
18    def adagrad(self, x, gradient_x, G, init_lr):
19        """
20        adagrad算法更新参数, G为参数梯度平方的累积值
21        """
22        G += gradient_x ** 2
23        x -= init_lr / paddle.sqrt(G + self.epsilon) * gradient_x
24        return x, G
25
26    def step(self):
27        """
28        参数更新
29        """
30        for key in self.model.params.keys():
31            self.model.params[key], self.G[key] = self.adagrad(self.model.params[key], self.
                model.grads[key], self.G[key], self.init_lr)
```

2D可视化实验　使用被优化函数展示 AdaGrad 算法的参数更新轨迹. 代码实现如下:

```
1    # 固定随机种子
2    paddle.seed(0)
3    w = paddle.to_tensor([0.2, 2])
4    model = OptimizedFunction(w)
5    opt = Adagrad(init_lr=0.5, model=model, epsilon=1e-7)
6    train_and_plot_f(model, opt, epoch=50)
```

输出结果如图7.5所示.

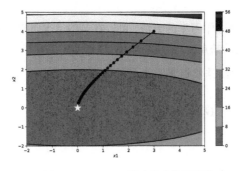

图 7.5　AdaGrad算法的参数更新轨迹

从输出结果看, AdaGrad 算法在前几个回合更新时参数更新幅度较大, 随着回合数增加, 学习率逐渐缩小, 参数更新幅度逐渐缩小. 在 AdaGrad 算法中, 如果某个参数的偏导数累积比较大, 其学习率相对较小. 相反, 如果其偏导数累积较小, 其学习率相对较大. 但整体随着迭代次数的增加, 学习率逐渐缩小. 该算法的缺点是在经过一定次数的迭代依然没有找到最优点时, 由于这时的学习率已经非常小, 很难再继续找到最优点.

简单拟合实验 训练单层线性网络，验证损失是否收敛. 代码实现如下：

```
1  # 固定随机种子
2  paddle.seed(0)
3  # 定义网络结构
4  model = Linear(2)
5  # 定义优化器
6  opt = Adagrad(init_lr=0.1, model=model, epsilon=1e-7)
7  train_and_plot(opt)
```

输出结果如图7.6所示.

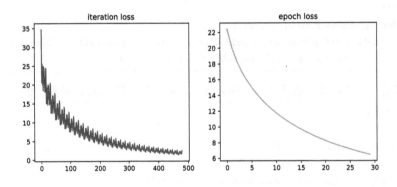

图 7.6 AdaGrad算法的损失函数变化趋势

7.3.2.2 RMSprop算法

RMSprop 算法是一种自适应学习率的方法，可以在某些情况下克服 AdaGrad 算法中学习率不断单调下降以至于过早衰减的缺点.

RMSprop 算法首先计算每次迭代梯度平方 $\boldsymbol{g}_t^2$ 的加权移动平均

$$G_t = \beta G_{t-1} + (1-\beta)\boldsymbol{g}_t \odot \boldsymbol{g}_t, \tag{7.11}$$

其中 β 为衰减率，一般取值为 0.9.

RMSprop 算法的参数更新差值为：

$$\Delta\theta_t = -\frac{\alpha}{\sqrt{G_t + \epsilon}} \odot \boldsymbol{g}_t, \tag{7.12}$$

其中 α 是初始的学习率，比如 0.001. RMSprop 算法和 AdaGrad 算法的区别在于 RMSprop 算法中 G_t 的计算由累积方式变成了加权移动平均. 在迭代过程中，每个参数的学习率并不是呈衰减趋势，既可以变小也可以变大.

构建优化器 定义RMSprop类, 继承Optimizer类. 定义step函数调用rmsprop更新参数. 代码实现如下:

```
1  class RMSprop(Optimizer):
2      def __init__(self, init_lr, model, beta, epsilon):
3          """
4          RMSprop优化器初始化
5          输入:
6              - init_lr: 初始学习率
7              - model: 模型, model.params存储模型参数值
8              - beta: 衰减率
9              - epsilon: 为保持数值稳定性而设置的常数
10         """
11         super(RMSprop, self).__init__(init_lr=init_lr, model=model)
12         self.G = {}
13         for key in self.model.params.keys():
14             self.G[key] = 0
15         self.beta = beta
16         self.epsilon = epsilon
17
18     def rmsprop(self, x, gradient_x, G, init_lr):
19         """
20         RMSprop算法更新参数, G为迭代梯度平方的加权移动平均
21         """
22         G = self.beta * G + (1 - self.beta) * gradient_x ** 2
23         x -= init_lr / paddle.sqrt(G + self.epsilon) * gradient_x
24         return x, G
25
26     def step(self):
27         """参数更新"""
28         for key in self.model.params.keys():
29             self.model.params[key], self.G[key] = self.rmsprop(self.model.params[key],
30                 self.model.grads[key], self.G[key], self.init_lr)
```

2D可视化实验 使用被优化函数展示RMSprop算法的参数更新轨迹. 代码实现如下:

```
1  # 固定随机种子
2  paddle.seed(0)
3  w = paddle.to_tensor([0.2, 2])
4  model = OptimizedFunction(w)
5  opt = RMSprop(init_lr=0.1, model=model, beta=0.9, epsilon=1e-7)
6  train_and_plot_f(model, opt, epoch=50)
```

输出结果如图7.7所示.

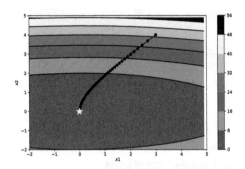

图 7.7 RMSprop算法的参数更新轨迹

简单拟合实验 训练单层线性网络,进行简单的拟合实验. 代码实现如下:

```
1  # 固定随机种子
2  paddle.seed(0)
3  # 定义网络结构
4  model = Linear(2)
5  # 定义优化器
6  opt = RMSprop(init_lr=0.1, model=model, beta=0.9, epsilon=1e-7)
7  train_and_plot(opt)
```

输出结果如图7.8所示.

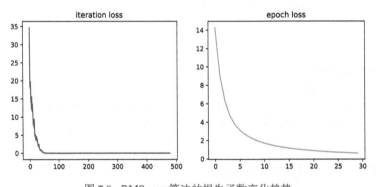

图 7.8 RMSprop算法的损失函数变化趋势

动手练习 **7.4**

动手实现AdaDelta算法.

7.3.3 梯度估计修正

除了调整学习率之外,还可以进行梯度估计修正.在小批量梯度下降法中,由于每次迭代的样本具有一定的随机性,因此每次迭代的梯度估计和整个训练集上的最优梯度并不一致.如果每次选取样本数量比较小,损失会呈振荡的方式下降.

一种有效地缓解梯度估计随机性的方式是通过使用最近一段时间内的平均梯度来代替当前时刻的随机梯度来作为参数更新的方向,从而提高优化速度.

7.3.3.1 动量法

动量法(Momentum Method)是用之前积累动量来替代真正的梯度.每次迭代的梯度可以看作加速度.

在第 t 次迭代时,计算负梯度的"加权移动平均"作为参数的更新方向,

$$\Delta\theta_t = \rho\Delta\theta_{t-1} - \alpha g_t = -\alpha \sum_{\tau=1}^{t} \rho^{t-\tau} g_\tau, \tag{7.13}$$

其中 ρ 为动量因子,通常设为 0.9,α 为学习率.

这样,每个参数的实际更新差值取决于最近一段时间内梯度的加权平均值.当某个参数在最近一段时间内的梯度方向不一致时,其真实的参数更新幅度变小.相反,当某个参数在最近一段时间内的梯度方向都一致时,其真实的参数更新幅度变大,起到加速作用.一般而言,在迭代初期,梯度方向都比较一致,动量法会起到加速作用,可以更快地到达最优点.在迭代后期,梯度方向会不一致,在收敛值附近振荡,动量法会起到减速作用,增加稳定性.从某种角度来说,当前梯度叠加上部分的上次梯度,一定程度上可以近似看作二阶梯度.

构建优化器 定义 Momentum 类,继承 Optimizer 类.定义 step 函数调用 momentum 进行参数更新.代码实现如下:

```
1  class Momentum(Optimizer):
2      def __init__(self, init_lr, model, rho):
3          """
4          Momentum优化器初始化
5          输入:
6              - init_lr: 初始学习率
7              - model: 模型, model.params存储模型参数值
8              - rho: 动量因子
9          """
10         super(Momentum, self).__init__(init_lr=init_lr, model=model)
11         self.delta_x = {}
12         for key in self.model.params.keys():
13             self.delta_x[key] = 0
14         self.rho = rho
15
```

```
16      def momentum(self, x, gradient_x, delta_x, init_lr):
17          """
18          momentum算法更新参数，delta_x为梯度的加权移动平均
19          """
20          delta_x = self.rho * delta_x - init_lr * gradient_x
21          x += delta_x
22          return x, delta_x
23
24      def step(self):
25          """参数更新"""
26          for key in self.model.params.keys():
27              self.model.params[key], self.delta_x[key] = self.momentum(self.model.params[key
                  ], self.model.grads[key], self.delta_x[key], self.init_lr)
```

2D可视化实验　使用被优化函数展示动量法的参数更新轨迹. 代码实现如下：

```
1   # 固定随机种子
2   paddle.seed(0)
3   w = paddle.to_tensor([0.2, 2])
4   model = OptimizedFunction(w)
5   opt = Momentum(init_lr=0.01, model=model, rho=0.9)
6   train_and_plot_f(model, opt, epoch=50)
```

输出结果如图7.9所示.

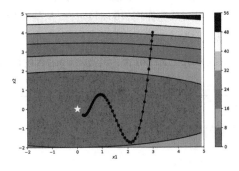

图 7.9　动量法的参数更新轨迹

从输出结果看,在模型训练初期,梯度方向比较一致,参数更新幅度逐渐增大,起加速作用;在迭代后期,参数更新幅度减小,在收敛值附近振荡.

简单拟合实验　训练单层线性网络,进行简单的拟合实验. 代码实现如下：

```
1   # 固定随机种子
2   paddle.seed(0)
3
4   # 定义网络结构
```

```
5  model = Linear(2)
6  # 定义优化器
7  opt = Momentum(init_lr=0.01, model=model, rho=0.9)
8  train_and_plot(opt)
```

输出结果如图7.10所示.

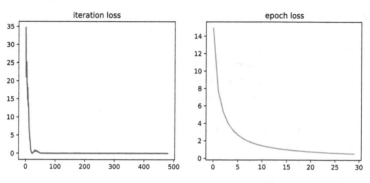

图 7.10 Momentum算法的损失函数变化趋势

7.3.3.2 Adam算法

Adam算法（Adaptive Moment Estimation Algorithm，自适应矩估计算法）可以看作动量法和RMSprop算法的结合，不但使用动量作为参数更新方向，而且可以自适应调整学习率. Adam算法一方面计算梯度平方 $\boldsymbol{g}_t^2$ 的加权移动平均（和RMSprop算法类似），另一方面计算梯度 $\boldsymbol{g}_t$ 的加权移动平均（和动量法类似）.

$$M_t = \beta_1 M_{t-1} + (1 - \beta_1)\boldsymbol{g}_t, \tag{7.14}$$

$$G_t = \beta_2 G_{t-1} + (1 - \beta_2)\boldsymbol{g}_t \odot \boldsymbol{g}_t, \tag{7.15}$$

其中 β_1 和 β_2 分别为两个移动平均的衰减率，通常取值为 $\beta_1 = 0.9, \beta_2 = 0.99$. 我们可以把 M_t 和 G_t 分别看作梯度的均值(一阶矩)和未减去均值的方差(二阶矩).

假设 $M_0 = 0, G_0 = 0$，那么在迭代初期 M_t 和 G_t 的值会比真实的均值和方差要小. 特别是当 β_1 和 β_2 都接近于1时，偏差会很大. 因此，需要对偏差进行修正.

$$\hat{M}_t = \frac{M_t}{1 - \beta_1^t}, \tag{7.16}$$

$$\hat{G}_t = \frac{G_t}{1 - \beta_2^t}. \tag{7.17}$$

Adam算法的参数更新差值为

$$\Delta\theta_t = -\frac{\alpha}{\sqrt{\hat{G}_t + \epsilon}}\hat{M}_t, \tag{7.18}$$

其中学习率 α 通常设为0.001，并且也可以进行衰减，比如 $\alpha_t = \frac{\alpha_0}{\sqrt{t}}$.

构建优化器　定义Adam类, 继承Optimizer类. 定义step函数调用adam函数更新参数. 代码实现
如下：

```python
class Adam(Optimizer):
    def __init__(self, init_lr, model, beta1, beta2, epsilon):
        """
        Adam优化器初始化
        输入：
            - init_lr: 初始学习率
            - model: 模型, model.params存储模型参数值
            - beta1, beta2: 移动平均的衰减率
            - epsilon: 为保持数值稳定性而设置的常数
        """
        super(Adam, self).__init__(init_lr=init_lr, model=model)
        self.beta1 = beta1
        self.beta2 = beta2
        self.epsilon = epsilon
        self.M, self.G = {}, {}
        for key in self.model.params.keys():
            self.M[key] = 0
            self.G[key] = 0
        self.t = 1

    def adam(self, x, gradient_x, G, M, t, init_lr):
        """
        adam算法更新参数
        输入：
            - x: 参数
            - G: 梯度平方的加权移动平均
            - M: 梯度的加权移动平均
            - t: 迭代次数
            - init_lr: 初始学习率
        """
        M = self.beta1 * M + (1 - self.beta1) * gradient_x
        G = self.beta2 * G + (1 - self.beta2) * gradient_x ** 2
        M_hat = M / (1 - self.beta1 ** t)
        G_hat = G / (1 - self.beta2 ** t)
        t += 1
        x -= init_lr / paddle.sqrt(G_hat + self.epsilon) * M_hat
        return x, G, M, t

    def step(self):
        """参数更新"""
        for key in self.model.params.keys():
            self.model.params[key], self.G[key], self.M[key], self.t = self.adam(
```

```
43                self.model.params[key], self.model.grads[key], self.G[key], self.M[key],
44                self.t, self.init_lr)
```

2D 可视化实验　使用被优化函数展示 Adam 算法的参数更新轨迹. 代码实现如下:

```
1   # 固定随机种子
2   paddle.seed(0)
3   w = paddle.to_tensor([0.2, 2])
4   model = OptimizedFunction(w)
5   opt = Adam(init_lr=0.2, model=model, beta1=0.9, beta2=0.99, epsilon=1e-7)
6   train_and_plot_f(model, opt, epoch=20)
```

输出结果如图7.11所示.

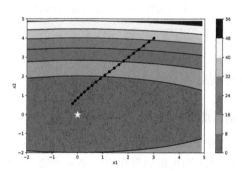

图 7.11　Adam 算法的参数更新轨迹

从输出结果看, Adam 算法可以自适应调整学习率, 参数更新更加平稳.

简单拟合实验　训练单层线性网络, 进行简单的拟合实验. 代码实现如下:

```
1   # 固定随机种子
2   paddle.seed(0)
3   # 定义网络结构
4   model = Linear(2)
5   # 定义优化器
6   opt = Adam(init_lr=0.1, model=model, beta1=0.9, beta2=0.99, epsilon=1e-7)
7   train_and_plot(opt)
```

输出结果如图7.12所示.

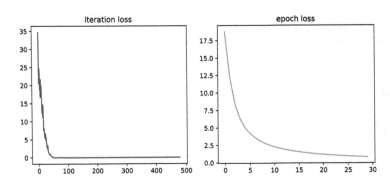

图 7.12　Adam算法的损失函数变化趋势

动手练习 7.5

学习 AdamW 算法，通过飞桨 API 调用 LeNet 网络和 MNIST 数据集，使用 `paddle.optimizer.AdamW` 作为优化器训练网络，进行简单的拟合实验.

7.3.4　不同优化器的3D可视化对比

7.3.4.1　构建一个三维空间中的被优化函数

定义`OptimizedFunction3D`算子，表示被优化函数 $f(\boldsymbol{x}) = \boldsymbol{x}[0]^2 + \boldsymbol{x}[1]^2 + \boldsymbol{x}[1]^3 + \boldsymbol{x}[0] * \boldsymbol{x}[1]$，其中 $\boldsymbol{x}[0], \boldsymbol{x}[1]$ 代表两个参数. 该函数在 $(0, 0)$ 处存在鞍点，即一个既不是极大值点也不是极小值点的临界点. 我们希望训练过程中优化算法可以使参数离开鞍点，向模型最优解收敛. 代码实现如下:

```
1  class OptimizedFunction3D(Op):
2      def __init__(self):
3          super(OptimizedFunction3D, self).__init__()
4          self.params = {'x': 0}
5          self.grads = {'x': 0}
6
7      def forward(self, x):
8          self.params['x'] = x
9          return x[0] ** 2 + x[1] ** 2 + x[1] ** 3 + x[0]*x[1]
10
11      def backward(self):
12          x = self.params['x']
13          gradient1 = 2 * x[0] + x[1]
14          gradient2 = 2 * x[1] + 3 * x[1] ** 2 + x[0]
15          self.grads['x'] = paddle.concat([gradient1, gradient2])
```

对于相同的被优化函数,分别使用不同的优化器进行参数更新,并保存不同优化器下参数更新的值,用于可视化.代码实现如下:

```
1  #构建5个模型,分别配备不同的优化器
2  model1 = OptimizedFunction3D()
3  opt_gd = SimpleBatchGD(init_lr=0.01, model=model1)
4  model2 = OptimizedFunction3D()
5  opt_adagrad = Adagrad(init_lr=0.5, model=model2, epsilon=1e-7)
6  model3 = OptimizedFunction3D()
7  opt_rmsprop = RMSprop(init_lr=0.1, model=model3, beta=0.9, epsilon=1e-7)
8  model4 = OptimizedFunction3D()
9  opt_momentum = Momentum(init_lr=0.01, model=model4, rho=0.9)
10 model5 = OptimizedFunction3D()
11 opt_adam = Adam(init_lr=0.1, model=model5, beta1=0.9, beta2=0.99, epsilon=1e-7)
12
13 models = [model1, model2, model3, model4, model5]
14 opts = [opt_gd, opt_adagrad, opt_rmsprop, opt_momentum, opt_adam]
15
16 x_all_opts = []
17 z_all_opts = []
18 x_init = paddle.to_tensor([2, 3], dtype='float32')
19 # 使用不同优化器训练
20 for model, opt in zip(models, opts):
21     x_one_opt, z_one_opt = train_f(model, opt, x_init, 150)
22     # 保存参数值
23     x_all_opts.append(x_one_opt.numpy())
24     z_all_opts.append(np.squeeze(z_one_opt))
```

定义Visualization3D函数,用于可视化三维的参数更新轨迹.

```
1  from matplotlib import animation
2  from itertools import zip_longest
3
4  class Visualization3D(animation.FuncAnimation):
5      """
6      绘制动态图像,可视化参数更新轨迹
7      """
8      def __init__(self, *xy_values, z_values, labels=[], colors=[], fig, ax, interval=60,
9          blit=True, **kwargs):
10         """
11         初始化3d可视化类
12         输入:
13             xy_values:三维中x、y维度的值
14             z_values:三维中z维度的值
15             labels:每个参数更新轨迹的标签
16             colors:每个轨迹的颜色
```

```
16              interval：帧之间的延迟（以毫秒为单位）
17              blit：是否优化绘图
18          """
19          self.fig = fig
20          self.ax = ax
21          self.xy_values = xy_values
22          self.z_values = z_values
23          frames = max(xy_value.shape[0] for xy_value in xy_values)
24          self.lines = [ax.plot([], [], [], label=label, color=color, lw=2)[0]
25                        for _, label, color in zip_longest(xy_values, labels, colors)]
26          super(Visualization3D, self).__init__(fig, self.animate, init_func=self.
                init_animation, frames=frames, interval=interval, blit=blit, **kwargs)
27
28      def init_animation(self):
29          # 数值初始化
30          for line in self.lines:
31              line.set_data([], [])
32              line.set_3d_properties([])
33          return self.lines
34
35      def animate(self, i):
36          # 将x、y、z三个数据传入，绘制三维图像
37          for line, xy_value, z_value in zip(self.lines, self.xy_values, self.z_values):
38              line.set_data(xy_value[:i, 0], xy_value[:i, 1])
39              line.set_3d_properties(z_value[:i])
40          return self.lines
```

绘制出被优化函数的三维图像. 代码实现如下：

```
1  from mpl_toolkits.mplot3d import Axes3D
2  # 使用numpy.meshgrid生成x1,x2矩阵，矩阵的每一行为[-3，3]，以0.1为间隔的数值
3  x1 = np.arange(-3, 3, 0.1)
4  x2 = np.arange(-3, 3, 0.1)
5  x1, x2 = np.meshgrid(x1, x2)
6  init_x = paddle.to_tensor([x1, x2])
7  model = OptimizedFunction3D()
8  # 绘制f_3d函数的三维图像
9  fig = plt.figure()
10 ax = plt.axes(projection='3d')
11 ax.plot_surface(init_x[0], init_x[1], model(init_x), cmap='rainbow')
12 ax.set_xlabel('x1')
13 ax.set_ylabel('x2')
14 ax.set_zlabel('f(x1,x2)')
```

输出结果如图7.13所示.

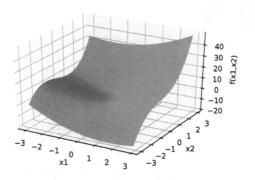

图 7.13 被优化函数的可视化

可视化不同优化器情况下参数变化轨迹.

```
1  from IPython.display import HTML
2  labels = ['SGD', 'AdaGrad', 'RMSprop', 'Momentum', 'Adam']
3  colors = ['r', 'b', 'y', 'g', 'c']
4  anim = Visualization3D(*x_all_opts, z_values=z_all_opts, labels=labels, colors=colors, fig
       =fig, ax=ax)
5  ax.legend(loc='upper left')
6  HTML(anim.to_html5_video())
```

输出结果如图7.14所示.

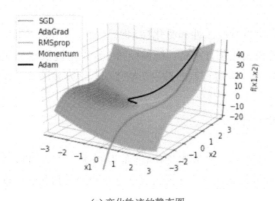

(a) 变化轨迹的静态图   (b) 对应动态图网址

图 7.14 不同优化器参数变化轨迹

从输出结果看,对于我们构建的函数,有些优化器如 Momentum 在参数更新时成功逃离鞍点,其他优化器在本次实验中收敛到鞍点处没有成功逃离. 但这并不证明 Momentum 优化器是最好的优化器,在模型训练时使用哪种优化器,还要结合具体的场景和数据具体分析.

动手练习 **7.6**

通过调用飞桨 API, 实验比较不同优化算法在 MNIST 数据集上的收敛性.

7.4 参数初始化

神经网络的参数学习是一个非凸优化问题. 当使用梯度下降法来进行网络参数优化时, 参数初始值的选取十分关键, 关系到网络的优化效率和泛化能力. 此外, 由于神经网络优化时出现的对称权重现象 (参见第4.4.1节), 神经网络的参数不能初始化为相同的值, 需要有一定的差异性.

常用的参数初始化的方式通常有以下三种:

- 随机初始化: 最常用的参数初始化策略, 通过一个随机采样函数来生成每个参数的初始值.

- 预训练初始化: 一种在实践中经常使用的初始化策略, 如果目标任务的训练数据不足, 可以使用一个已经在大规模数据上训练过的模型作为参数初始值. 预训练模型在目标任务上的学习过程也称为精调 (Fine-Tuning).

- 固定值初始化: 对于神经网络中的某些重要参数, 可以根据先验知识来初始化. 比如对于使用 ReLU 激活函数的全连接层, 其偏置通常可以设为比较小的正数 (比如 0.01), 从而确保这一层的神经元的梯度不为 0, 避免死亡 ReLU 现象.

虽然预训练初始化通常具有更好的收敛性和泛化性, 但是灵活性不够, 不能在目标任务上任意地调整网络结构. 因此, 好的随机初始化方法对训练神经网络模型来说依然十分重要. 在本节我们主要介绍两种随机初始化方法: 基于固定方差的参数初始化和基于方差缩放的参数初始化.

7.4.1 基于固定方差的参数初始化

一种最简单的随机初始化方法是从一个固定均值(通常为 0)和方差 σ^2 的分布中采样来生成参数的初始值. 基于固定方差的参数初始化方法主要有高斯分布初始化和均匀分布初始化两种:

- 高斯分布初始化: 使用一个高斯分布 $\mathcal{N}(0, \sigma^2)$ 对每个参数进行随机初始化.

- 均匀分布初始化: 在一个给定的区间 $[-r, r]$ 内使用均匀分布来初始化.

高斯分布初始化和均匀分布初始化的实现方式可以参考第4.4.1节参数初始化代码.

7.4.2 基于方差缩放的参数初始化

初始化一个深度网络时，为了缓解梯度消失或爆炸问题，我们尽可能保持每个神经元的输入和输出的方差一致，根据神经元的连接数量来自适应地调整初始化分布的方差，这类方法称为方差缩放（Variance Scaling）.

Xavier 初始化是参数初始化中常用的方法，根据每层的神经元数量来自动计算初始化参数方差. 在计算出参数的理想方差后，可以通过高斯分布或均匀分布来随机初始化参数. 若神经元采用 Tanh 函数，并采用高斯分布来随机初始化参数，连接权重 $w_i^{(l)}$ 可以按 $\mathcal{N}(0, \frac{2}{M_{l-1}+M_l})$ 的高斯分布进行初始化，其中 M_{l-1} 是第 $l-1$ 层神经元个数.

> **笔记**
> Xavier 初始化公式推导可参考《神经网络与深度学习》第 7.3.2.1 节 Xavier 初始化.

本节动手实现 Xavier 初始化，并观察其效果.

7.4.2.1 模型构建

首先定义 `xavier_normal_std` 函数，根据 l 层和 $l-1$ 层神经元的数量计算理想标准差. 值得注意的是，在 `paddle.normal` API 中，通过指定标准差的值来生成符合正态分布的张量，因此，这里需要计算标准差. 代码实现如下：

```
1  def xavier_normal_std(input_size, output_size):
2      return np.sqrt(2 / (input_size + output_size))
```

> **笔记**
> Xavier 初始化适用于 Logistic 激活函数和 Tanh 激活函数，对于不同激活函数，高斯分布的方差和均匀分布的 r 值计算是不同的. `xavier_normal_std` 定义针对 Tanh 激活函数的情况.

定义一个全连接前馈网络（即多层感知器）MLP 算子，实例化网络时可以通过 `layers_size` 指定网络每层神经元的数量，`init_fn_name` 指定网络中参数初始化方法 (Xavier 高斯分布初始化、Xavier 均匀分布初始化或 $\mathcal{N}(0,1)$ 高斯分布初始化)，`init_fn` 指定计算初始化时均值或数值范围的函数，`act_fn` 指定激活函数. 代码实现如下：

```
1  class MLP(nn.Layer):
2      def __init__(self, layers_size, init_fn_name, init_fn, act_fn):
3          """
4          多层网络初始化
5          输入：
```

```
6              - layers_size: 每层神经元的数量
7              - init_fn_name: 网络中参数初始化方法, 可以为 'normal'或'uniform'
8              - init_fn: 函数, 用来计算高斯分布标准差或均匀分布r值
9              - act_fn: 激活函数
10         """
11         super(MLP, self).__init__()
12         self.linear = nn.Sequential()
13         self.num_layers = len(layers_size) - 1
14         for i in range(self.num_layers):
15             input_size, output_size = layers_size[i], layers_size[i + 1]
16             if init_fn_name == 'normal':
17                 # Xavier高斯分布初始化, 计算方差
18                 self.linear.add_sublayer(str(i), nn.Linear(input_size, output_size,
19                                      weight_attr=nn.initializer.Normal(mean=0, std=init_fn
                                          (input_size, output_size))))
20             elif init_fn_name == 'uniform':
21                 r = init_fn(input_size, output_size)
22                 self.linear.add_sublayer(str(i), nn.Linear(input_size, output_size,
                        weight_attr=nn.initializer.Uniform(low=-r, high=r)))
23             else:
24                 self.linear.add_sublayer(str(i), nn.Linear(input_size, output_size,
                        weight_attr=nn.initializer.Normal()))
25         self.act_fn = act_fn()
26         self.z = {}
27
28     def __call__(self, X):
29         return self.forward(X)
30
31     def forward(self, X):
32         """
33         前向计算
34         """
35         y = X
36         for num_layer in range(self.num_layers):
37             y = self.linear[num_layer](y)
38             if num_layer != self.num_layers - 1:
39                 y = self.act_fn(y)
40             self.z[num_layer] = y
41         return y
```

7.4.2.2　观察模型神经元的方差变化

高斯分布初始化　定义网络每层神经元的数量, 指定激活函数和参数初始化方式, 通过Xavier高斯分布初始化网络. 代码实现如下:

```
1  paddle.seed(0)
2
3  # 定义网络每层神经元的数量
4  layers_size = [100, 200, 400, 300, 200, 100]
5  # 指定激活函数
6  activate_fn = paddle.nn.Tanh
7  # 指定参数初始化方式
8  init_fn_name = 'normal'
9
10 model = MLP(layers_size, init_fn_name, init_fn=xavier_normal_std, act_fn=activate_fn)
11 inputs = paddle.normal(shape=[1, 100], std=0.1)
12 y = model(inputs)
```

打印每层神经元输出的方差,观察每层的方差值.

```
1  for i in range(len(model.z) - 1):
2      print('layer %d: , %f'%(i, model.z[i].numpy().var()))
```

输出结果为:

```
layer  0: ,  0.005416
layer  1: ,  0.003292
layer  2: ,  0.003820
layer  3: ,  0.004489
```

从输出结果看,Xavier初始化可以尽量保持每个神经元的输入和输出方差一致.

均匀分布初始化   若采用区间为 $[-r, r]$ 的均匀分布来初始化 $w_i^{(l)}$,则 r 的取值为 $\sqrt{\dfrac{6}{M_{l-1} + M_l}}$. 定义 xavier_uniform_r,计算均匀分布 r 的值. 代码实现如下:

```
1  def xavier_uniform_r(input_size, output_size):
2      return np.sqrt(6 / (input_size + output_size))
```

定义网络每层神经元的数量,通过 Xavier 均匀分布初始化网络. 代码实现如下:

```
1  paddle.seed(0)
2
3  # 指定激活函数
4  activate_fn = paddle.nn.Tanh
5  # 指定参数初始化方式
6  init_fn_name = 'uniform'
7
8  model = MLP(layers_size, init_fn_name, init_fn=xavier_uniform_r, act_fn=activate_fn)
9  inputs = paddle.normal(shape=[1, 100], std=0.1)
10 y = model(inputs)
```

打印每层神经元输出的方差,观察每层的方差值.

```
1  for i in range(len(model.z) - 1):
2      print('layer %d: , %f'%(i, model.z[i].numpy().var()))
```

输出结果为:

```
layer 0: , 0.005596
layer 1: , 0.003397
layer 2: , 0.004084
layer 3: , 0.005171
```

7.4.2.3　观察模型训练收敛性

为了进一步验证Xavier初始化的效果,我们在一个简单的二分类任务上来训练MLP模型,并观察模型收敛情况.

构建数据集　这里使用在第3.1节中定义的make_moons函数构建一个简单的二分类数据集. 代码实现如下:

```
1  from nndl import make_moons
2
3  class MoonsDataset(io.Dataset):
4      def __init__(self, mode='train', num_samples=300, num_train=200):
5          super(MoonsDataset, self).__init__()
6          X, y = make_moons(n_samples=num_samples, shuffle=True, noise=0.5)
7          if mode == 'train':
8              self.X, self.y = X[:num_train], y[:num_train]
9          else:
10             self.X, self.y = X[num_train:], y[num_train:]
11
12     def __getitem__(self, idx):
13         return self.X[idx], self.y[idx]
14
15     def __len__(self):
16         return len(self.y)
```

创建训练集和验证集,构建DataLoader. 代码实现如下:

```
1  paddle.seed(0)
2  train_dataset = MoonsDataset(mode='train')
3  dev_dataset = MoonsDataset(mode='dev')
4  train_loader = io.DataLoader(train_dataset, batch_size=10, shuffle=True)
5  dev_loader = io.DataLoader(dev_dataset, batch_size=10, shuffle=True)
```

定义五层MLP,分别以Xavier初始化和标准高斯分布初始化方式对网络进行初始化,训练100回合,对比两个模型的训练损失变化情况.代码实现如下:

```
1   import nndl
2
3   paddle.seed(0)
4   np.random.seed(0)
5
6   # 定义网络每层神经元的数量
7   layers_size = [2, 300, 500, 700, 400, 1]
8   # 指定激活函数
9   activate_fn = paddle.nn.Tanh
10
11  # 指定参数初始化方式为Xavier高斯分布初始化
12  init_fn_name = 'normal'
13  model1 = MLP(layers_size, init_fn_name, init_fn=xavier_normal_std, act_fn=activate_fn)
14  opt1 = optimizer.SGD(learning_rate=0.005, parameters=model1.parameters())
15  loss_fn = F.binary_cross_entropy_with_logits
16  m = nndl.Accuracy(is_logist=True)
17  runner1 = RunnerV3(model1, opt1, loss_fn, m)
18  runner1.train(train_loader, dev_loader, num_epochs=100, eval_steps=400, log_steps=0)
19
20  # 指定参数初始化方式为N(0, 1)高斯分布初始化
21  init_fn_name = 'basic'
22  model2 = MLP(layers_size, init_fn_name, None, act_fn=activate_fn)
23  opt2 = optimizer.SGD(learning_rate=0.005, parameters=model2.parameters())
24  runner2 = RunnerV3(model2, opt2, loss_fn, m)
25  runner2.train(train_loader, dev_loader, num_epochs=100, eval_steps=400, log_steps=0)
```

训练损失变化如图7.15所示.

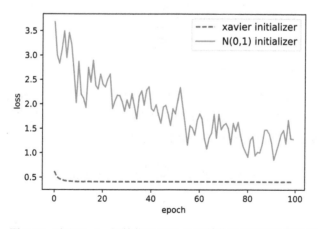

图 7.15 对比 Xavier 初始化和 $\mathcal{N}(0,1)$ 初始化的训练损失变化情况

从输出结果看,使用 Xavier 初始化,模型的损失相对较小,模型效果更好.

7.5　逐层规范化

逐层规范化 (Layer-wise Normalization) 是将传统机器学习中的数据规范化方法应用到深度神经网络中, 对神经网络中隐藏层的输入进行规范化, 从而使得网络更容易训练.

在深度神经网络中, 一个神经层的输入是之前神经层的输出. 给定一个神经层 l, 它之前的神经层 $(1, \cdots, l-1)$ 的参数变化会导致其输入的分布发生较大的改变. 从机器学习角度来看, 如果一个神经层的输入分布发生了改变, 那么其参数需要重新学习, 这种现象叫作内部协变量偏移 (Internal Covariate Shift). 为了缓解这个问题, 我们可以对每一个神经层的输入进行规范化操作, 使其分布保持稳定.

下面介绍两种比较常用的逐层规范化方法: 批量规范化 (Batch Normalization) 和层规范化 (Layer Normalization).

7.5.1　批量规范化

对于一个深度神经网络, 为了提高优化效率, 要使得第 l 层的净输入 $\boldsymbol{z}^{(l)}$ 的分布一致, 比如都规范化到标准正态分布. 在实践中规范化操作一般应用在线性层和激活函数之间. 而为了提高规范化效率, 一般使用标准化将净输入 $\boldsymbol{z}^{(l)}$ 的每一维都规范化到标准正态分布.

$$\hat{\boldsymbol{z}}^{(l)} = \frac{\boldsymbol{z}^{(l)} - \boldsymbol{\mu}_{\mathcal{B}}}{\sqrt{\boldsymbol{\sigma}_{\mathcal{B}}^2 + \epsilon}}, \tag{7.19}$$

其中 $\boldsymbol{\mu}_{\mathcal{B}}$、$\boldsymbol{\sigma}_{\mathcal{B}}^2$ 为这一批次中样本的均值和方差.

对净输入 $\boldsymbol{z}^{(l)}$ 的标准规范化会使得其取值集中到 0 附近, 如果使用 Sigmoid 型激活函数, 这个取值区间刚好是接近线性变换的区间, 减弱了神经网络的非线性性质. 因此, 为了使得规范化不对网络的表示能力造成负面影响, 可以通过一个附加的缩放和平移变换来改变取值区间. 则有

$$\hat{\boldsymbol{z}}^{(l)} \triangleq \mathrm{BN}_{\boldsymbol{\gamma}, \boldsymbol{\beta}}(\boldsymbol{z}^{(l)}) = \frac{\boldsymbol{z}^{(l)} - \boldsymbol{\mu}_{\mathcal{B}}}{\sqrt{\boldsymbol{\sigma}_{\mathcal{B}}^2 + \epsilon}} \odot \boldsymbol{\gamma} + \boldsymbol{\beta}. \tag{7.20}$$

7.5.1.1　BatchNorm 算子

下面定义 BatchNorm 算子, 实现批量规范化. 在实现批量规范化时, 在训练过程中的均值和方差可以动态计算, 但在测试时需要保存固定, 否则模型输出就会受到同一批次中其他样本的影响.

因此, 在训练时需要将每一批次样本的均值和方差以移动平均值的方式记录下来, 预测时使用整个训练集上的均值和方差(也就是保存的移动平均值)进行规范化. 代码实现如下:

```
1  class BatchNorm(nn.Layer):
2      def __init__(self, num_features, eps=1e-7, momentum=0.9, gamma=1.0, beta=0.0):
3          """
4          批量规范化初始化
5          输入:
6              - num_features: 输入特征数
7              - eps: 为保持数值稳定性而设置的常数
8              - momentum: 用于计算移动平均值
9              - gamma: 缩放的参数
10             - beta: 平移的参数
11         """
12         super(BatchNorm, self).__init__()
13         shape = (1, num_features)
14         self.gamma = paddle.to_tensor(gamma, dtype='float32')
15         self.beta = paddle.to_tensor(beta, dtype='float32')
16         self.moving_mean = paddle.zeros(shape)
17         self.moving_variance = paddle.ones(shape)
18         self.eps = eps
19         self.momentum = momentum
20
21     def __call__(self, X, train_mode=True):
22         return self.forward(X, train_mode)
23
24     def forward(self, X, train_mode=True):
25         if not train_mode:
26             X = (X - self.moving_mean) / paddle.sqrt(self.moving_variance + self.eps)
27         else:
28             assert len(X.shape) in (2, 4)
29             if len(X.shape) == 2:
30                 # 对于Linear层
31                 mean = paddle.mean(X, axis=0)
32                 var = ((X - mean) ** 2).mean(axis=0)
33             else:
34                 # 对于卷积层
35                 mean = paddle.mean(X, axis=[0, 2, 3], keepdim=True)
36                 var = ((X - mean) ** 2).mean(axis=[0, 2, 3], keepdim=True)
37             X = (X - mean) / paddle.sqrt(var, self.eps)
38             # 保存移动平均值
39             self.moving_mean = self.momentum * self.moving_mean + (1. - self.momentum) * \
                    mean
40             self.moving_variance = self.momentum * self.moving_variance + (1. - self.\
                    momentum) * var
```

```
41          y = self.gamma * X + self.beta
42          return y
```

7.5.1.2 支持逐层规范化的 MLP 算子

重新定义MLP算子，加入逐层规范化功能. 初始化网络时新增三个参数：norm_name指定使用哪一种逐层规范化（默认为 None）、gamma和beta为缩放和平移变换的参数. 代码实现如下：

```
1   class MLP(nn.Layer):
2       def __init__(self, layers_size, init_fn_name, init_fn, act_fn, norm_name=None, gamma=
            None, beta=None):
3           """
4           多层网络初始化
5           输入：
6               - layers_size: 每层神经元的数量
7               - init_fn_name: 网络中参数初始化方法
8               - init_fn: 计算高斯分布标准差或均匀分布r值
9               - act_fn: 激活函数
10              - norm_name: 使用哪一种逐层规范化
11              - gamma、beta: 缩放和平移变换的参数
12          """
13          super(MLP, self).__init__()
14          self.linear = paddle.nn.Sequential()
15          self.normalization = {}
16          self.num_layers = len(layers_size) - 1
17          for i in range(self.num_layers):
18              input_size, output_size = layers_size[i], layers_size[i + 1]
19              if init_fn_name == 'normal':
20                  # Xavier高斯分布初始化，计算方差
21                  self.linear.add_sublayer(str(i), nn.Linear(input_size, output_size,
22                                      weight_attr=nn.initializer.Normal(mean=0, std=init_fn
                                          (input_size, output_size))))
23              elif init_fn_name == 'uniform':
24                  r = init_fn(input_size, output_size)
25                  self.linear.add_sublayer(str(i), nn.Linear(input_size, output_size,
                        weight_attr=nn.initializer.Uniform(low=-r, high=r)))
26              else:
27                  self.linear.add_sublayer(str(i), nn.Linear(input_size, output_size,
                        weight_attr=nn.initializer.Normal()))
28              # 判断是否使用逐层规范化，以及使用哪一种逐层规范化
29              if norm_name == 'bn':
30                  self.normalization[i] = BatchNorm(output_size, gamma=gamma[i], beta=beta[i])
31              elif norm_name == 'ln':
32                  # LayerNorm: 对一个中间层的所有神经元进行规范化
33                  self.normalization[i] = LayerNorm(gamma=gamma[i], beta=beta[i])
```

```
34            self.act_fn = act_fn()
35            self.norm_name = norm_name
36            self.z = {}
37
38        def __call__(self, X, train_mode=True):
39            return self.forward(X, train_mode)
40
41        def forward(self, X, train_mode=True):
42            y = X
43            for num_layer in range(self.num_layers):
44                y = self.linear[num_layer](y)
45                if num_layer != self.num_layers - 1:
46                    if self.norm_name == 'bn':
47                        y = self.normalization[num_layer](y, train_mode)
48                    elif self.norm_name == 'ln':
49                        y = self.normalization[num_layer](y)
50                # 为了展示逐层规范化后的输出的均值和方差, 使用z[num_layer]进行记录
51                self.z[num_layer] = y
52                y = self.act_fn(y)
53            return y
```

因为批量规范化是对一个中间层的单个神经元进行规范化操作,所以要求小批量样本的数量不能太小,否则难以计算单个神经元的统计信息. 所以我们使用paddle.randn随机生成一组形状为(200, 100)的数据,打印数据送入网络前的均值与标准差. 再分别定义使用批量规范化和不使用批量规范化的五层线性网络,分别打印网络第四层的均值与标准差,对比结果.

7.5.1.3　内部协变量偏移实验

下面我们构建两个模型:model1 不使用批量规范化,model2 使用批量规范化,观察批量规范化是否可以缓解内部协变量偏移问题. 代码实现如下:

```
1  paddle.seed(0)
2
3  # 定义网络每层神经元的数量
4  layers_size = [100, 200, 400, 300, 2, 2]
5
6  data = paddle.randn(shape=[200, 100])
7  print('data mean: ', data.numpy().mean())
8  print('data std: ', data.numpy().std())
9
10 activate_fn = paddle.nn.Tanh
11 model1 = MLP(layers_size, 'basic', None, act_fn=activate_fn)
12 output = model1(data)
13 print('no batch normalization: ')
14 print('model output mean: ', model1.z[3].numpy().mean(axis=0))
```

```
15  print('model output std:', model1.z[3].numpy().std(axis=0))
16
17  gamma = [1, 1, 1, 1, 1]
18  beta = [0, 0, 0, 0, 0]
19  model2 = MLP(layers_size, 'basic', None, act_fn=activate_fn, norm_name='bn', gamma=gamma,
        beta=beta)
20  output = model2(data)
21  print('with batch normalization: ')
22  print('model output mean: ', model2.z[3].numpy().mean(axis=0))
23  print('model output std:', model2.z[3].numpy().std(axis=0))
```

输出结果为：

```
data mean: 0.001138683
data std:   1.0084993
no batch normalization:
model output mean: [ 0.6876077 −0.8056189]
model output std: [18.348772 15.487542]
with batch normalization:
model output mean: [−4.9173834e−09 −8.0466274e−09]
model output std: [1.0000002 1.        ]
```

从输出结果看，在经过多层网络后，网络输出的均值和标准差已经发生偏移. 而当我们指定批量规范化的均值和标准差为 0,1 时，网络输出的均值和标准差就会变为 0,1.

当我们指定 γ 和 β 时，网络输出的标准差和均值就变为 γ 和 β 的值. 代码实现如下：

```
1   paddle.seed(0)
2
3   gamma = [1, 2, 3, 5, 4]
4   beta = [3, 2, 1, 2, 2]
5   model3 = MLP(layers_size, 'basic', None, act_fn=activate_fn, norm_name='bn', gamma=gamma,
        beta=beta)
6   output = model3(data)
7   print('batch normalization with different gamma and beta for different layer: ')
8   print('output means with bn 0: ', model3.z[0].numpy().mean())
9   print('output stds with bn 0: ', model3.z[0].numpy().std())
10  print('output means with bn 3: ', model3.z[3].numpy().mean())
11  print('output stds with bn 3: ', model3.z[3].numpy().std())
```

输出结果为：

```
batch normalization with different gamma and beta for different layer:
output means with bn 0:  3.0
output stds with bn 0:   1.0
output means with bn 3:  2.0
output stds with bn 3:   5.0
```

7.5.1.4 均值和方差的移动平均计算实验

下面测试批量规范化中训练样本均值和方差的移动平均值计算. 使网络前向迭代 50 个回合, 这个前向计算并不涉及网络训练与梯度更新, 只是模拟网络训练时批量规范化中训练样本的均值和方差用移动平均计算的过程. 代码实现如下:

```
1  paddle.seed(0)
2
3  epochs = 50
4  for epoch in range(epochs):
5      inputs = paddle.randn(shape=[200, 100])
6      output = model3(data)
7
8  # 打印批量规范化中训练样本均值和方差的移动平均值
9  print('batch norm 3 moving mean: ', model3.normalization[3].moving_mean.numpy())
10 print('batch norm 3 moving variance: ', model3.normalization[3].moving_variance.numpy())
```

输出结果为:

```
batch norm 3 moving mean: [[−0.63306284 0.17639302]]
batch norm 3 moving variance:  [[149.98349 267.1632 ]]
```

开启测试模式, 使用训练集的移动平均值作为测试集批量规范化的均值和标准差. 代码实现如下:

```
1  paddle.seed(0)
2
3  inputs_test = paddle.randn(shape=[5, 100])
4  output = model3(inputs_test, train_mode=False)
```

7.5.1.5 在 MNIST 数据集上使用带批量规范化的卷积网络

批量规范化的提出是为了解决内部协方差偏移问题, 但后来发现其主要优点是更平滑的优化地形, 以及使梯度变得更加稳定, 从而提高收敛速度.

为验证批量规范化的有效性, 本节使用飞桨 API 快速搭建一个多层卷积神经网络. 在 MNIST 数据集上, 观察使用批量规范化的网络是否相对于没有使用批量规范化的网络收敛速度更快. 代码实现如下:

```
1  from paddle.nn import Conv2D, MaxPool2D, Linear, BatchNorm2D
2
3  # 多层卷积神经网络实现
4  class MultiConvLayerNet(nn.Layer):
5      def __init__(self, use_bn=False):
6          super(MultiConvLayerNet, self).__init__()
7
```

```
8        # 定义卷积层,输出特征通道out_channels设置为20,卷积核的大小kernel_size为5,卷积步长
             stride=1, padding=2
9        self.conv1 = Conv2D(in_channels=1, out_channels=20, kernel_size=5, stride=1,
             padding=2)
10       # 定义汇聚层,窗口的大小为2,步长为2
11       self.max_pool1 = MaxPool2D(kernel_size=2, stride=2)
12       # 定义卷积层,输出特征通道out_channels设置为20,卷积核的大小kernel_size为5,卷积步长
             stride=1, padding=2
13       self.conv2 = Conv2D(in_channels=20, out_channels=20, kernel_size=5, stride=1,
             padding=2)
14       # 定义汇聚层,窗口的大小为2,步长为2
15       self.max_pool2 = MaxPool2D(kernel_size=2, stride=2)
16       # 定义一层全连接层,输出维度是10
17       self.fc = Linear(980, 10)
18       if use_bn:
19           # 定义批量规范化层
20           self.batch_norm1 = BatchNorm2D(num_features=20)
21           self.batch_norm2 = BatchNorm2D(num_features=20)
22       self.use_bn = use_bn
23
24   # 定义网络前向计算过程
25   def forward(self, inputs):
26       x = self.conv1(inputs)
27       if self.use_bn:
28           x = self.batch_norm1(x)
29       x = F.relu(x)
30       x = self.max_pool1(x)
31       x = self.conv2(x)
32       if self.use_bn:
33           x = self.batch_norm2(x)
34       x = F.relu(x)
35       x = self.max_pool2(x)
36       x = paddle.reshape(x, [x.shape[0], 980])
37       x = self.fc(x)
38       return x
```

实例化网络并进行训练. model1 不使用批量规范化, model2 使用批量规范化. 代码实现如下:

```
1  from nndl import Accuracy
2
3  paddle.seed(0)
4  # 确保从paddle.vision.datasets.MNIST中加载的图像数据是np.ndarray类型
5  paddle.vision.image.set_image_backend('cv2')
6
7  # 使用MNIST数据集
```

```
 8  train_dataset = MNIST(mode='train', transform=transform)
 9  train_loader = io.DataLoader(train_dataset, batch_size=64, shuffle=True)
10  dev_dataset = MNIST(mode='test', transform=transform)
11  dev_loader = io.DataLoader(train_dataset, batch_size=64)
12  model1 = MultiConvLayerNet(use_bn=False)
13  opt1 = paddle.optimizer.Adam(learning_rate=0.01, parameters=model1.parameters())
14  loss_fn = F.cross_entropy
15  metric = Accuracy()
16  runner1 = RunnerV3(model1, opt1, loss_fn, metric)
17  print('train network without batch normalization')
18  runner1.train(train_loader, dev_loader, num_epochs=5, log_steps=0, eval_steps=300)
19
20  model2 = MultiConvLayerNet(use_bn=True)
21  opt2 = paddle.optimizer.Adam(learning_rate=0.01, parameters=model2.parameters())
22  runner2 = RunnerV3(model2, opt2, loss_fn, metric)
23  print('train network with batch normalization')
24  runner2.train(train_loader, dev_loader, num_epochs=5, log_steps=0, eval_steps=300)
```

对比 model1 和 model2 在验证集上损失和准确率的变化情况. 结果如图7.16所示, 使用批量规范化的网络收敛速度会更好.

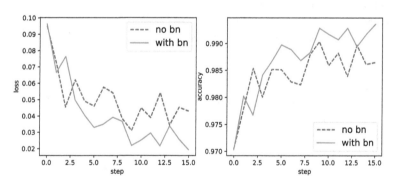

图 7.16 批量规范化的对比实验

7.5.2 层规范化

层规范化和批量规范化是非常类似的方法, 它们的区别在于批量规范化对中间层的单个神经元进行规范化操作, 而层规范化对一个中间层的所有神经元进行规范化.

层规范化定义为

$$\hat{\boldsymbol{z}}^{(l)} = \frac{\boldsymbol{z}^{(l)} - \mu^{(l)}}{\sqrt{\sigma^{(l)^2} + \epsilon}} \odot \boldsymbol{\gamma} + \boldsymbol{\beta}, \tag{7.21}$$

$$\triangleq \text{LN}_{\boldsymbol{\gamma}, \boldsymbol{\beta}}(\boldsymbol{z}^{(l)}), \tag{7.22}$$

其中 $z^{(l)}$ 为第 l 层神经元的净输入，γ 和 β 分别代表缩放和平移的参数向量，和 $z^{(l)}$ 维数相同. $\mu^{(l)}$ 和 $\sigma^{(l)2}$ 分别为 $z^{(l)}$ 的均值和方差.

根据上面的公式可以看出，对于 K 个样本的一个小批量合集 $z^{(l)} = [z^{(1,l)}; \dots ; z^{(K,l)}]$，层规范化是对矩阵 $z^{(l)}$ 的每一列进行规范化，而批量规范化是对每一行进行规范化. 一般而言，批量规范化是一种更好的选择. 当小批量样本数量比较小时，可以选择层规范化.

7.5.2.1　LayerNorm算子

定义LayerNorm实现层规范化算子. 与批量规范化不同，层规范化对每个样本的所有特征进行规范化. 代码实现如下：

```
1  class LayerNorm(nn.Layer):
2      def __init__(self, eps=1e-7, gamma=1.0, beta=0.0):
3          """
4          层规范化初始化
5          输入:
6              - eps: 为保持数值稳定性而设置的常数
7              - gamma: 缩放的参数
8              - beta: 平移的参数
9          """
10         super().__init__(self.__class__.__name__)
11         self.gamma = paddle.to_tensor(gamma, dtype='float32')
12         self.beta = paddle.to_tensor(beta, dtype='float32')
13         self.eps = eps
14
15     def forward(self, X):
16         # 层规范化对每个样本的每个特征进行规范化
17         assert len(X.shape) in (2, 3, 4)
18         if len(X.shape) == 4:
19             mean = paddle.mean(X, axis=[1, 2, 3], keepdim=True)
20             var = ((X - mean) ** 2).mean(axis=[1, 2, 3], keepdim=True)
21         else:
22             mean = paddle.mean(X, axis=-1, keepdim=True)
23             var = ((X - mean) ** 2).mean(axis=-1, keepdim=True)
24         X = (X - mean) / paddle.sqrt(var, self.eps)
25         y = self.gamma * X + self.beta
26         return y
```

7.5.2.2　层规范化的验证实验

随机初始化一组形状为 [10, 100] 的数据，输入带有层规范化的前馈神经网络中，得到网络输出并打印输出的标准差和均值. 指定 γ 和 β，从输出结果看，网络输出的标准差和均值变为 γ 和 β 的值. 代码实现如下：

```
1  paddle.seed(0)
```

```
2
3  # 定义网络每层神经元的数量
4  layers_size = [100, 200, 400, 300, 2, 2]
5
6  # 随机生成数据
7  data = paddle.randn(shape=[10, 100])
8  activate_fn = paddle.nn.Tanh
9  gamma = [1, 2, 3, 5, 4]
10 beta = [3, 2, 1, 2, 2]
11 model = MLP(layers_size, 'basic', None, act_fn=activate_fn, norm_name='ln', gamma=gamma,
        beta=beta)
12 output = model(data)
13 print('layer normalization with different gamma and beta for different layer: ')
14 print('output means with ln 0: ', model.z[0].numpy().mean(axis=-1))
15 print('output stds with ln 0: ', model.z[0].numpy().std(axis=-1))
16 print('output means with ln 1: ', model.z[3].numpy().mean(axis=-1))
17 print('output stds with ln 1: ', model.z[3].numpy().std(axis=-1))
```

输出结果为:

```
layer normalization with different gamma and beta for different layer :
output means with ln 0:  [3. 3. 3. 3. 3. 3. 3.0000002 3. 3. 3.]
output stds with ln 0:  [1. 1. 1. 1. 1. 0.99999994 1. 1. 1. 1.]
output means with ln 1:  [1.9999998 2.0000002 2. 2. 1.9999998 2. 2. 2. 2. 2.]
output stds with ln 1:  [5. 5. 5. 5. 5. 5. 5. 5. 5. 5.]
```

因为层规范化是对每个样本的每个通道做规范化,不需要存储训练数据的均值和方差的移动平均值,所以这里不需要多轮迭代累计移动平均值再做测试. 而随机生成测试数据经过带层规范化的神经网络和上述代码实现方式相同,这里不再重复展示.

动手练习 7.8
尝试在 MNIST 数据集上对比使用层规范化的网络与没有使用层规范化的网络在收敛速度上的区别.

7.6 网络正则化方法

由于深度神经网络的复杂度比较高,并且拟合能力很强,很容易在训练集上产生过拟合,因此在训练深度神经网络时,也需要通过一定的正则化方法来改进网络的泛化能力. 正则化(Regularization)是一类通过限制模型复杂度,从而避免过拟合、提高泛化能力的方法,比如引入约束、增加先验、提前停止等.

　　为了展示不同正则化方法的实现方式和效果,本节构建一个小数据集和多层感知器来模拟一个过拟合的实验场景,并实现 ℓ_2 正则化、权重衰减和暂退法,观察这些正则化方法是否可以缓解过拟合现象.

7.6.1　数据集构建

　　首先使用第3.1.1节中实现的数据集构建函数 make_moons 来构建一个小数据集,生成 300 个样本,其中 200 个作为训练数据,100 个作为测试数据. 代码实现如下:

```
1  paddle.seed(0)
2
3  # 采样300个样本
4  n_samples = 300
5  num_train = 200
6
7  # 根据make_moons生成二分类数据集
8  data_X, data_y = make_moons(n_samples=n_samples, shuffle=True, noise=0.5)
9  X_train, y_train = data_X[:num_train], data_y[:num_train]
10 X_test, y_test = data_X[num_train:], data_y[num_train:]
11
12 y_train = y_train.reshape([-1, 1])
13 y_test = y_test.reshape([-1, 1])
14 print('train dataset X shape: ', X_train.shape)
15 print('train dataset y shape: ', y_train.shape)
```

输出结果为:

```
train dataset X shape:  [200, 2]
train dataset y shape:  [200, 1]
```

7.6.2　模型构建

　　为了更好地展示正则化方法的实现机理,本节使用本书自定义的Op类来构建一个全连接前馈网络(即多层感知器)MLP_3L. MLP_3L是一个三层感知器,使用 ReLU 激活函数,最后一层输出层为线性层,即输出对率.

　　首先,我们实现ReLU算子,然后复用第4.2.4.4节中定义的Linear算子,组建多层感知器MLP_3L.

7.6.2.1　ReLU算子

　　假设一批样本组成的矩阵 $\boldsymbol{Z} \in \mathbb{R}^{N \times D}$,每一行表示一个样本,$N$ 为样本数,D 为特征维度,ReLU 激活函数的前向过程表示为

$$\boldsymbol{A} = \max(\boldsymbol{Z}, 0) \in \mathbb{R}^{N \times D}, \tag{7.23}$$

其中 A 为经过 ReLU 函数后的活性值.

令 $\delta_A = \frac{\partial \mathcal{R}}{\partial A} \in \mathbb{R}^{N \times D}$ 表示最终损失 $\mathcal{R}$ 对 ReLU 算子输出 A 的梯度, ReLU 激活函数的反向过程可以写为

$$\delta_Z = \delta_A \odot (A > 0) \in \mathbb{R}^{N \times D}, \tag{7.24}$$

其中 δ_Z 为 ReLU 算子反向函数的输出.

下面实现 ReLU 算子, 并实现前向和反向的计算. 由于 ReLU 函数中没有参数, 这里不需要在 backward() 方法进一步计算该算子参数的梯度. 代码实现如下:

```
1  class ReLU(Op):
2      def __init__(self):
3          self.inputs = None
4          self.outputs = None
5          self.params = None
6
7      def forward(self, inputs):
8          self.inputs = inputs
9          return paddle.multiply(inputs, paddle.to_tensor(inputs > 0, dtype='float32'))
10
11     def backward(self, outputs_grads):
12         # 计算ReLU激活函数对输入的导数
13         # paddle.multiply是逐元素相乘算子
14         return paddle.multiply(outputs_grads, paddle.to_tensor(self.inputs > 0, dtype='float32'))
```

7.6.2.2 自定义多层感知器

这里, 我们构建一个多层感知器 MLP_3L. MLP_3L 算子由三层线性网络构成, 层与层间加入 ReLU 激活函数, 最后一层输出层为线性层, 即输出对率. 复用第 4.2.4.4 节中定义的 Linear 算子, 结合 ReLU 算子, 实现网络的前反向计算. 初始化时将模型中每一层的参数 W 以标准正态分布的形式进行初始化, 参数 b 初始化为 0. 函数 forward 进行网络的前向计算, 函数 backward 进行网络的反向计算, 将网络中参数梯度保存下来, 后续通过优化器进行梯度更新. 代码实现如下:

```
1  import nndl.op as op
2
3  class MLP_3L(Op):
4      def __init__(self, layers_size):
5          self.fc1 = op.Linear(layers_size[0], layers_size[1], name='fc1')
6          # ReLU激活函数
7          self.act_fn1 = ReLU()
8          self.fc2 = op.Linear(layers_size[1], layers_size[2], name='fc2')
9          self.act_fn2 = ReLU()
10         self.fc3 = op.Linear(layers_size[2], layers_size[3], name='fc3')
```

```
11        self.layers = [self.fc1, self.act_fn1, self.fc2, self.act_fn2, self.fc3]
12
13    def __call__(self, X):
14        return self.forward(X)
15
16    def forward(self, X):
17        z1 = self.fc1(X)
18        a1 = self.act_fn1(z1)
19        z2 = self.fc2(a1)
20        a2 = self.act_fn2(z2)
21        z3 = self.fc3(a2)
22        return z3
23
24    def backward(self, loss_grad_z3):
25        loss_grad_a2 = self.fc3.backward(loss_grad_z3)
26        loss_grad_z2 = self.act_fn2.backward(loss_grad_a2)
27        loss_grad_a1 = self.fc2.backward(loss_grad_z2)
28        loss_grad_z1 = self.act_fn1.backward(loss_grad_a1)
29        loss_grad_inputs = self.fc1.backward(loss_grad_z1)
```

7.6.2.3　损失函数算子

使用交叉熵函数作为损失函数. 这里MLP_3L模型的输出是对率而不是概率, 因此不能直接使用第4.2.4.2节实现的BinaryCrossEntropyLoss算子. 我们这里对交叉熵函数进行完善, 使其可以直接接收对率计算交叉熵.

对公式(3.5)进行改写, 令向量 $y \in \{0,1\}^N$ 表示 N 个样本的标签构成的向量, 向量 $o \in \mathbb{R}^N$ 表示 N 个样本的模型输出的对率, 二分类的交叉熵损失为

$$\mathcal{R}(y, o) = -\frac{1}{N}\Big(y^{\top} \log \sigma(o) + (1 - y)^{\top} \log\big(1 - \sigma(o)\big)\Big), \tag{7.25}$$

其中 σ 为 Logistic 函数.

二分类交叉熵损失函数的输入是神经网络的输出 o. 最终的损失 $\mathcal{R}$ 对 o 的偏导数为

$$\frac{\partial \mathcal{R}}{\partial o} = -\frac{1}{N}\big(y - \sigma(o)\big). \tag{7.26}$$

损失函数BinaryCrossEntropyWithLogits的代码实现如下:

```
1  class BinaryCrossEntropyWithLogits(Op):
2    def __init__(self, model):
3        self.predicts = None
4        self.labels = None
5        self.data_size = None
6        self.model = model
7        self.logistic = op.Logistic()
```

```
8
9    def __call__(self, logits, labels):
10       return self.forward(logits, labels)
11
12   def forward(self, logits, labels):
13       self.predicts = self.logistic(logits)
14       self.labels = labels
15       self.data_size = self.predicts.shape[0]
16       loss = -1. / self.data_size * (paddle.matmul(self.labels.t(), paddle.log(self.
             predicts)) + paddle.matmul((1 - self.labels.t()), paddle.log(1 - self.predicts)
             ))
17       loss = paddle.squeeze(loss, axis=1)
18       return loss
19
20   def backward(self):
21       inputs_grads = 1./ self.data_size * (self.predicts - self.labels)
22       self.model.backward(inputs_grads)
```

定义accuracy_logits函数,输入为logits和labels.代码实现如下:

```
1    def accuracy_logits(logits, labels):
2        """
3        输入:
4           - logits: 预测值,二分类时,shape=[N, 1],N为样本数量;多分类时,shape=[N, C],C为类别数
                量
5           - labels: 真实标签,shape=[N, 1]
6        输出:
7           - 准确率: shape=[1]
8        """
9        # 判断是二分类任务还是多分类任务,preds.shape[1]=1时为二分类任务,preds.shape[1]>1时为多分类
             任务
10       if logits.shape[1] == 1:
11           # 二分类时,判断每个logits是否大于0,当大于0时类别为1,否则类别为0
12           #使用'paddle.cast'将preds的数据类型转换为float32类型
13           preds = paddle.cast((logits > 0), dtype='float32')
14       else:
15           # 多分类时,使用'paddle.argmax'计算最大元素索引作为类别
16           preds = paddle.argmax(logits, axis=1, dtype='int32')
17
18       return paddle.mean(paddle.cast(paddle.equal(preds, labels), dtype='float32'))
```

7.6.2.4 模型训练

使用train_model函数指定训练集数据和测试集数据、网络、优化器、损失函数、训练迭代次数等参数.代码实现如下:

```
1  def train_model(X_train, y_train, X_test, y_test, model, optimizer, loss_fn, num_iters, *
       args):
2      """
3      训练模型
4      输入:
5          - X_train, y_train: 训练集数据
6          - X_test, y_test: 测试集数据
7          - model: 定义网络
8          - optimizer: 优化器
9          - loss_fn: 损失函数
10         - num_iters: 训练迭代次数
11         - args: 在dropout中指定模型为训练模式或评价模式
12     """
13     losses = []
14     for i in range(num_iters):
15         # 前向计算
16         train_logits = model(X_train)
17         loss = loss_fn(train_logits, y_train)
18         # 反向计算
19         loss_fn.backward()
20         # 更新参数
21         optimizer.step()
22         if i % 100 == 0:
23             losses.append(loss)
24
25     train_logits = model(X_train, *args)
26     acc_train = accuracy_logits(train_logits, y_train)
27     test_logits = model(X_test, *args)
28     acc_test = accuracy_logits(test_logits, y_test)
29     print('train accuracy:', acc_train.numpy())
30     print('test accuracy:', acc_test.numpy())
31     return losses
```

复用第4.2.4.6节中的BatchGD定义梯度下降优化器. 进行50 000次训练迭代, 观察模型在训练集和测试集上的准确率. 代码实现如下:

```
1  from nndl.op import BatchGD
2  paddle.seed(0)
3  layers_size = [X_train.shape[1], 20, 3, 1]
4  model = MLP_3L(layers_size)
5  opt = BatchGD(init_lr=0.2, model=model)
6  loss_fn = BinaryCrossEntropyWithLogits(model)
7  losses = train_model(X_train, y_train, X_test, y_test, model, opt, loss_fn, 50000)
```

输出结果为:

```
train accuracy: 0.91
test accuracy: 0.71
```

从输出结果看,模型在训练集上的准确率为91%,在测试集上的准确率为71%,推断模型出现了过拟合现象. 为了更好地观察模型,我们通过可视化分类界面来确认模型是否发生了过拟合.

可视化函数show_class_boundary的代码实现如下:

```
1  def show_class_boundary(model, X_train, y_train, *args):
2      #均匀生成40 000个数据点
3      x1, x2 = paddle.meshgrid(paddle.linspace(-2, 3, 200), paddle.linspace(-3, 3, 200))
4      x = paddle.stack([paddle.flatten(x1), paddle.flatten(x2)], axis=1)
5      #预测对应类别
6      y = model(x, *args)
7      y = paddle.cast((y>0), dtype='int32').squeeze()
8      #绘制类别区域
9      plt.xlabel('x1')
10     plt.ylabel('x2')
11     plt.scatter(x[:, 0].numpy(), x[:, 1].numpy(), c=y.tolist(), cmap=plt.cm.Spectral)
12     plt.scatter(X_train[:, 0].numpy(), X_train[:, 1].numpy(), marker='*', c=y_train.squeeze
           ().tolist())
```

```
1  show_class_boundary(model, X_train, y_train)
```

输出结果如图7.17所示. 图中两种颜色的点代表两种类别的分类标签,不同颜色的区域是模型学习到的两个分类区域. 从输出结果看,交界处的点被极细致地进行了区域分割,说明模型存在过拟合现象.

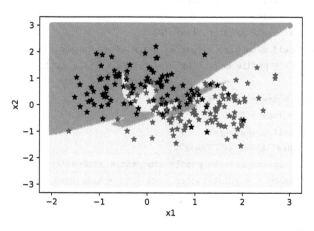

图 7.17 MLP_3L 的分类界面可视化

7.6.3　ℓ_1 和 ℓ_2 正则化

ℓ_1 和 ℓ_2 正则化是机器学习中最常用的正则化方法, 通过约束参数的 ℓ_1 和 ℓ_2 范数来减小模型在训练数据集上的过拟合现象. 通过加入 ℓ_1 和 ℓ_2 正则化, 优化问题可以写为

$$\theta^* = \arg\min_{\theta} \frac{1}{B} \sum_{n=1}^{B} \mathcal{L}(y^{(n)}, f(\boldsymbol{x}^{(n)}; \theta)) + \lambda \ell_p(\theta), \tag{7.27}$$

其中 $\mathcal{L}(\cdot)$ 为损失函数, B 为批大小, $f(\cdot)$ 为待学习的神经网络, θ 为其参数, ℓ_p 为范数函数, p 的取值通常为 1,2 代表 ℓ_1 和 ℓ_2 范数, λ 为正则化系数.

下面通过实验来验证 ℓ_2 正则化缓解过拟合的效果. 在交叉熵损失基础上增加 ℓ_2 正则化, 相当于前向计算时, 损失加上 $\frac{1}{2}\|\theta\|^2$. 而反向计算时, 所有参数的梯度再额外加上 $\lambda\theta$.

完善算子 BinaryCrossEntropyWithLogits, 使其支持带 ℓ_2 正则化项. 代码实现如下:

```
1   class BinaryCrossEntropyWithLogits(Op):
2       def __init__(self, model, lambd):
3           self.predicts = None
4           self.labels = None
5           self.data_size = None
6           self.model = model
7           self.logistic = op.Logistic()
8           self.lambd = lambd
9
10      def __call__(self, logits, labels):
11          return self.forward(logits, labels)
12
13      def forward(self, logits, labels):
14          self.predicts = self.logistic(logits)
15          self.labels = labels
16          self.data_size = self.predicts.shape[0]
17          loss = -1. / self.data_size * (paddle.matmul(self.labels.t(), paddle.log(self.
                  predicts)) + paddle.matmul((1 - self.labels.t()), paddle.log(1 - self.predicts)
                  ))
18          loss = paddle.squeeze(loss, axis=1)
19          regularization_loss = 0
20          for layer in self.model.layers:
21              if isinstance(layer, op.Linear):
22                  regularization_loss += paddle.sum(paddle.square(layer.params['W']))
23          loss += self.lambd * regularization_loss / (2 * self.data_size)
24          return loss
25
26      def backward(self):
27          inputs_grads = 1./ self.data_size * (self.predicts - self.labels)
28          self.model.backward(inputs_grads)
```

```
29        #更新正则化项对应的梯度
30        for layer in self.model.layers:
31            if isinstance(layer, nn.Linear) and isinstance(layer.grads, dict):
32                layer.grads['W'] += self.lambd * layer.params['W'] / self.data_size
```

重新训练网络,增加 ℓ_2 正则化后再进行 50 000 次迭代. 代码实现如下:

```
1  paddle.seed(0)
2  model = MLP_3L(layers_size)
3  opt = BatchGD(init_lr=0.2, model=model)
4  loss_fn = BinaryCrossEntropyWithLogits(model, lambd=0.7)
5  losses = train_model(X_train, y_train, X_test, y_test, model, opt, loss_fn, num_iters
       =50000)
```

输出结果为:

```
train accuracy: 0.86
test  accuracy: 0.77
```

从输出结果看,在训练集上的准确率为86%,测试集上的准确率为77%. 从输出结果看,猜测过拟合现象得到缓解.

再通过可视化分类界面证实猜测结果,代码实现如下:

```
1  show_class_boundary(model, X_train, y_train)
```

输出结果如图7.18所示.

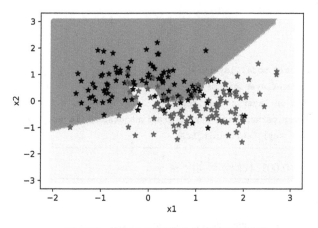

图 7.18　使用 ℓ_2 正则化的分类界面可视化

从输出结果看,过拟合现象有所缓解,说明 ℓ_2 正则化可以缓解过拟合现象.

7.6.4　权重衰减

权重衰减（Weight Decay）是一种有效的正则化方法,在每次参数更新时引入一个衰减系数.

$$\theta_t \leftarrow (1-\beta)\theta_{t-1} - \alpha g_t, \tag{7.28}$$

其中 g_t 为第 t 步更新时的梯度,α 为学习率,β 为权重衰减系数,一般取值比较小,比如 0.0005.

完善BatchGD优化器,增加权重衰减系数. 定义gradient_descent函数,在参数更新时增加衰减系数. 代码实现如下：

```
1  class BatchGD(Optimizer):
2     def __init__(self, init_lr, model, weight_decay):
3         """
4         小批量梯度下降优化器初始化
5         输入：
6             - init_lr: 初始学习率
7             - model: 模型，model.params存储模型参数值
8         """
9         super(BatchGD, self).__init__(init_lr=init_lr, model=model)
10        self.weight_decay = weight_decay
11
12    def gradient_descent(self, x, gradient_x, init_lr):
13        """
14        梯度下降更新一次参数
15        """
16        x = (1 - self.weight_decay) * x - init_lr * gradient_x
17        return x
18
19    def step(self):
20        """
21        参数更新
22        """
23        for layer in self.model.layers:
24            if isinstance(layer.params, dict):
25                for key in layer.params.keys():
26                    layer.params[key] = self.gradient_descent(layer.params[key], layer.grads[
                        key], self.init_lr)
```

设置权重衰减系数为0.001. 代码实现如下：

```
1  paddle.seed(0)
2  model = MLP_3L(layers_size)
3  opt = BatchGD(init_lr=0.2, model=model, weight_decay=0.001)
4  loss_fn = BinaryCrossEntropyWithLogits(model, lambd=0)
5  losses = train_model(X_train, y_train, X_test, y_test, model, opt, loss_fn, num_iters
        =50000)
```

输出结果为：

```
train accuracy: 0.845
test accuracy: 0.75
```

从输出结果看，训练集上的准确率为84.5%，测试集上的准确率为75%，猜测仍存在过拟合现象，但是现象得到缓解.

下面通过可视化分类界面证实猜测结果. 代码实现如下：

```
1  show_class_boundary(model, X_train, y_train)
```

输出结果如图7.19所示.

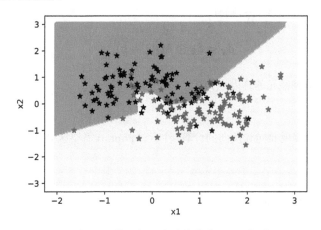

图 7.19　使用权重衰减的分类界面可视化

从输出结果看，权重衰减也可以有效缓解过拟合现象.

7.6.5　暂退法

当训练一个深层神经网络时，可以随机暂退一部分神经元（即置为0）来避免过拟合，这种方法称为暂退法（Dropout Method）. 每次选择暂退的神经元是随机的. 最简单的方法是设置一个固定的概率p，对每一个神经元都以概率p来判定要不要保留.

假设一批样本的某个神经层为$\boldsymbol{X} \in \mathbb{R}^{B \times D}$，其中$B$为批大小，$D$为该层神经元数量，引入一个掩码矩阵$\boldsymbol{M} \in \mathbb{R}^{B \times D}$，每个元素的值以$p$的概率置为0，$1-p$的概率置为1.

由于掩蔽某些神经元后，该神经层的活性值的分布会发生变化，而在测试阶段时不使用暂退，这会使得训练和测试两个阶段该层神经元的活性值的分布不一致，并对之后的神经层产生影响，发生协变量偏移现象. 因此，为了在使用暂退法时不改变活性值$\boldsymbol{X}$的方差，将暂退后保留的神经元活性值放大原来的$1/(1-p)$倍. 这样可以保证下一个神经层的输入在训练和测试阶段的方差基本一致.

暂退函数 dropout 定义为

$$\tilde{X} = \text{dropout}(X) \triangleq \begin{cases} (X \odot M)/(1-p) & \text{当训练阶段时}, \\ X & \text{当测试阶段时}. \end{cases} \tag{7.29}$$

> **提醒**
>
> 公式(7.29)和《神经网络与深度学习》中公式(7.74)不同. 两者都可以解决使用暂退法带来的协变量偏移问题,但本书的方法在实践中更常见.

在反向计算梯度时,令 $\delta_{\tilde{X}} = \frac{\partial \mathcal{L}}{\partial \tilde{X}}$,则有

$$\delta_X = \delta_{\tilde{X}} \odot M/(1-p). \tag{7.30}$$

这里可以看出,暂退神经元的梯度也为 0.

7.6.5.1 Dropout算子

定义Dropout算子,实现前向和反向的计算. 注意,Dropout需要区分训练和评价模型. 代码实现如下:

```
1  class Dropout(Op):
2      def __init__(self, drop_rate):
3          self.mask = None
4          self.drop_rate = drop_rate
5
6      def forward(self, inputs):
7          # 生成一个丢弃掩码
8          mask = paddle.cast(paddle.rand(inputs.shape) > self.drop_rate, dtype='float32')
9          self.mask = mask
10         # 随机使一些神经元失效
11         inputs = paddle.multiply(inputs, mask)
12         # 使输入的方差保持不变
13         inputs /= (1 - self.drop_rate)
14         return inputs
15
16     def backward(self, outputs_grad):
17         return paddle.multiply(outputs_grad, self.mask) / (1 - self.drop_rate)
```

定义MLP_3L_dropout模型,实现带暂退法的网络前反向计算. 代码实现如下:

```
1  from nndl.op import MLP_3L
2
3  class MLP_3L_dropout(MLP_3L):
```

```
4       def __init__(self, layers_size, drop_rate):
5           super(MLP_3L_dropout, self).__init__(layers_size)
6           self.dropout1 = Dropout(drop_rate)
7           self.dropout2 = Dropout(drop_rate)
8           self.layers = [self.fc1, self.act_fn1, self.fc2, self.act_fn2, self.fc3]
9
10      def __call__(self, X, mode='train'):
11          return self.forward(X, mode)
12
13      def forward(self, X, mode='train'):
14          self.mode = mode
15          z1 = self.fc1(X)
16          a1 = self.act_fn1(z1)
17          if self.mode == 'train':
18              a1 = self.dropout1(a1)
19          z2 = self.fc2(a1)
20          a2 = self.act_fn2(z2)
21          if self.mode == 'train':
22              a2 = self.dropout2(a2)
23          z3 = self.fc3(a2)
24          return z3
25
26      def backward(self, loss_grad_z3):
27          loss_grad_a2 = self.fc3.backward(loss_grad_z3)
28          if self.mode == 'train':
29              loss_grad_a2 = self.dropout2.backward(loss_grad_a2)
30          loss_grad_z2 = self.act_fn2.backward(loss_grad_a2)
31          loss_grad_a1 = self.fc2.backward(loss_grad_z2)
32          if self.mode == 'train':
33              loss_grad_a1 = self.dropout1.backward(loss_grad_a1)
34          loss_grad_z1 = self.act_fn1.backward(loss_grad_a1)
35          loss_grad_inputs = self.fc1.backward(loss_grad_z1)
```

设置丢弃概率为 0.5. 代码实现如下：

```
1   paddle.seed(0)
2   model = MLP_3L_dropout(layers_size, drop_rate=0.3)
3   opt = BatchGD(init_lr=0.2, model=model, weight_decay=0)
4   loss_fn = BinaryCrossEntropyWithLogits(model, lambd=0)
5   losses = train_model(X_train, y_train, X_test, y_test, model, opt, loss_fn, 50000, 'dev')
```

输出结果为：

```
train accuracy: 0.855
test accuracy: 0.76
```

从输出结果看, 训练集上的准确率为 85.5%, 测试集上的准确率为 76%, 猜测仍存在过拟合现象, 但是现象得到缓解.

通过可视化分类界面证实猜测结果. 代码实现如下:

```
1  show_class_boundary(model, X_train, y_train, 'dev')
```

输出结果如图 7.20 所示.

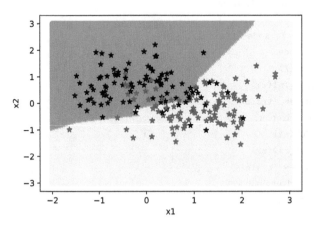

图 7.20　使用暂退法的分类界面可视化

从输出结果看, 暂退法可以有效缓解过拟合, 但缓解效果不如正则化或权重减明显.

动手练习 7.9

尝试修改正则化系数、权重衰减系数和暂退概率, 观察如果三种参数过大会产生什么现象.

7.7　小结

本章通过动手实现不同的优化器和正则化方法来加深读者对神经网络优化和正则化的理解.

在网络优化方面, 首先从影响神经网络优化的三个主要因素 (批大小、学习率、梯度计算) 进行实验比较来看它们对神经网络优化的影响. 为了更好地可视化, 我们还进行 2D 和 3D 的优化过程展示. 除了上面的三个因素外, 我们还动手实现了基于随机采样的参数初始化方法以及逐层规范化方法来进一步提高网络的优化效率.

在网络正则化方面, 我们动手实现了 ℓ_2 正则化、权重衰减以及暂退法, 并展示了它们在缓解过拟合方面的效果.

第8章 注意力机制

注意力机制（Attention Mechanism）是目前在深度学习中使用非常多的信息选择机制. 注意力机制可以作为一种资源分配方案, 从大量的候选信息中选择和任务更相关或更重要的信息, 是解决信息超载问题的有效手段. 注意力机制可以单独使用, 但是更多地被用作神经网络中的一个组件.

本章内容基于《神经网络与深度学习》第8章（注意力机制）相关内容进行设计. 在阅读本章之前, 建议先了解如图8.1所示的关键知识点, 以便更好地理解并掌握相应的理论和实践知识.

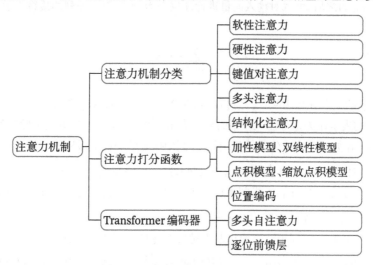

图 8.1 注意力机制关键知识点回顾

本章内容主要包含两部分:

- 模型解读: 实现注意力机制的基本模式及其变体, 并设计了一个文本分类的实验, 验证通过注意力机制和 LSTM 模型的组合应用, 对模型处理信息能力的提升效果, 并进一步实现多头自注意力模型来实现文本分类.

- 案例实践: 实现基于 Transformer 模型的文本语义匹配任务.

8.1 基于双向 LSTM 和注意力机制的文本分类

注意力机制的计算可以分为两步: 一是在所有序列元素上计算注意力分布, 二是根据注意力分布来计算序列中所有元素表示的加权平均得到聚合 (Aggregation) 表示.

为了从 N 个输入向量 $[\boldsymbol{x}_1; ...; \boldsymbol{x}_N]$ 中选择出和某个特定任务相关的信息, 需要引入一个和任务相关的表示, 称为查询向量 (Query Vector), 并通过一个打分函数来计算每个输入向量和查询向量之间的相关性.

给定一个和任务相关的查询向量 $\boldsymbol{q}$, 首先计算注意力分布 (Attention Distribution), 即选择第 n 个输入向量的概率 α_n:

$$\alpha_n = \text{softmax}(s(\boldsymbol{x}_n, \boldsymbol{q})), \tag{8.1}$$

其中 $s(\boldsymbol{x}, \boldsymbol{q})$ 为注意力打分函数, 可以使用加性模型、点积模型、缩放点积模型和双线性模型的方式来计算. 注意力分布也称为注意力权重.

得到注意力分布之后, 可以对输入向量进行加权平均, 得到整个序列的最终表示.

$$\boldsymbol{z} = \sum_{n=1}^{N} \alpha_n \boldsymbol{x}_n. \tag{8.2}$$

在第6.4节中的文本分类任务中, 经过双向 LSTM 层之后, 直接将序列中所有元素的表示进行平均, 得到的平均表示作为整个输入序列的聚合表示. 这种平均的汇聚方式虽然达到不错的效果, 但是还不够精确. 比如对于情感分类任务, 不是序列中所有的词都对最后的分类有用.

在本节中, 我们在第6.4节中实现的基于双向 LSTM 网络完成文本分类任务的基础上, 通过在双向 LSTM 层上再叠加一层注意力机制来从 LSTM 的隐状态中自动选择对分类有用的信息.

如图8.2所示, 输入一个文本序列 The movie is nice 进行情感分析, 直观上单词 nice 应该比其他词更重要. 这时可以利用注意力机制来挑选对任务更相关的信息. 假设给定一个和任务相关的查询词为 sentiment, 我们用查询词 sentiment 对应的向量表示作为查询向量, 计算查询向量和文本序列中所有词的向量表示的注意力分布, 并根据注意力分布对所有词进行加权平均, 得到整个序列的聚合表示.

> **笔记**
>
> 在图8.2的例子中, 为了示例注意力机制中查询向量是一个和任务相关的查询向量, 我们引入了一个查询词 sentiment. 在实际实现中, 可以直接使用一个随机初始化的可学习的查询向量 $\boldsymbol{q}$, 并通过在具体任务中学习, 得到一个和任务相关的查询向量.

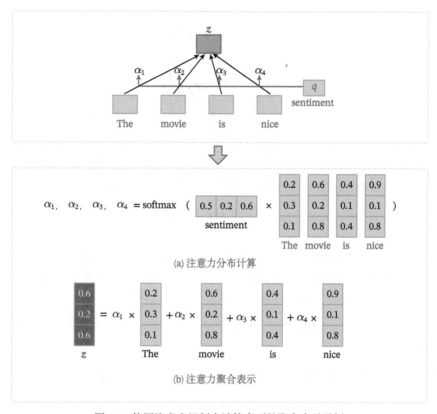

图 8.2 使用注意力机制来计算序列的聚合表示示例

8.1.1 数据介绍

本实验使用和第6.4.1节相同的数据集 IMDB 电影评论数据集.

8.1.2 模型构建

本实验的模型结构如图8.3所示. 整个模型由以下几部分组成:

1) 嵌入层:将输入句子中的词语转换为向量表示.

2) LSTM 层:基于双向 LSTM 网络来建模句子中词语的上下文表示.

3) 注意力层:使用注意力机制来从 LSTM 层的输出中筛选和汇聚有效的特征.

4) 线性层:输出层,预测对应的类别得分.

我们直接使用第6.4节中实现的嵌入层和双向 LSTM 层,这里主要介绍注意力层的实现.

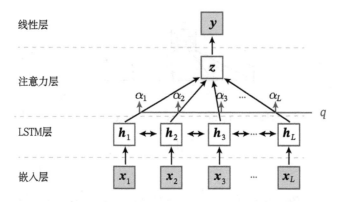

图 8.3 基于双向 LSTM 和注意力机制的文本分类模型

假设给定一个长度为 L 的序列,在经过嵌入层和双向 LSTM 层之后,我们得到序列的表示矩阵 $X \in \mathbb{R}^{L \times D}$,其中 D 为序列中每个元素的特征维度. 在本节中,我们利用注意力机制来进行更好地信息汇聚,只需要从 X 中选择一些和任务相关的信息作为序列的聚合表示.

下面我们分别实现在注意力计算中的注意力打分函数、注意力分布计算和加权平均三个模块.

8.1.2.1 注意力打分函数

首先我们实现注意力分布计算公式(8.1)中的注意力打分函数 $s(x, q)$. 这里,我们分别实现加性模型和点积模型两种.

加性模型 假设输入序列为 $X \in \mathbb{R}^{B \times L \times D}$,其中 B 为批大小,即一批次中样本的数量,L 为序列长度,D 为特征维度,我们引入一个任务相关的查询向量 $q \in \mathbb{R}^D$,这里查询向量 q 作为可学习的参数. 加性模型的公式为

$$s(X, q) = v^{\top} \tanh(XW + q^{\top}U), \tag{8.3}$$

其中 $W \in \mathbb{R}^{D \times D}, U \in \mathbb{R}^{D \times D}$ 和 $v \in \mathbb{R}^D$ 都是可学习的参数.

提醒

在本章中,我们实现形如 XW 这种线性变换时,可以直接利用 paddle.nn. Linear()算子来实现,这样可以使得实现代码更简洁. $Y = XW$ 可以实现为:

```
1    W = paddle.nn.Linear(D, D, bias_attr=False)
2    Y = W(X)
```

将加性模型实现为加性注意力打分算子,代码实现如下:

```
1  class AdditiveScore(nn.Layer):
2      # hidden_size对应上面公式中的特征维度D
```

```
3      def __init__(self, hidden_size):
4          super(AdditiveScore, self).__init__()
5          self.W = nn.Linear(hidden_size, hidden_size, bias_attr=False)
6          self.U = nn.Linear(hidden_size, hidden_size, bias_attr=False)
7          self.v = nn.Linear(hidden_size, 1, bias_attr=False)
8          # 查询向量使用均匀分布随机初始化
9          self.q = paddle.create_parameter(
10             shape=[1, hidden_size],
11             dtype="float32",
12             default_initializer=nn.initializer.Uniform(low=-0.5, high=0.5),)
13
14     def forward(self, inputs):
15         """
16         输入：
17             - inputs：输入矩阵, shape=[batch_size, seq_len, hidden_size]
18         输出：
19             - scores：输出矩阵, shape=[batch_size, seq_len]
20         """
21         # inputs: [batch_size, seq_len, hidden_size]
22         batch_size, seq_len, hidden_size = inputs.shape
23         # scores: [batch_size, seq_len, hidden_size]
24         scores = paddle.tanh(self.W(inputs)+self.U(self.q))
25         # scores: [batch_size, seq_len]
26         scores = self.v(scores).squeeze(-1)
27         return scores
28
29  #测试加性注意力打分算子的打分输出，输入是随机初始化的张量.
30  paddle.seed(2021)
31  inputs = paddle.rand(shape=[1, 3, 3])
32  additiveScore = AdditiveScore(hidden_size=3)
33  scores = additiveScore(inputs)
34  print(scores)
```

输出结果为：

Tensor(shape=[1, 3], dtype=float32, place=CUDAPlace(0), stop_gradient=False,
    [[−0.52268851,   0.84340048,   0.59818327]])

思考

这里加性模型是按照《神经网络与深度学习》的公式 (8.2) 来实现. 由于在本任务中, q 也作为可学习的参数, 因此 $q^T U$ 也可以简化为一组参数 q. 请思考两种实现方式的区别.

点积模型　下面我们再来实现点积的注意力模型. 对于输入序列为 $\boldsymbol{X} \in \mathbb{R}^{B \times L \times D}$, 其中 B 为批大小, L 为序列长度, D 为特征维度, 我们引入一个可学习的任务相关的查询向量 $\boldsymbol{q} \in \mathbb{R}^{D}$, 公式为

$$s(\boldsymbol{X}, \boldsymbol{q}) = \boldsymbol{X}\boldsymbol{q}. \tag{8.4}$$

理论上, 加性模型和点积模型的复杂度差不多, 但是点积模型在实现上可以更好地利用矩阵乘积, 从而使计算效率更高.

将点积模型实现为点积注意力打分算子, 代码实现如下:

```
1   class DotProductScore(nn.Layer):
2       def __init__(self, hidden_size):
3           super(DotProductScore, self).__init__()
4           # 使用均匀分布随机初始化一个查询向量
5           self.q = paddle.create_parameter(
6               shape=[hidden_size, 1],
7               dtype="float32",
8               default_initializer=nn.initializer.Uniform(low=-0.5, high=0.5),)
9
10      def forward(self, inputs):
11          """
12          输入:
13              - X: 输入矩阵, shape=[batch_size,seq_len,hidden_size]
14          输出:
15              - scores: 输出矩阵, shape=[batch_size, seq_len]
16          """
17          # inputs: [batch_size, seq_length, hidden_size]
18          batch_size, seq_length, hidden_size = inputs.shape
19          # scores : [batch_size, seq_length, 1]
20          scores = paddle.matmul(inputs, self.q)
21          # scores : [batch_size, seq_length]
22          scores = scores.squeeze(-1)
23          return scores
24
25  # 测试点积注意力打分算子的打分输出, 输入是随机初始化的张量.
26  paddle.seed(2021)
27  inputs = paddle.rand(shape=[1, 3, 3])
28  dotScore = DotProductScore(hidden_size=3)
29  scores = dotScore(inputs)
30  print(scores)
```

输出结果为:

```
Tensor(shape=[1, 3], dtype=float32, place=CUDAPlace(0), stop_gradient=False,
      [[-0.24786606,  0.31036878,  0.19827758]])
```

8.1.2.2 注意力分布计算

在计算注意力分布的公式(8.1)中,需要用到Softmax函数计算注意力分布. 在实践中,如果采用小批量梯度下降法进行优化,需要对同一批次中不同长度的输入序列进行补齐. 比如第6.4.1.3节中的例子:

句子1: This movie was craptacular [PAD] [PAD] [PAD] [PAD] [PAD] [PAD] [PAD]
句子2: I got stuck in traffic on the way to the theater

在计算注意力的时候, 这些 [PAD] 字符不应该参与注意力的计算, 否则会影响注意力分布的计算. 因此, 我们把这些单元填充一些比较小的负数 (比如-1e9), 这样在计算 Softmax 之后, [PAD] 的位置得到的权重就为 0.

句子1: 0.1 0.2 0.4 0.6 −1e9 −1e9 −1e9 −1e9 −1e9 −1e9 −1e9
句子2: 0.3 0.2 0.4 0.1 0.2 0.5 0.4 0.6 0.7 0.9 1.0

再使用Softmax计算注意力权重,输出为:

句子1: 0.19593432 0.21654092 0.26448367 0.32304109 0. 0. 0. 0. 0. 0. 0.
句子2: 0.07279236 0.06586525 0.080448 0.05959734 0.06586525 0.08890879 0.080448 0.09825941 0.10859344
　　　　 0.13263633 0.14658581

可以看到 [PAD] 部分在填充-1e9之后,对应的Softmax输出变成了0,相当于掩蔽了 [PAD] 这些没有特殊意义的字符,然后用剩下元素计算注意力分布,这样做就减少了这些没有特殊意义单元对于注意力计算的影响.

用 $S \in \mathbb{R}^{B \times L}$ 表示一组样本的注意力打分值,其中 B 是批大小,L 是填充补齐后的序列长度,每一行表示一个样本中每个元素的注意力打分值,注意力分布的公式为

$$A = \text{softmax}(S + M) \in \mathbb{R}^{B \times L}, \tag{8.5}$$

其中softmax($\cdot$)是按行进行归一化,$M \in \mathbb{R}^{B \times L}$ 是掩码 (mask) 矩阵,比如 [PAD] 位置的元素填充为-1e9,其他位置的元素值填充为0,$A \in \mathbb{R}^{B \times L}$ 是归一化后的注意力分布.

注意力分布的实现分为两步:①给定序列的有效长度valid_lens,生成掩码矩阵,②将掩码为假的位置设为-1e9. 代码实现如下:

```
1  # arrange: [1,seq_len],比如seq_len=4, arrange变为 [0,1,2,3]
2  arrange = paddle.arange((scores.shape[1]), dtype=paddle.float32).unsqueeze(0)
3  # valid_lens : [batch_size, 1]
4  valid_lens = valid_lens.unsqueeze(1)
5  # 掩码在实现的过程中使用了广播机制.
6  # mask [batch_size, seq_len]
7  mask = arrange < valid_lens
8
9  y = paddle.full(scores.shape, -1e9, scores.dtype)
```

```
10   scores = paddle.where(mask, scores, y)
11   # attn_weights: [batch_size, seq_len]
12   attn_weights = F.softmax(scores, axis=-1)
```

8.1.2.3 加权平均

加权平均就是在使用打分函数计算注意力分布后, 用该分布的每个值跟相应的输入的向量相乘得到的结果. 代码实现如下:

```
1   # X: [batch_size, seq_len, hidden_size]
2   # attn_weights: [batch_size, seq_len]
3   # context: [batch_size, 1, hidden_size]
4   context = paddle.matmul(attn_weights.unsqueeze(1), X)
5   # context: [batch_size, hidden_size]
6   context = paddle.squeeze(context, axis=1)
```

8.1.2.4 注意力层汇总

完整的注意力层包括注意力打分函数、注意力分布计算、加权平均三部分, 代码实现如下:

```
1    class Attention(nn.Layer):
2        def __init__(self, hidden_size, use_additive=False):
3            super(Attention, self).__init__()
4            self.use_additive = use_additive
5            # 使用加性模型或者点积模型
6            if self.use_additive:
7                self.scores = AdditiveScore(hidden_size)
8            else:
9                self.scores = DotProductScore(hidden_size)
10           self._attention_weights = None
11
12       def forward(self, X, valid_lens):
13           """
14           输入:
15              - X: 输入矩阵, shape=[batch_size, seq_len, hidden_size]
16              - valid_lens: 长度矩阵, shape=[batch_size]
17           输出:
18              - context: 输出矩阵, 表示的是注意力的加权平均的结果
19           """
20           # scores: [batch_size, seq_len]
21           scores = self.scores(X)
22           # arrange: [1,seq_len],比如seq_len=4, arrange变为 [0,1,2,3]
23           arrange = paddle.arange((scores.shape[1]), dtype=paddle.float32).unsqueeze(0)
24           # valid_lens : [batch_size, 1]
25           valid_lens = valid_lens.unsqueeze(1)
26           # mask [batch_size, seq_len]
```

```
27          mask = arrange < valid_lens
28          y = paddle.full(scores.shape, -1e9, scores.dtype)
29          scores = paddle.where(mask, scores, y)
30          # attn_weights: [batch_size, seq_len]
31          attn_weights = F.softmax(scores, axis=-1)
32          self._attention_weights = attn_weights
33          # context: [batch_size, 1, hidden_size]
34          context = paddle.matmul(attn_weights.unsqueeze(1), X)
35          # context: [batch_size, hidden_size]
36          context = paddle.squeeze(context, axis=1)
37          return context
38
39      @property
40      def attention_weights(self):
41          return self._attention_weights
```

8.1.2.5 模型汇总

实现了注意力层后,我们考虑实现整个模型,首先是嵌入层,用于输入的句子中词语的向量化表示,接着就是双向 LSTM 来学习句子的上下文特征,随后接入注意力机制来进行特征筛选,最后接入输出层,得到该句子的分类. 代码实现如下:

```
1  class Model_LSTMAttention(nn.Layer):
2      def __init__(self, hidden_size, embedding_size, vocab_size, n_classes=10,
3          n_layers=1, use_additive=False):
4          super(Model_LSTMAttention, self).__init__()
5          # 表示LSTM单元的隐藏神经元数量, 它也用来表示hidden和cell向量状态的维度
6          self.hidden_size = hidden_size
7          # 表示词向量的维度
8          self.embedding_size = embedding_size
9          # 词表大小, 即包含词的数量
10         self.vocab_size = vocab_size
11         # 表示文本分类的类别数量
12         self.n_classes = n_classes
13         # 表示LSTM的层数
14         self.n_layers = n_layers
15         # 定义嵌入层
16         self.embedding = nn.Embedding(self.vocab_size, self.embedding_size)
17         # 定义LSTM, 它将用来编码网络
18         self.lstm = nn.LSTM(input_size=self.embedding_size, hidden_size=self.hidden_size,
19             num_layers=self.n_layers, direction="bidirectional")
20         # 定义注意力层
21         self.attention = Attention(hidden_size * 2, use_additive=use_additive)
22         # 定义线性层, 用于将语义向量映射到相应的类别
23         self.cls_fc = nn.Linear(self.hidden_size * 2, self.n_classes)
```

```
24
25    def forward(self, inputs):
26        input_ids, valid_lens = inputs
27        # 获取训练的batch_size
28        batch_size = input_ids.shape[0]
29        # 获取词向量并且进行暂退操作
30        embedded_input = self.embedding(input_ids)
31        # 使用LSTM进行语义编码
32        last_layers_hiddens, (last_step_hiddens, last_step_cells) = self.lstm(
33            embedded_input, sequence_length=valid_lens)
34        # 使用注意力机制
35        last_layers_hiddens = self.attention(last_layers_hiddens, valid_lens)
36        # 通过线性层，获得初步的类别数值
37        logits = self.cls_fc(last_layers_hiddens)
38        return logits
```

8.1.3　使用加性注意力模型进行实验

对于加性注意力模型，我们只需要在双向 LSTM 的后面加入加性注意力模型，加性注意力模型的输入是双向 LSTM 的每个时刻的输出，最后接入线性层即可.

8.1.3.1　模型训练

这里使用第4.5.4节中定义的RunnerV3来进行模型训练、评价和预测. 使用交叉熵损失函数，并用 Adam 作为优化器来训练，学习率为0.001，传入加性注意力模型. 模型在训练集上训练2个回合，并保存准确率最高的模型作为最优模型. 代码实现如下：

```
1   from paddle.optimizer import Adam
2   from nndl import Accuracy, RunnerV3
3
4   paddle.seed(2021)
5   # 词表的大小
6   vocab_size = len(word2id_dict)
7   # LSTM的输出单元的大小
8   hidden_size = 128
9   # 词向量的维度
10  embedding_size = 128
11  # 类别数
12  n_classes = 2
13  # LSTM的层数
14  n_layers = 1
15  # 定义交叉熵损失
16  criterion = nn.CrossEntropyLoss()
17  # 指定评价指标
```

```
18  metric = Accuracy()
19  # 实例化基于LSTM的注意力模型
20  model_atten = Model_LSTMAttention(hidden_size, embedding_size, vocab_size,
21      n_classes=n_classes, n_layers=n_layers, use_additive=True)
22  # 定义优化器
23  optimizer = Adam(parameters=model_atten.parameters(), learning_rate=0.001)
24  # 实例化RunnerV3
25  runner = RunnerV3(model_atten, optimizer, criterion, metric)
26  # 模型训练
27  runner.train(train_loader, dev_loader, num_epochs=2, log_steps=10, eval_steps=10,
28      save_path="./checkpoint/model_best.pdparams")
```

可视化观察训练集与验证集的损失及验证集上的准确率变化情况,输出结果如图8.4所示.

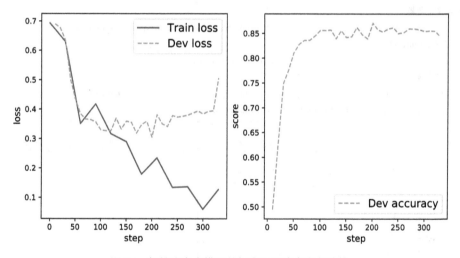

图 8.4 加性注意力模型的损失和准确率变化趋势

8.1.3.2 模型评价

使用测试数据对在训练过程中保存的最优模型进行评价,观察模型在测试集上的准确率. 代码实现如下:

```
1  runner.load_model("./checkpoint/model_best.pdparams")
2  accuracy, _ = runner.evaluate(test_loader)
3  print(f"Evaluate on test set, Accuracy: {accuracy:.5f}")
```

输出结果为:

Evaluate on test set, Accuracy: 0.86488

8.1.4 使用点积注意力模型进行实验

对于点积注意力模型,实现方法类似,只需要在双向 LSTM 的后面加入点积注意力模型,点积注意力模型的输入是双向 LSTM 的每个时刻的输出,最后接入线性层即可.

8.1.4.1 模型训练

模型训练使用RunnerV3,并使用交叉熵损失函数,优化器为 Adam,传入点积注意力模型. 在训练集上训练2个回合,并保存准确率最高的模型作为最优模型,Model_LSTMAttention模型除了使用点积模型外,其他的参数配置完全跟加性模型保持一致. 代码实现如下:

```
1   # 实例化基于LSTM的点积注意力模型
2   model_atten = Model_LSTMAttention(hidden_size, embedding_size, vocab_size,
3       n_classes=n_classes, n_layers=n_layers, use_additive=False)
4   # 定义优化器
5   optimizer = Adam(parameters=model_atten.parameters(), learning_rate=0.001)
6   # 实例化RunnerV3
7   runner = RunnerV3(model_atten, optimizer, criterion, metric)
8   # 模型训练
9   runner.train(train_loader, dev_loader, num_epochs=epochs, log_steps=10, eval_steps=10,
10      save_path="./checkpoint/model_best.pdparams")
```

可视化观察训练集与验证集的损失及验证集上的准确率变化情况,输出结果如图8.5所示.

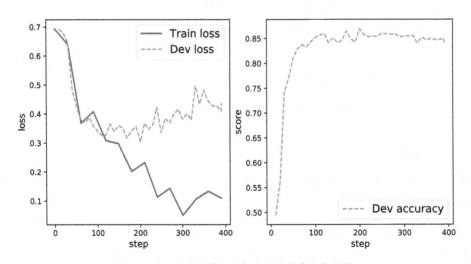

图 8.5 点积注意力模型的损失和准确率变化趋势

8.1.4.2 模型评价

使用测试数据对在训练过程中保存的最优模型进行评价,观察模型在测试集上的准确率. 代码实现如下:

```
1   runner.load_model("./checkpoint/model_best.pdparams")
2   accuracy, _ = runner.evaluate(test_loader)
3   print(f"Evaluate on test set, Accuracy: {accuracy:.5f}")
```

输出结果为:

Evaluate on test set, Accuracy: 0.86936

从上面的实验可以看出:

1) 基于双向 LSTM 实现文本分类的任务中,在不加注意力机制的情况下,测试集上的准确率为 0.86064(参考第6.4节). 在模型中加入加性注意力后,测试集上的准确率为 0.86488;换成点积注意力后,测试集上的准确率为 0.86936. 由此可见,加入注意力机制后的模型效果会更好.

2) 从模型加入加性注意力和点积注意力的结果对比看,点积注意力的准确率更好.

8.1.4.3 注意力可视化

为了验证注意力机制学到了什么,我们把点积注意力的权重提取出来,然后进行可视化分析. 代码实现如下:

```
1   text = "this great science fiction film is really awesome"
2   # 分词
3   sentence = text.split(" ")
4   # 词映射成ID的形式
5   tokens = [
6       word2id_dict[word] if word in word2id_dict else word2id_dict["[oov]"]
7       for word in sentence ]
8   # 取前max_seq_len的词
9   tokens = tokens[:max_seq_len]
10  # 序列长度
11  seq_len = paddle.to_tensor([len(tokens)])
12  # 转换成飞桨的张量
13  input_ids = paddle.to_tensor(tokens, dtype="int64").unsqueeze(0)
14  inputs = [input_ids, seq_len]
15  # 模型开启评价模式
16  model_atten.eval()
17  # 设置不求梯度
18  with paddle.no_grad():
19      # 预测输出
20      pred_prob = model_atten(inputs)
21  # 提取注意力权重
22  atten_weights = model_atten.attention.attention_weights
23  print("输入的文本为: {}".format(text))
24  print("转换成id的形式为: {}".format(input_ids.numpy()))
25  print("训练的注意力权重为: {}".format(atten_weights.numpy()))
```

输出结果为：

输入的文本为：this great science fiction film is really awesome
转换成id的形式为：[[10　88 1196 1839　24　 7　61 1635]]
训练的注意力权重为：[[0.09353013 0.2561122 0.0858178　0.1134422　0.09066799 0.09060092
　0.09276449 0.17706427]]

输出显示的是文本按照空格切分转换成 ID 的形式，然后输出了其中的注意力权重，权重的每一个数代表的是每个词的重要性，值越大表示越重要. 代码实现如下：

```
1  %matplotlib inline
2  import matplotlib.pyplot as plt
3  import seaborn as sns
4  import pandas as pd
5
6  # 对文本进行分词，得到过滤后的词
7  list_words = text.split(" ")
8  # 提取注意力权重，转换成list
9  data_attention = atten_weights.numpy().tolist()
10 # 取出前max_seq_len变换进行特征融合，得到最后一个词
11 list_words = list_words[:max_seq_len]
12 # 把权重转换为DataFrame，列名为词
13 d = pd.DataFrame(data=data_attention, columns=list_words)
14 f, ax = plt.subplots(figsize=(20, 1))
15 # 用heatmap可视化
16 sns.heatmap(d, vmin=0, vmax=0.4, ax=ax, cmap="OrRd")
17 # 纵轴旋转360度
18 label_y = ax.get_yticklabels()
19 plt.setp(label_y, rotation=360, horizontalalignment="right")
20 # 横轴旋转0度
21 label_x = ax.get_xticklabels()
22 plt.setp(label_x, rotation=0, horizontalalignment="right", fontsize=20)
23 plt.show()
```

输出结果如图8.6所示，颜色越深代表权重越高，从图8.6可以看出，注意力权重比较高的词是"great"和"awesome".

图 8.6　注意力权重的可视化示例

动手练习 **8.1**

实现《神经网络与深度学习》第 8.2 节中定义的其他注意力打分函数,并重复上面的实验.

8.2 基于双向 LSTM 和多头自注意力的文本分类实验

在上一节介绍的注意力机制中需要一个外部的查询向量 q,用来选择和任务相关的信息,并对输入的序列表示进行聚合. 在本节中,我们进一步实现更强大的自注意力模型,同样和双向 LSTM 网络一起来实现上一节中的文本分类任务.

8.2.1 自注意力模型

当使用神经网络来处理一个变长的向量序列时,我们通常可以使用卷积神经网络或循环神经网络进行编码来得到一个相同长度的输出向量序列. 基于卷积神经网络或循环神经网络的序列编码都是一种局部的编码方式,只建模了输入信息的局部依赖关系. 虽然循环网络理论上可以建立长距离依赖关系,但是由于信息传递的容量以及梯度消失问题,实际上也只能建立短距离依赖关系.

自注意力(Self-Attention)是可以直接解决长程依赖问题的方法,相当于构建一个以输入序列中的每个元素为单元的全连接网络(即全连接网络的每个节点为一个向量),利用注意力机制来"动态"地生成全连接网络的权重.

下面,我们按照从简单到复杂的步骤分别介绍简单自注意力、QKV 自注意力、多头自注意力.

8.2.1.1 最简单的自注意力

假设一个输入序列 $X \in \mathbb{R}^{L \times D}$,为了建模序列中所有元素的交互关系,可以将输入序列中每个元素 x_m 作为查询向量,利用注意力机制从整个序列中选取和自己相关的信息,就得到了该元素的上下文表示 $h_m \in \mathbb{R}^{1 \times D}$,即

$$h_m = \sum_{n=1}^{L} \alpha_{mn} x_n \tag{8.6}$$

$$= \text{softmax}(x_m X^\top) X, \tag{8.7}$$

其中 α_{mn} 表示第 m 个元素对第 n 个元素的注意力权重,注意力打分函数使用点积函数.

输入一个文本序列 The movie is nice 进行,如果计算词 movie 的上下文表示,可以将 movie 作为查询向量,计算和文本序列中所有词的注意力分布,并根据注意力分布对所有词进行加权平均,得到 movie 的上下文表示. 和卷积神经网络或循环神经网络相比,这种基于注意力方式会融合更远的上下文信息. 图 8.7 给出了上述过程的示例.

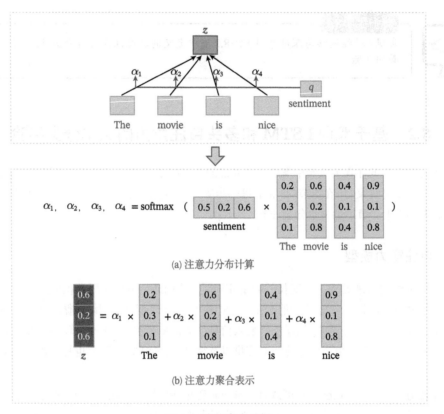

(a) 注意力分布计算

(b) 注意力聚合表示

图 8.7   自注意力示例

对于输入序列 $X \in \mathbb{R}^{L \times D}$, 自注意力可以表示为

$$Z = \text{softmax}(XX^{\top})X, \qquad (8.8)$$

其中 $\text{softmax}(\cdot)$ 是按行进行归一化, Z 表示的是注意力分布的输出. 计算方式如图8.8所示.

图 8.8   整个序列的自注意力示例

动手练习 8.2

动手实现上面的简单注意力模型, 并加入到第8.1节中构建模型的 LSTM 层和注意力层之间, 观察是否可以改进实验效果.

8.2.1.2   QKV 自注意力

上面介绍的简单自注意力模型只是应用了注意力机制来使用序列中的元素进行长距离交互,模型本身不带参数,因此能力有限.

为了提高模型能力,自注意力模型经常采用查询-键-值(Query-Key-Value,QKV)模式.

对于输入序列 $\boldsymbol{X} \in \mathbb{R}^{B \times L \times D}$,线性映射过程可以简写为

$$\boldsymbol{Q} = \boldsymbol{X}\boldsymbol{W}^Q \in \mathbb{R}^{B \times L \times D}, \tag{8.9}$$

$$\boldsymbol{K} = \boldsymbol{X}\boldsymbol{W}^K \in \mathbb{R}^{B \times L \times D}, \tag{8.10}$$

$$\boldsymbol{V} = \boldsymbol{X}\boldsymbol{W}^V \in \mathbb{R}^{B \times L \times D}, \tag{8.11}$$

其中 $\boldsymbol{W}^Q \in \mathbb{R}^{D \times D}, \boldsymbol{W}^K \in \mathbb{R}^{D \times D}, \boldsymbol{W}^V \in \mathbb{R}^{D \times D}$ 是可学习的映射矩阵. 为简单起见,令映射后 $\boldsymbol{Q}$、$\boldsymbol{K}$、$\boldsymbol{V}$ 的特征维度相同,都为 D.

QKV 自注意力的公式表示为

$$\boldsymbol{Z} = \text{attention}(\boldsymbol{Q}, \boldsymbol{K}, \boldsymbol{V}) = \text{softmax}\left(\frac{\boldsymbol{Q}\boldsymbol{K}^\top}{\sqrt{D}}\right)\boldsymbol{V}, \tag{8.12}$$

其中 softmax($\cdot$) 是按行进行归一化,计算方式如图8.9所示.

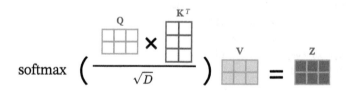

图 8.9   整个序列的 QKV 自注意力示例

QKV 自注意力中,假设 $\boldsymbol{Q}$ 和 $\boldsymbol{K}$ 都是独立的随机向量,都满足均值为 0 和方差为 1,那么 $\boldsymbol{Q}$ 和 $\boldsymbol{K}$ 点积以后的均值为 0,方差变成 D. 当输入向量的维度 D 比较高时,QKV 自注意力往往有较大的方差,从而导致 Softmax 的梯度比较小,不利于模型的收敛. 因此 QKV 自注意力除以一个 $\sqrt{D}$ 可以有效降低方差,加快模型的收敛速度.

掩蔽序列中的 [PAD]   在 QKV 自注意力的实现中,需要注意如何掩蔽 [PAD] 元素不参与注意力的计算.

带掩码的 QKV 自注意力实现原理如图8.10所示. 图中的掩码矩阵中的 T 和 F 分别表示元素值为 True 和 False,操作符 $\odot$ 表示根据掩码矩阵中 False 的位置将注意力权重矩阵中对应元素的值置为 -inf.

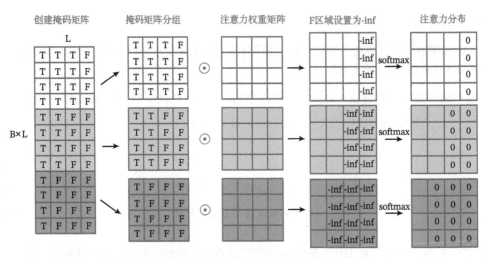

图 8.10   QKV 自注意力中掩蔽 [PAD] 位置的实现过程

具体实现步骤如下：

（1）根据序列的长度创建一个掩码张量 $M \in \{0,1\}^{B \times L \times L}$，每个序列都有一个真实的长度，对于每个序列中小于真实长度的位置设置为True，对于每个序列中大于等于真实长度的位置，说明是填充 [PAD]，则设置为False. 代码实现如下：

```
1  # arrange: [1,seq_len],比如seq_len=4, arrange变为 [0,1,2,3]
2  arrange = paddle.arange((seq_len), dtype=paddle.float32).unsqueeze(0)
3  # valid_lens : [batch_size*seq_len,1]
4  valid_lens = valid_lens.unsqueeze(1)
5  # mask [batch_size*seq_len, seq_len]
6  mask = arrange < valid_lens
```

（2）根据布尔矩阵 mask 中False的位置，将注意力打分序列中对应的位置填充为-inf（实际实现过程中可设置一个非常小的数,例如-1e9）. 代码实现如下：

```
1  # 给mask为False的区域填充-1e9
2  # y: [batch_size, seq_len, seq_len]
3  y = paddle.full(score.shape, -1e9, score.dtype)
4  # score: [batch_size, seq_len,seq_len]
5  score = paddle.where(mask, score, y)
```

（3）使用Softmax函数来计算注意力分布. 代码实现如下：

```
1  # attention_weights: [batch_size, seq_len, seq_len]
2  attention_weights = F.softmax(score, -1)
```

QKV 自注意力的代码实现如下：

```
1   class QKVAttention(nn.Layer):
2       def __init__(self, size):
3           super(QKVAttention, self).__init__()
4           size = paddle.to_tensor([size], dtype="float32")
5           self.sqrt_size = paddle.sqrt(size)
6
7       def forward(self, Q, K, V, valid_lens) :
8           """
9           输入：
10              - Q：查询向量，shape = [batch_size, seq_len, hidden_size]
11              - K：键向量，shape = [batch_size, seq_len, hidden_size]
12              - V：值向量，shape = [batch_size, seq_len, hidden_size]
13              - valid_lens：序列长度，shape =[batch_size*seq_len]
14          输出：
15              - context ：输出矩阵，表示的是注意力的加权平均的结果
16          """
17          batch_size, seq_len, hidden_size = Q.shape
18          # score: [batch_size, seq_len, seq_len]
19          score = paddle.matmul(Q, K.transpose((0,2, 1))) / self.sqrt_size
20          # arrange: [1,seq_len],比如seq_len=2, arrange变为 [0,1]
21          arrange = paddle.arange((seq_len), dtype=paddle.float32).unsqueeze(0)
22          # valid_lens : [batch_size*seq_len, 1]
23          valid_lens = valid_lens.unsqueeze(1)
24          # mask [batch_size*seq_len, seq_len]
25          mask = arrange < valid_lens
26          # mask : [batch_size, seq_len, seq_len]
27          mask = paddle.reshape(mask, [batch_size, seq_len, seq_len])
28          # 给mask为False的区域填充-1e9
29          # y: [batch_size, seq_len, seq_len]
30          y = paddle.full(score.shape, -1e9, score.dtype)
31          # score: [batch_size, seq_len,seq_len]
32          score = paddle.where(mask, score, y)
33          # attention_weights: [batch_size, seq_len, seq_len]
34          attention_weights = F.softmax(score, -1)
35          self._attention_weights = attention_weights
36          # 加权平均
37          # context: [batch_size,seq_len,hidden_size]
38          context = paddle.matmul(attention_weights, V)
39          return context
40
41      @property
42      def attention_weights(self):
43          return self._attention_weights
```

8.2.1.3　多头自注意力

为了进一步提升自注意力的能力,我们将 QKV 自注意力扩展为多头（Multi-Head）模式,其思想和多通道卷积非常类似,利用多组 QKV 自注意力来提升模型能力.

多头自注意力（Multi-Head Self-Attention, MHSA）首先会分别进行多组的 QKV 自注意力的计算,其中每组称为一个头（head）. 单个头可以看作序列中所有元素的一次特征融合. 之后,把得到的多个头拼接到一起,通过线性变换进行特征融合,得到最后的输出表示. 多头自注意力的结构如图8.11所示,分为三个部分:线性变换、单头 QKV 自注意力和多头融合.

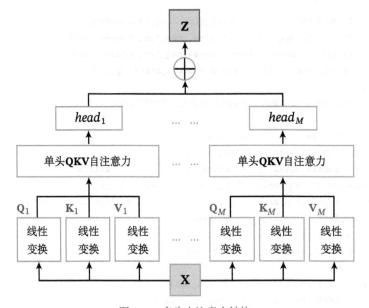

图 8.11　多头自注意力结构

假设输入序列为 $X \in \mathbb{R}^{B \times L \times D}$,其中 B 为批大小,L 为序列长度,D 为特征维度,通过以下三个步骤来实现多头自注意力.

（1）线性变换:分别计算每个单头的 QKV 张量. 在计算第 m 个头时,将 X 做三个线性变换映射到查询张量、键张量和值张量为

$$Q_m = XW_m^Q, \tag{8.13}$$

$$K_m = XW_m^K, \tag{8.14}$$

$$V_m = XW_m^V, \tag{8.15}$$

其中 $W_m^Q \in \mathbb{R}^{D \times D_m}, W_m^K \in \mathbb{R}^{D \times D_m}, W_m^V \in \mathbb{R}^{D \times D_m}$,$D_m$ 是映射后 QKV 的特征维度.

（2）单头 QKV 自注意力:分别计算每个单头的 QKV 自注意力. 第 m 个头 $head_m$ 为

$$head_m = \text{attention}(Q_m, K_m, V_m) \in \mathbb{R}^{B \times L \times D_m}, \tag{8.16}$$

其中 attention($\cdot$) 为公式(8.12)中的函数.

（3）多头融合：将多个头进行特征融合，

$$\boldsymbol{Z} = \text{MultiHeadSelfAttention}(\boldsymbol{X}) \triangleq \oplus (head_1, head_2, ..., head_M)\boldsymbol{W}', \tag{8.17}$$

其中 $\oplus$ 表示对张量的最后一维进行向量拼接，$\boldsymbol{W}' \in \mathbb{R}^{(MD_m)\times D'}$ 是可学习的参数矩阵，D' 表示输出特征维度.

为了简单起见，令每个头的特征维度 $D_m = \frac{D}{M}$，输出特征维度 $D' = D$，和输入维度相同.

动手实现 下面动手实现多头自注意力. 为了能够使多个头的 QKV 自注意力可以并行计算，需要对 QKV 的张量进行重组，其实现原理如图8.12所示.

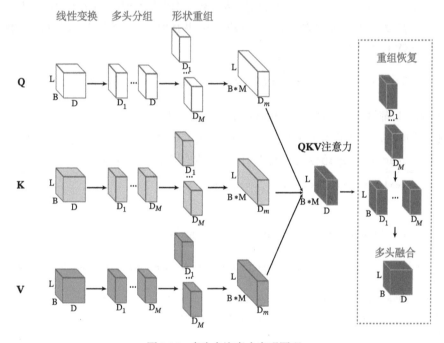

图 8.12 多头自注意力实现原理

具体实现步骤如下：

（1）线性变换：将输入序列 $\boldsymbol{X} \in \mathbb{R}^{B\times L\times D}$ 做线性变换，得到 $\boldsymbol{Q}$、$\boldsymbol{K}$、$\boldsymbol{V} \in \mathbb{R}^{B\times L\times D}$ 三个张量. 这里使用 nn.Linear 算子来实现线性变换，并且得到的 $\boldsymbol{Q}$、$\boldsymbol{K}$、$\boldsymbol{V}$ 张量是一次性计算多个头的. 代码实现如下：

```
1  # 查询张量
2  Q_proj = nn.Linear(qsize, inputs_size, bias_attr=False)
3  # 键张量
4  K_proj = nn.Linear(ksize, inputs_size, bias_attr=False)
5  # 值张量
```

```
6    V_proj = nn.Linear(vsize, inputs_size, bias_attr=False)
7    batch_size, seq_len, hidden_size = X.shape
8    # Q,K,V: [batch_size, seq_len, hidden_size]
9    Q, K, V = Q_proj(X), K_proj(X), V_proj(X)
```

（2）多头分组：上一步中得到的 Q、K、$V \in \mathbb{R}^{B \times L \times D}$ 张量是一次性计算多个头的，需要对 Q、K、V 张量的特征维度进行分组，分为 M 组，每组为一个头，即

$$(B \times L \times D) \xrightarrow{\text{reshape}} (B \times L \times M \times D_m), \tag{8.18}$$

其中 M 是头数量，D_m 是每个头的特征维度，并有 $D = M \times D_m$.

（3）形状重组：在上一步分组后，得到 Q、K、$V \in \mathbb{R}^{B \times L \times M \times D_m}$. 由于不同注意力头在计算 QKV 自注意力是独立的，因此把它们看作不同的样本，并且把多头的维度 M 合并到样本数量维度 B，便于计算 QKV 自注意力，即

$$(B \times L \times M \times D_m) \xrightarrow{\text{transpose}} (B \times M \times L \times D_m) \xrightarrow{\text{reshape}} (BM \times L \times D_m), \tag{8.19}$$

对每个 Q、K、V 都执行上面的操作，得到 Q、K、$V \in \mathbb{R}^{(BM \times L \times D_m)}$.

经过形状重组后，B 个样本的多头自注意力转换为 $B \times M$ 个样本的单头 QKV 自注意力. 这里实现了 split_head_reshape 函数来执行上面第 2、3 步的操作. 代码实现如下：

```
1    def split_head_reshape(X, heads_num, head_size):
2        """
3        输入：
4            - X：输入矩阵，shape=[batch_size, seq_len, hidden_size]
5        输出：
6            - output：输出多头的矩阵，shape= [batch_size * heads_num, seq_len, head_size]
7        """
8        batch_size, seq_len, hidden_size = X.shape
9        # X: [batch_size, seq_len, heads_num, head_size]
10       # 多头分组
11       X = paddle.reshape(x=X, shape=[batch_size, seq_len, heads_num, head_size])
12       # X: [batch_size, heads_num, seq_len, head_size]
13       # 形状重组
14       X = paddle.transpose(x=X, perm=[0, 2, 1, 3])
15       # X: [batch_size*heads_num, seq_len, head_size]
16       X = paddle.reshape(X, [batch_size * heads_num, seq_len, head_size])
17       return X
```

（4）QKV 自注意力：对最新的 Q、K、$V \in \mathbb{R}^{(BM \times L \times D_m)}$，计算 QKV 自注意力为

$$H = \text{attention}(Q, K, V) \in \mathbb{R}^{(BM \times L \times D_m)}, \tag{8.20}$$

其中 attention$(\cdot)$ 为公式(8.12)中的函数. 代码实现如下：

```
1  attention = QKVAttention(head_size)
2  # out: [batch_size*heads_num, seq_len, head_size]
3  out = attention(Q, K, V, valid_lens)
```

（5）重组恢复:将形状重组恢复到原来的形状,即

$$(BM \times L \times D_m) \xrightarrow{\text{reshape}} (B \times M \times L \times D_m) \xrightarrow{\text{transpose}} (B \times L \times M \times D_m), \qquad (8.21)$$

代码实现如下:

```
1  # out: [batch_size, heads_num, seq_len, head_size]
2  out = paddle.reshape(out, [batch_size, heads_num, seq_len, head_size])
3  # out: [batch_size, seq_len, heads_num, head_size]
4  out = paddle.transpose(out, perm=[0, 2, 1, 3])
```

（6）多头融合:根据公式(8.17)将多个头进行特征融合.首先将多头的特征合并,还原为原来的维度,即

$$(B \times L \times M \times D_m) \xrightarrow{\text{reshape}} (B \times L \times D), \qquad (8.22)$$

然后再进行特征的线性变换得到最后的输出. 这里线性变换也使用nn.Linear实现. 代码实现如下:

```
1  # 输出映射
2  out_proj = nn.Linear(inputs_size, inputs_size, bias_attr=False)
3
4  # 多头自注意力输出拼接
5  # out: [batch_size, seq_len, heads_num * head_size]
6  out = paddle.reshape(x=out, shape=[0, 0, out.shape[2] * out.shape[3]])
7  # 输出映射
8  out = self.out_proj(out)
```

多头自注意力算子　多头自注意力算子MultiHeadSelfAttention的代码实现如下:

```
1  class MultiHeadSelfAttention(nn.Layer):
2      def __init__(self, inputs_size, heads_num, dropout=0.0):
3          super(MultiHeadSelfAttention, self).__init__()
4          # 输入的词向量的维度
5          self.inputs_size = inputs_size
6          self.qsize, self.ksize, self.vsize = inputs_size, inputs_size, inputs_size
7          # 头的数目
8          self.heads_num = heads_num
9          # 每个头的输入向量的维度
10         self.head_size = inputs_size // heads_num
```

```
11        # 输入的维度inputs_size需要整除头的数目heads_num
12        assert (self.head_size * heads_num == self.inputs_size), "embed_size must be
              divisible by heads_num"
13        # 查询、键、值三个线性映射
14        self.Q_proj = nn.Linear(self.qsize, inputs_size, bias_attr=False)
15        self.K_proj = nn.Linear(self.ksize, inputs_size, bias_attr=False)
16        self.V_proj = nn.Linear(self.vsize, inputs_size, bias_attr=False)
17        # 输出映射
18        self.out_proj = nn.Linear(inputs_size, inputs_size, bias_attr=False)
19        # QKV自注意力
20        self.attention = QKVAttention(self.head_size)
21
22    def forward(self, X, valid_lens):
23        """
24        输入:
25            - X: 输入矩阵, shape=[batch_size,seq_len,hidden_size]
26            - valid_lens: 长度矩阵, shape=[batch_size]
27        输出:
28            - output: 输出矩阵, 表示的是多头注意力的结果
29        """
30        self.batch_size, self.seq_len, self.hidden_size = X.shape
31        # Q,K,V: [batch_size, seq_len, hidden_size]
32        Q, K, V = self.Q_proj(X), self.K_proj(X), self.V_proj(X)
33        # Q,K,V: [batch_size*heads_num, seq_len, head_size]
34        Q, K, V = [
35            split_head_reshape(item, self.heads_num, self.head_size)
36            for item in [Q, K, V] ]
37        # 把valid_lens复制 heads_num * seq_len次
38        # 比如valid_lens_np=[1,2],num_head*seq_len=2 则变为 [1,1,2,2]
39        valid_lens = paddle.repeat_interleave(
40                valid_lens, repeats=self.heads_num * self.seq_len, axis=0)
41        # out: [batch_size*heads_num, seq_len, head_size]
42        out = self.attention(Q, K, V, valid_lens)
43        # out: [batch_size, heads_num, seq_len, head_size]
44        out = paddle.reshape(
45            out, [self.batch_size, self.heads_num, self.seq_len, self.head_size] )
46        # out: [batch_size, seq_len, heads_num, head_size]
47        out = paddle.transpose(out, perm=[0, 2, 1, 3])
48        # 多头注意力输出拼接
49        # out: [batch_size, seq_len, heads_num * head_size]
50        out = paddle.reshape(x=out, shape=[0, 0, out.shape[2] * out.shape[3]])
51        # 输出映射
52        out = self.out_proj(out)
53        return out
```

对上面的实现进行验证,输入的是形状为 $2 \times 2 \times 4$ 的张量,表示两个序列,每个序列有 2 个词,每个词的长度是 4 维. 代码实现如下:

```
1  paddle.seed(2021)
2  X = paddle.rand((2, 2, 4))
3  valid_lens = paddle.to_tensor([1, 2])
4  print("输入向量 {}".format(X.numpy()))
5  multi_head_attn = MultiHeadSelfAttention(heads_num=2, inputs_size=4)
6  context = multi_head_attn(X, valid_lens)
7  print("注意力的输出为 : {}".format(context.numpy()))
8  print("注意力权重为 : {}".format(multi_head_attn.attention.attention_weights.numpy()))
```

输出结果为:

```
输入向量 [[[0.04542791 0.85057974 0.33361533 0.946391  ]
  [0.23847368 0.36302885 0.76614064 0.37495252]]

 [[0.33336037 0.63866454 0.9760425  0.5480451 ]
  [0.6862119  0.1342062  0.26786622 0.17106912]]]
注意力的输出为: [[[ 0.59060836  0.7670387   0.24301994 −0.5622906 ]
  [ 0.59060836  0.7670387   0.24301994 −0.5622906 ]]

 [[−0.5837744  −0.28680176 −0.09256688 0.20442627]
  [−0.5831295  −0.29705206 −0.09542975 0.21326832]]]
注意力权重为: [[[1.          0.         ]
  [1.          0.         ]]

 [[1.          0.         ]
  [1.          0.         ]]

 [[0.2891423  0.7108576 ]
  [0.3959284  0.60407156]]

 [[0.6316103  0.36838976]
  [0.548743   0.45125702]]]
```

多头自注意力把输入矩阵分成了 2 个头, 分别计算 QKV 自注意力, 计算结束后把 2 个头的结果拼接在一起输出. 权重的输出为 0 的地方表示被掩码去除, 不参与注意力的计算, 所以输出为 0.

8.2.2 基于 LSTM 和多头自注意力的文本分类的模型构建

基于 LSTM 和多头自注意力的文本分类模型的结构如图8.13所示, 整个模型由以下几部分组成:

1) 嵌入层:将输入句子中的词语转换为向量表示.

2) LSTM 层:基于双向 LSTM 网络来建模句子中词语的上下文表示.

3) 自注意力层:使用多头自注意力机制来计算 LSTM 的自注意力特征表示.

4) 汇聚层:对多头自注意力的输出进行平均汇聚得到整个句子的表示.

5) 线性层:输出层,预测对应的类别得分.

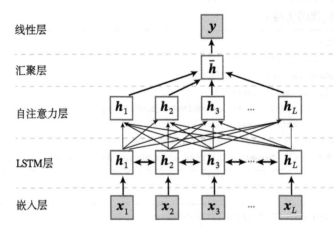

图 8.13 基于双向 LSTM 和多头自注意力的文本分类模型

本节中,我们直接复用第6.4节中实现的嵌入层和双向 LSTM 层,使用第8.2.1.3节中定义的多头自注意力算子MultiHeadSelfAttention,以及第8.1.2.5节定义的模型的线性层.

8.2.2.1　模型汇总

基于双向 LSTM 和多头注意力机制的网络就是在原有的双向 LSTM 的基础上实现了多头自注意力,求平均后接入线性层输出. 代码实现如下:

```
1  class Model_LSTMSelftAttention(nn.Layer):
2      def __init__(self, hidden_size, embedding_size, vocab_size, n_classes=10,
3          n_layers=1, attention=None):
4          super(Model_LSTMSelftAttention, self).__init__()
5          # 表示LSTM单元的隐藏神经元数量, 它也用来表示hidden和cell向量状态的维度
6          self.hidden_size = hidden_size
7          # 表示词向量的维度
8          self.embedding_size = embedding_size
9          # 词表大小, 即包含词的数量
10         self.vocab_size = vocab_size
11         # 表示文本分类的类别数量
12         self.n_classes = n_classes
13         # 表示LSTM的层数
14         self.n_layers = n_layers
15         # 定义嵌入层
16         self.embedding = nn.Embedding(
17             num_embeddings=self.vocab_size, embedding_dim=self.embedding_size)
18         # 定义LSTM, 它将用来编码网络
19         self.lstm = nn.LSTM(input_size=self.embedding_size, hidden_size=self.hidden_size,
20             num_layers=self.n_layers, direction="bidirectional")
21         self.attention = attention
```

```
22        # 实例化汇聚层, 汇聚层与循环网络章节使用一致
23        self.average_layer = AveragePooling()
24        # 定义线性层, 用于将语义向量映射到相应的类别
25        self.cls_fc = nn.Linear(self.hidden_size * 2, self.n_classes)
26
27    def forward(self, inputs):
28        input_ids, valid_lens = inputs
29        # 获取词向量
30        embedded_input = self.embedding(input_ids)
31        # 使用LSTM进行语义编码
32        last_layers_hiddens, (last_step_hiddens, last_step_cells) = self.lstm(
33            embedded_input, sequence_length=valid_lens)
34        # 计算多头自注意力
35        last_layers_hiddens = self.attention(last_layers_hiddens, valid_lens)
36        # 使用汇聚层得到序列的聚合表示
37        last_layers_hiddens = self.average_layer(last_layers_hiddens, valid_lens)
38        # 将其通过线性层, 获得初步的类别数值
39        logits = self.cls_fc(last_layers_hiddens)
40        return logits
```

8.2.3 模型训练

实例化组装RunnerV3的重要组件: 模型、优化器、损失函数和评价指标, 其中模型部分传入的是多头自注意力, 然后便可以开始进行模型训练. 损失函数使用的是交叉熵损失, 评价指标使用准确率, 与第8.1.3.1节的设置保持一致. 代码实现如下:

```
1   paddle.seed(2021)
2   # 交叉熵损失
3   criterion = nn.CrossEntropyLoss()
4   # 指定评价指标
5   metric = Accuracy()
6   multi_head_attn = MultiHeadSelfAttention(inputs_size=256, heads_num=8)
7   # 实例化基于LSTM的注意力模型
8   model_atten = Model_LSTMSelftAttention(hidden_size, embedding_size, vocab_size,
9       n_classes=n_classes, n_layers=n_layers, attention=multi_head_attn)
10  # 定义优化器
11  optimizer = Adam(parameters=model_atten.parameters(), learning_rate=0.001)
12  # 实例化RunnerV3
13  runner = RunnerV3(model_atten, optimizer, criterion, metric)
14  # 训练
15  runner.train(train_loader, dev_loader, num_epochs=epochs, log_steps=10, eval_steps=10,
16      save_path="./checkpoint/model_best.pdparams")
```

可视化观察训练集与验证集的损失及验证集上的准确率变化情况, 输出结果如图8.14所示.

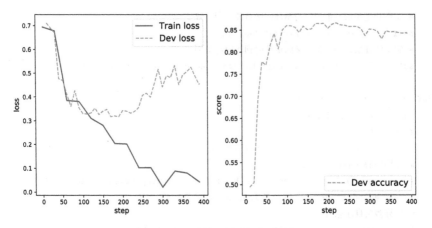

图 8.14 损失和准确率变化趋势

8.2.4 模型评价

使用测试数据对在训练过程中保存的最优模型进行评价, 观察模型在测试集上的准确率. 代码实现如下:

```
1  runner.load_model("./checkpoint/model_best.pdparams")
2  accuracy, _ = runner.evaluate(test_loader)
3  print(f"Evaluate on test set, Accuracy: {accuracy:.5f}")
```

输出结果为:

Evaluate on test set, Accuracy: 0.86520

从上面的实验可以看出:

1）基于双向 LSTM 实现文本分类的任务中, 在不加注意力机制的情况下, 测试集上的准确率为 0.86064（参考第6.4节）. 加入多头自注意力后, 准确率变成了 0.86520. 说明多头自注意力能够起到信息筛选和聚合的作用.

2）和第8.1节的点积注意力和加性注意力相比, 多头自注意力的准确率介于加性注意力和点积注意力之间. 因此在同等条件下, 多头自注意力模型的效果要优于普通的加性注意力模型, 在这三种注意力模型中, 点积注意力的准确率最高.

思考

相比上一节的注意力机制, 多头自注意力模型引入了更多的参数, 因此模型会更复杂, 通常需要更多的训练数据才能达到比较好的性能. 请思考可以从哪些角度来提升自注意力模型的性能.

动手练习 8.3

将公式(8.13)~公式(8.15)以及公式(8.17)中的线性变换改为仿射变换（即引入偏移项），重复上面实验,并观察实验结果.

8.2.5 模型预测

任取一条英文文本数据,然后使用模型进行预测,代码实现如下:

```
1  text = "this movie is so great. I watched it three times already"
2  # 句子按照空格分开
3  sentence = text.split(" ")
4  # 词转ID
5  tokens = [
6      word2id_dict[word] if word in word2id_dict else word2id_dict["[oov]"]
7      for word in sentence ]
8  # 取max_seq_len
9  tokens = tokens[:max_seq_len]
10 # 长度
11 seq_len = paddle.to_tensor([len(tokens)])
12 # 转换成张量
13 input_ids = paddle.to_tensor([tokens], dtype="int64")
14 inputs = [input_ids, seq_len]
15 # 预测
16 logits = runner.predict(inputs)
17 # 标签词表
18 id2label = {0: "消极", 1: "积极"}
19 # 取最大值的索引
20 label_id = paddle.argmax(logits, axis=1).numpy()[0]
21 # 根据索引取出输出
22 pred_label = id2label[label_id]
23 print("Label: ", pred_label)
```

输出结果为:

Label: 积极

从输出结果看,这句话的预测结果是“积极”,这句话本身的情感是正向的,说明预测结果正确.

动手练习 8.4

尝试将 LSTM 层去掉,只是用注意力层重复上面实验,观察结果并分析原因.

8.3 实践:基于自注意力模型的文本语义匹配

文本语义匹配(Text Semantic Matching)是一个十分常见的自然语言处理任务,在信息检索、问答系统、文本蕴含等任务中都需要用到文本语义匹配的技术.

比如下面三个句子,句子A和句子C的语义更相似,但是如果通过字符串匹配的方式,句子A和句子B更容易被判断为相似.

A. 什么花一年四季都开?
B. 什么花生一年四季都开?
C. 哪些花可以全年开放?

文本语义匹配任务就是希望能从语义上更准确地判断两个句子之间的关系,而不是仅仅通过字符串匹配. 令1表示"相似",0表示"不相似". 我们希望文本语义匹配模型能够达到这样的效果:输入A和B两句话,输出为0;而输入A和C两句话,输出为1.

本实践基于自注意力机制来进行文本语义匹配任务. 和前两节不同,这里只是用自注意力模型,而不是将自注意力模型叠加在LSTM模型的上面. 这里使用一个非常流行的网络结构Transformer. 由于语义匹配是一个分类任务,因此只需要用到Transformer模型的编码器.

基于Transformer编码器的文本语义匹配的整个模型结构如图8.15所示.

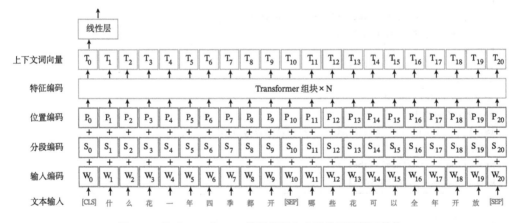

图 8.15 基于Transformer编码器的文本语义匹配模型结构

我们首先将两个句子"什么花一年四季都开""哪些花可以全年开放"进行拼接,构建"[CLS]什么花一年四季都开 [SEP] 哪些花可以全年开放 [SEP]"一个句子,其中"[CLS]"表示整个句子的特征,"[SEP]"表示两个句子的分割.这样我们可以将两个句子的匹配问题转换为一个句子的分类问题.

然后,我们将合并后的句子转换成稠密的特征向量(图中的输入编码),加入对应的位置编码和分段编码,位置编码和分段编码也是稠密的特征向量,然后输入编码,位置编码、分段编码按照位置相加,最终得到每个字符级别的特征表示,字符级别的表示包含了语义信息(输入编码),当前字符的位置信息(位置编码)和句子的信息(分段编码). 然后经过编码器得到多头自注意力机制后的输出,然后取第0个位置的句子向量接入线性层进行分类,得到最终的分类结果"相似".

8.3.1 数据集构建

LCQMC是百度知道领域的中文问题匹配数据集,该数据集是从不同领域的用户中提取出来. LCQMC的训练集的样本数量是238 766条,验证集的样本数量是4 401条,测试集的样本数量是4 401条. 其目录结构如下:

```
1  lcqmc
2      dev.csv # 验证集
3      test.csv # 测试集
4      train.tsv # 训练集
```

任取一条样本数据,这条数据由三部分组成:前两部分是文本,表示的是两句话;第三部分是标签,其中1表示的是两文本是相似的,0表示的是两文本是不相似的.

什么花一年四季都开　　什么花一年四季都是开的 1

8.3.1.1 数据加载

加载数据和词表,利用词表把句子中的每个中文字符转换成ID,这里我们将中文的每个字看作一个词. 由于数据集不同,这里使用的词表跟上面文本分类实验里的词表不同. 代码实现如下:

```
1  from utils.data import load_vocab, load_lcqmc_data
2
3  # 加载训练集、验证集、测试集
4  train_data, dev_data, test_data = load_lcqmc_data("lcqmc")
5  # 加载词表
6  word2id_dict = load_vocab()
```

8.3.1.2 构建 Dataset

构造一个LCQMCDataset类,继承**paddle.io.Dataset**类,实现对逐个数据进行处理.

LCQMCDataset的作用首先是把文本根据词表转换成ID的形式, 对于一个不在词表里的字,默认用 [UNK] 代替. 由于输入的是两句话,因此需要加入分隔符号 [SEP],并且在起始位置加入 [CLS] 占位符来代表语义级别的特征表示.

比如对于前面的示例,可以转换成如下的形式:

[CLS]什么花一年四季都开[SEP]什么花一年四季都是开的[SEP]

然后根据词表将每个词转换成相应的 ID 表示 input_ids. 除了用分隔符号 [SEP] 外, 对每个词分别加一维特征 segment_ids=0,1 来区分该词是来自哪个句子. 0 表示该词是来自第一个句子, 1 表示该词是来自第二个句子.

```
[101, 784, 720, 5709, 671, 2399, 1724, 2108, 6963, 2458, 102, 784, 720, 5709, 671, 2399, 1724, 2108, 6963,
    3221, 2458, 4638, 102]
[0, 0, 0, 0, 0, 0, 0, 0, 0, 0, 0, 1, 1, 1, 1, 1, 1, 1, 1, 1, 1, 1, 1]
```

代码实现如下:

```
1  from paddle.io import Dataset
2
3  class LCQMCDataset(Dataset):
4      def __init__(self, data, word2id_dict):
5          # 词表
6          self.word2id_dict = word2id_dict
7          # 数据
8          self.examples = data
9          # ['CLS']的id, 占位符
10         self.cls_id = self.word2id_dict['[CLS]']
11         # ['SEP']的id, 句子的分隔
12         self.sep_id = self.word2id_dict['[SEP]']
13
14     def __getitem__(self, idx):
15         # 返回单条样本
16         example = self.examples[idx]
17         text, segment, label = self.words_to_id(example)
18         return text, segment, label
19
20     def __len__(self):
21         # 返回样本的个数
22         return len(self.examples)
23
24     def words_to_id(self, example):
25         text_a, text_b, label = example
26         # text_a 转换成id的形式
27         input_ids_a = [self.word2id_dict[item] if item in self.word2id_dict else self.
                word2id_dict['[UNK]'] for item in text_a]
28         # text_b 转换成id的形式
29         input_ids_b = [self.word2id_dict[item] if item in self.word2id_dict else self.
                word2id_dict['[UNK]'] for item in text_b]
30         # 加入[CLS],[SEP]
31         input_ids = [self.cls_id]+input_ids_a +[self.sep_id] +input_ids_b + [self.sep_id]
32         # 对句子text_a、text_b做id的区分, 进行分隔
33         segment_ids = [0]*(len(input_ids_a)+2)+[1]*(len(input_ids_b)+1)
34         return input_ids, segment_ids, int(label)
```

```
35
36      @property
37      def label_list(self):
38          # 0表示不相似, 1表示相似
39          return ['0', '1']
40
41  # 加载训练集
42  train_dataset = LCQMCDataset(train_data, word2id_dict)
43  # 加载验证集
44  dev_dataset = LCQMCDataset(dev_data, word2id_dict)
45  # 加载测试集
46  test_dataset = LCQMCDataset(test_data, word2id_dict)
```

8.3.1.3 构建 DataLoader

构建 DataLoader 的目的是组装成小批量的数据,在组装数据之前,首先将文本数据转换为 ID 表示,然后把数据用 [PAD] 进行对齐. 将 [PAD] 的 ID 设为 0,补齐操作就是把 ID 序列用 0 对齐到最大长度.

对数据进行统一格式化后,使用 DataLoader 组装成小批次的数据迭代器. 代码实现如下:

```
1   from paddle.io import DataLoader
2
3   def collate_fn(batch_data, pad_val=0, max_seq_len=512):
4       input_ids, segment_ids, labels = [], [], []
5       max_len = 0
6       # print(batch_data)
7       for example in batch_data:
8           input_id, segment_id, label = example
9           # 对数据序列进行截断
10          input_ids.append(input_id[:max_seq_len])
11          segment_ids.append(segment_id[:max_seq_len])
12          labels.append(label)
13          # 保存序列最大长度
14          max_len = max(max_len, len(input_id))
15      # 对数据序列进行填充至最大长度
16      for i in range(len(labels)):
17          input_ids[i] = input_ids[i]+[pad_val] * (max_len - len(input_ids[i]))
18          segment_ids[i] = segment_ids[i]+[pad_val] * (max_len - len(segment_ids[i]))
19      return (paddle.to_tensor(input_ids), paddle.to_tensor(segment_ids),),
20          paddle.to_tensor(labels)
21
22  batch_size = 32
23  # 构建训练集、验证集、测试集的dataloader
24  train_loader = DataLoader(
25      train_dataset, batch_size=batch_size, collate_fn=collate_fn, shuffle=False)
```

```
26  dev_loader = DataLoader(
27      dev_dataset, batch_size=batch_size, collate_fn=collate_fn, shuffle=False)
28  test_loader = DataLoader(
29      test_dataset, batch_size=batch_size, collate_fn=collate_fn, shuffle=False)
30  # 打印输出一条mini-batch的数据
31  for idx, item in enumerate(train_loader):
32      if idx == 0:
33          print(item)
34          break
```

输出结果为:

```
[[ Tensor(shape=[32, 52], dtype=int64, place=CUDAPlace(0), stop_gradient=True,
        [[101 , 1599, 3614, ..., 0   , 0   , 0   ],
         [101 , 2769, 2797, ..., 0   , 0   , 0   ],
         ...,
         [101 , 3299, 1159, ..., 5023, 2521, 102 ],
         [101 , 3118, 802 , ..., 0   , 0   , 0   ]]), Tensor(shape=[32, 52], dtype=int64, place=
              CUDAPlace(0), stop_gradient=True,
        [[0, 0, 0, ..., 0, 0, 0],
         [0, 0, 0, ..., 0, 0, 0],
         ...,
         [0, 0, 0, ..., 1, 1, 1],
         [0, 0, 0, ..., 0, 0, 0]]) ], Tensor(shape=[32], dtype=int64, place=CUDAPlace(0), stop_gradient=
              True,
        [1, 1, 0, 1, 0, 1, 0, 1, 1, 1, 0, 0, 1, 0, 0, 1, 1, 1, 0, 0, 0, 1, 0, 1,
         0, 1, 0, 1, 1, 1, 0, 1])]
```

从输出结果看,第一个张量的形状是 [32, 52],其中分别是样本数量和句子长度. 如果句子本身的长度不够 52 个字符,则会补 0 处理. 第二个张量的输出的维度是 [32, 52],表示的是句子的编码,可以看到两个句子被编码成了只包含 0, 1 的向量. 最后一个张量是标签的编码,维度是 32,表示有32 个标签,1 表示该句子是相似的,0 表示该句子是不相似的.

8.3.2　模型构建

基于 Transformer 编码器的语义匹配模型由如下几部分组成:

1)嵌入层:用于输入的句子中词语的向量化表示. 除了词的嵌入外,还引入分段编码来区别不同的句子以及位置编码来表示句子中词的位置.

2)Transformer 组块:使用 Transformer 的编码组块来计算深层次的特征表示.

3)线性层:输出层,得到该句子的分类. 线性层的输入是第一个位置 [CLS] 的输出向量.

8.3.2.1 嵌入层

嵌入层是将输入的文字序列转换为向量序列. 这里除了之前的词向量外, 我们还需要引入两种编码.

1) 位置编码 (Position Embeddings): 自注意力模块本身无法感知序列的输入顺序信息, 即一个词对其他词的影响和它们之间的距离没有关系. 因此, 自注意力模块通常需要和卷积神经网络、循环神经网络一起组合使用. 如果单独使用自注意力模块, 就需要对其输入表示补充位置信息. 位置编码主要是把字的位置信息向量化.

2) 分段编码 (Segment Embeddings): 由于本实践中处理的输入序列是由两个句子拼接而成. 为了区分每个词来自哪个句子, 对每个词增加一个0,1分段标记, 表示该词来自第0或1个句子. 分段编码是将分段标记也向量化.

下面我们分别介绍这几种编码.

(1) 输入编码 输入编码 (Input Embeddings) 的作用是把输入的词转化成向量的形式. 可以将输入编码看作一个查表的操作, 对于每个词, 要将这些符号转换为向量形式. 一种简单的转换方法是通过一个嵌入表 (Embedding Lookup Table) 来将每个符号直接映射成向量表示. 这里使用paddle.nn.Embedding算子来根据输入序列中的ID信息从嵌入矩阵中查询对应嵌入向量.

在 Transformer 的输入编码的实现中, 初始化使用的是随机正态分布, 均值为 0, 标准差为 $1/\sqrt{\text{emb\_size}}$, emb_size 表示的是词向量的维度. 输入编码都乘以 $\sqrt{\text{emb\_size}}$, 使得其模与位置编码一致. 代码实现如下:

```
1  class WordEmbedding(nn.Layer):
2      def __init__(self, vocab_size, emb_size, padding_idx=0):
3          super(WordEmbedding, self).__init__()
4          # 词向量的维度
5          self.emb_size = emb_size
6          # 使用随机正态 (高斯) 分布初始化词向量
7          self.word_embedding = nn.Embedding(vocab_size, emb_size,
8              padding_idx=padding_idx, weight_attr=paddle.ParamAttr(
9                  initializer=nn.initializer.Normal(0.0, emb_size ** -0.5) ), )
10
11     def forward(self, word):
12         word_emb = self.emb_size ** 0.5 * self.word_embedding(word)
13         return word_emb
14
15  paddle.seed(2021)
16  # 构造一个输入
17  X = paddle.to_tensor([1, 0, 2])
18  # 表示构造的输入编码的词表的大小是10, 每个词的维度是4
19  word_embed = WordEmbedding(10, 4)
20  print("输入编码为: {}".format(X.numpy()))
21  word_out = word_embed(X)
```

```
22  print("输出为: {}".format(word_out.numpy()))
```

输出结果为:

输入编码为: [1 0 2]
输出为: [[−0.7112208 −0.35037443 0.7261958 −0.31876457]
 [0.   0.   0.   0.   ]
 [−0.43065292 0.35489145 1.9781216   0.12072387]]

（2）分段编码 分段编码的作用是使得模型能够接受句子对进行训练,用编码的方法使得模型能够区分两个句子. 这里指定用0来标记句子0,用1来标记句子1. 对于句子0,创建标记为0的向量,对于句子1,创建标记为1的向量. 分段编码的实现跟输入编码类似,不同在于词表的大小是2.

以下面的句子为例,

什么花一年四季都开   什么花一年四季都是开的

其分段标记为:

0 0 0 0 0 0 0 0 0   1 1 1 1 1 1 1 1 1 1 1

下面实现分段编码,将分段标记映射为向量表示. 分段编码的维度和输入编码相同. 代码实现如下:

```
1   class SegmentEmbedding(nn.Layer):
2       def __init__(self, vocab_size, emb_size):
3           super(SegmentEmbedding, self).__init__()
4           # 词向量的维度
5           self.emb_size = emb_size
6           # 分段编码
7           self.seg_embedding = nn.Embedding(vocab_size, emb_size)
8
9       def forward(self, word):
10          seg_embedding = self.seg_embedding(word)
11          return seg_embedding
```

（3）位置编码 为了使自注意力模块可以感知序列的顺序信息,Transformer给编码层输入添加了一个额外的位置编码. 位置编码的目的是让自注意力模块在计算时引入词之间的距离信息.

下面我们用三角函数（正弦或者余弦）来编码位置信息. 假设位置编码的维度为D,则其中每一维的值为

$$\boldsymbol{p}_{t,2i} = \sin\left(\frac{t}{10000^{2i/D}}\right), \tag{8.23}$$

$$\boldsymbol{p}_{t,2i+1} = \cos\left(\frac{t}{10000^{2i/D}}\right), \tag{8.24}$$

其中 t 是指当前词在句子中的位置, $0 \leqslant i \leqslant \frac{D}{2}$ 为编码向量的维数. 在偶数维, 使用正弦编码. 在奇数维, 使用余弦编码. 代码实现如下:

```
1   # seq_len 为序列长度, hidden_size为词向量的维度.
2   def get_sinusoid_encoding(seq_len, hidden_size):
3       """位置编码 """
4       def cal_angle(pos, hidden_idx):
5           # hidden_idx为词向量的维编号, 上面公式里的 i = hid_idx // 2
6           return pos / np.power(10000, 2 * (hidden_idx // 2) / hidden_size)
7
8       def get_pos_angle_vec(pos):
9           return [cal_angle(pos, hidden_j) for hidden_j in range(hidden_size)]
10
11      sinusoid = np.array([get_pos_angle_vec(pos_t) for pos_t in range(seq_len)])
12      # dim 2i 偶数正弦
13      # 从0开始, 每隔2间隔求正弦值
14      sinusoid[:, 0::2] = np.sin(sinusoid[:, 0::2])
15      # dim 2i + 1 奇数余弦
16      # 从1开始, 每隔2间隔取余弦值
17      sinusoid[:, 1::2] = np.cos(sinusoid[:, 1::2])
18      # seq_len × hidden_size 得到每一个词的位置向量
19      return sinusoid.astype("float32")
```

利用上面的三角函数来实现位置编码, 代码实现如下:

```
1   class PositionalEmbedding(nn.Layer):
2       def __init__(self, max_length, emb_size):
3           super(PositionalEmbedding, self).__init__()
4           self.emb_size = emb_size
5           # 使用三角函数初始化词向量
6           self.pos_encoder = nn.Embedding(max_length, self.emb_size,
7               weight_attr=paddle.ParamAttr(
8                   initializer=nn.initializer.Assign(
9                       get_sinusoid_encoding(max_length, self.emb_size) ) ), )
10
11      def forward(self, pos):
12          pos_emb = self.pos_encoder(pos)
13          # 关闭位置编码的梯度更新
14          pos_emb.stop_gradient = True
15          return pos_emb
```

为了对使用三角函数的位置编码有个直观了解, 这里对三角函数初始化的值进行可视化, 代码实现如下:

```
1   model = PositionalEmbedding(emb_size=20, max_length=5000)
2   # 生成0~99这100个数, 表示0~99这100个位置
```

```
3  size = 100
4  X= paddle.arange((size)).reshape([1, size])
5  # 对这100个位置进行编码，得到每个位置的向量表示
6  # y: [1, 100, 20]
7  y = model(X)
8  # 把这100个位置的第4、5、6列的数据可视化出来
9  plot_curve(size,y)
```

输出结果如图8.16所示，位置编码本质上是一个和位置相关的正弦曲线，每个维度的正弦波的频率和大小不一样，取值范围在 $[-1,1]$ 之间.

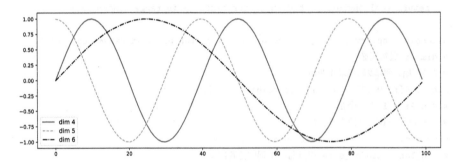

图 8.16 位置编码的可视化

动手练习 8.5

基于三角函数的位置编码，计算任意两个位置的点积，观察是否可以推断出两个位置的距离信息.

思考

总结基于三角函数的位置编码的优缺点，并思考更好的位置编码方式.

（4）嵌入层汇总 最后，我们把输入编码、分段编码和位置编码进行相加，并对加和后的向量进行层规范化和暂退操作，代码如下：

```
1  class TransformerEmbeddings(nn.Layer):
2      """
3      包括输入编码、分段编码、位置编码
4      """
5      def __init__(self, vocab_size, hidden_size=768, hidden_dropout_prob=0.1,
6              seq_len=512, segment_size=2):
7          super(TransformerEmbeddings, self).__init__()
```

```
8          # 输入编码向量
9          self.word_embeddings = WordEmbedding(vocab_size, hidden_size)
10         # 位置编码向量
11         self.position_embeddings = PositionalEmbedding(seq_len, hidden_size)
12         # 分段编码向量
13         self.segment_embeddings = SegmentEmbedding(segment_size, hidden_size)
14         # 层规范化
15         self.layer_norm = nn.LayerNorm(hidden_size)
16         # 暂退操作
17         self.dropout = nn.Dropout(hidden_dropout_prob)
18
19     def forward(self, input_ids, segment_ids = None, position_ids = None):
20         if position_ids is None:
21             # 初始化全1的向量，比如[1,1,1,1]
22             ones = paddle.ones_like(input_ids, dtype="int64")
23             # 累加输入,求出序列前K个的长度,比如[1,2,3,4]
24             seq_length = paddle.cumsum(ones, axis=-1)
25             # position id的形式，比如[0,1,2,3]
26             position_ids = seq_length - ones
27             # 梯度不更新
28             position_ids.stop_gradient = True
29
30         # 输入编码
31         input_embedings = self.word_embeddings(input_ids)
32         # 分段编码
33         segment_embeddings = self.segment_embeddings(segment_ids)
34         # 位置编码
35         position_embeddings = self.position_embeddings(position_ids)
36         # 输入张量、分段张量、位置张量进行叠加
37         embeddings = input_embedings + segment_embeddings + position_embeddings
38         # 层规范化
39         embeddings = self.layer_norm(embeddings)
40         # 暂退操作
41         embeddings = self.dropout(embeddings)
42
43         return embeddings
```

8.3.2.2 Transformer 组块

Transformer编码器由多个Transformer组块叠加而成. 一个Transformer组块的结构如图8.17所示,共包含四个模块:多头注意力层、加与规范化层、前馈层、加与规范化层.

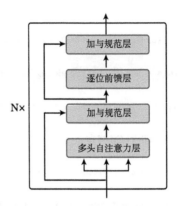

图 8.17　Transformer 组块结构

　　下面我们分别实现这几个层.

多头自注意力层　多头自注意力层使用在第8.2.1.3节中定义的 `MultiHeadSelfAttention` 算子.

加与规范层　加与规范（Add&Norm）层的主要功能是加入残差连接（Residual Connection）与层规范化（Layer Normalization）两个组件, 使得网络可以更好地训练. 残差连接有助于避免深度网络中的梯度消失问题, 而层规范化保证数据特征分布的稳定性, 网络的收敛性更好.

　　在 Transformer 组块, 有两个地方使用了加与规范层, 这里是第一次使用. 假设多头自注意力层的输入和输出分别为 $X \in \mathbb{R}^{B \times L \times D}$ 和 $H \in \mathbb{R}^{B \times L \times D}$, 加与规范层可以写为

$$H = \mathrm{LN}(H + X), \tag{8.25}$$

$\mathrm{LN}(\cdot)$ 表示层规范化操作.

　　加与规范层的实现如下, 这里还对 H 进行了暂退操作. 代码实现如下：

```
1  class AddNorm(nn.Layer):
2      """加与规范化"""
3      def __init__(self, size, dropout_rate):
4          super(AddNorm, self).__init__()
5          self.layer_norm = nn.LayerNorm(size)
6          self.dropout = nn.Dropout(dropout_rate)
7
8      def forward(self, X, H):
9          """
10             X：表示被包裹的非线性层的输入
11             H：表示被包裹的非线性层的输出
12         """
13         H = X + self.dropout(H)
14         return self.layer_norm(H)
```

思考

在 Transformer 的具体实现中, 层规范化操作的位置有两种, 分别称为 PreNorm 和 PostNorm. 假设要给非线性 $H = f(X)$ 加上加与规范层, 则 PreNorm 和 PostNorm 分别定义为:

$$\text{PreNorm}: \quad H = X + f(\text{LN}(X)),$$
$$\text{PostNorm}: \quad H = \text{LN}(f(X) + X),$$

很多研究表明, PreNorm 更容易训练, 但 PostNorm 上限更佳. 请分析其背后的原因.

逐位前馈层　逐位前馈层/逐位前馈网络 (position-wised Feed Forward Networks, FFN) 是两层全连接神经网络, 使用 ReLU 激活函数. 将每个位置的特征表示进行融合变换, 类似于更复杂的核大小为 1 的 "卷积".

假设逐位前馈层的输入为张量 $H \in \mathbb{R}^{B \times L \times D}$, 其中 B、L、D 分别表示输入张量的批大小、序列长度和特征维度, 则前馈层的计算公式为

$$\text{FNN}(H) = \max(0, HW_1 + b_1)W_2 + b_2, \tag{8.26}$$

其中 $W_1 \in \mathbb{R}^{D \times D'}, W_2 \in \mathbb{R}^{D' \times D}, b_1 \in \mathbb{R}^{D'}, b_2 \in \mathbb{R}^{D}$ 是可学习的参数,

逐位前馈层的代码实现如下:

```
1   class PositionwiseFFN(nn.Layer):
2       """逐位前馈层"""
3       def __init__(self, input_size, mid_size, dropout=0.1):
4           super(PositionwiseFFN, self).__init__()
5           self.W_1 = nn.Linear(input_size, mid_size)
6           self.W_2 = nn.Linear(mid_size, input_size)
7           self.dropout = nn.Dropout(dropout)
8
9       def forward(self, X):
10          return self.W_2(self.dropout(F.relu(self.W_1(X))))
```

加与规范层　逐位前馈层之后是第二个加与规范层, 实现和第一个加与规范层一样, 这里就不再重复.

Transformer 组块汇总　汇总上面的 4 个模块, 构建 Transformer 组块. 代码实现如下:

```
1   class TransformerBlock(nn.Layer):
2       def __init__(self, input_size, head_num, ffn_size, dropout=0.1,
3               attn_dropout=None, act_dropout=None):
4           super(TransformerBlock, self).__init__()
5           # 输入数据的维度
```

```
6        self.input_size = input_size
7        # 多头自注意力多头的个数
8        self.head_num = head_num
9        # 逐位前馈层的大小
10       self.ffn_size = ffn_size
11       # 加与规范化的Dropout的参数
12       self.dropout = dropout
13       # 多头自注意力的Dropout参数
14       self.attn_dropout = dropout if attn_dropout is None else attn_dropout
15       # 逐位前馈层的Dropout参数
16       self.act_dropout = dropout if act_dropout is None else act_dropout
17       # 多头自注意力层
18       self.multi_head_attention = nn.MultiHeadAttention(
19           self.input_size,
20           self.head_num,
21           dropout=self.attn_dropout,
22           need_weights=True,)
23       # 逐位前馈层
24       self.ffn = PositionwiseFFN(self.input_size, self.ffn_size, self.act_dropout)
25       # 加与规范层
26       self.addnorm = AddNorm(self.input_size, self.dropout)
27
28   def forward(self, X, src_mask=None):
29       # 多头自注意力层
30       X_atten, atten_weights = self.multi_head_attention(X, attn_mask=src_mask)
31       # 加与规范层
32       X = self.addnorm(X, X_atten)
33       # 逐位前馈层
34       X_ffn = self.ffn(X)
35       # 加与规范层
36       X = self.addnorm(X, X_ffn)
37       return X, atten_weights
```

8.3.2.3　模型汇总

接下来,我们将嵌入层、Transformer 组块、线性输出层进行组合,构建 Transformer 模型.

Transformer 模型主要是输入编码、分段编码、位置编码、Transformer 组块和最后的全连接分类器. 代码实现如下:

```
1 class Model_Transformer(nn.Layer):
2 def __init__(self, vocab_size, n_block=2, hidden_size=768, heads_num=12,
3          intermediate_size=3072, hidden_dropout=0.1, attention_dropout=0.1,
4          act_dropout=0, seq_len=512, num_classes=2):
5     super(Model_Transformer, self).__init__()
6     # 词表大小, 即包含词的数量
```

```
 7          self.vocab_size = vocab_size
 8          # Transformer组块的数目
 9          self.n_block = n_block
10          # 每个词映射成稠密向量的维度
11          self.hidden_size = hidden_size
12          # 多头自注意力的个数
13          self.heads_num = heads_num
14          # 逐位前馈层的维度
15          self.intermediate_size = intermediate_size
16          # Transformer组块的三个子模块中的暂退操作的参数
17          self.hidden_dropout = hidden_dropout
18          self.attention_dropout = attention_dropout
19          self.act_dropout = act_dropout
20          # 位置编码的大小seq_len
21          self.seq_len = seq_len
22          # 类别数
23          self.num_classes = num_classes
24          # 实例化输入编码、分段编码和位置编码
25          self.embeddings = TransformerEmbeddings(
26              self.vocab_size, self.hidden_size, self.hidden_dropout, self.seq_len)
27          # 实例化Transformer的编码器
28          self.layers = nn.LayerList([])
29          for i in range(n_block):
30              encoder_layer = TransformerBlock(hidden_size, heads_num, intermediate_size,
31                  dropout=hidden_dropout, attn_dropout=attention_dropout, act_dropout=
                        act_dropout,)
32              self.layers.append(encoder_layer)
33          # 全连接层
34          self.dense = nn.Linear(hidden_size, hidden_size)
35          # 双曲正切激活函数
36          self.activation = nn.Tanh()
37          # 最后一层分类器
38          self.classifier = nn.Linear(hidden_size, num_classes)
39
40      def forward(self, inputs, position_ids=None, attention_mask=None):
41          input_ids, segment_ids = inputs
42          # 构建掩码矩阵，把[PAD]的位置即input_ids中为0的位置设置为True,非0的位置设置为False
43          if attention_mask is None:
44              attention_mask = paddle.unsqueeze(
45                  (input_ids == 0).astype("float32") * -1e9, axis=[1, 2] )
46          # 抽取特征向量
47          embedding_output = self.embeddings(
48              input_ids=input_ids, position_ids=position_ids, segment_ids=segment_ids )
49          sequence_output = embedding_output
50          self._attention_weights = []
```

```
51        # Transformer的输出和注意力权重的输出
52        for i, encoder_layer in enumerate(self.layers):
53            sequence_output, atten_weights = encoder_layer(
54                sequence_output, src_mask=attention_mask )
55            self._attention_weights.append(atten_weights)
56        # 选择第0个位置的向量作为句向量
57        first_token_tensor = sequence_output[:, 0]
58        # 输出层
59        pooled_output = self.dense(first_token_tensor)
60        pooled_output = self.activation(pooled_output)
61        # 句子级别的输出经过分类器
62        logits = self.classifier(pooled_output)
63        return logits
64
65    @property
66    def attention_weights(self):
67        return self._attention_weights
```

8.3.3   模型训练

在模型构建完成之后,我们使用RunnerV3类来进行模型的训练、评价、预测等过程. 使用交叉熵损失函数和 AdamW 优化器,从DataLoader中取数据进行前向和反向训练,每隔 100 步输出一次日志,每隔 500 步在验证集上计算一次准确率. 训练 3 个回合,保存在验证集上准确率最好的模型为最优模型. 代码实现如下:

```
1  paddle.seed(2021)
2  # 词表大小
3  vocab_size = 21128
4  num_classes = len(label_list)
5  # 多头自注意力的数目
6  heads_num = 4
7  # 交叉熵损失
8  criterion = nn.CrossEntropyLoss()
9  # 评价指标采用准确率
10 metric = Accuracy()
11 # Transformer的分类模型
12 model = Model_Transformer(vocab_size=vocab_size, n_block=1, num_classes=num_classes,
       heads_num=heads_num)
13 # 权重衰减时,排除所有的偏置和LayerNorm的参数
14 decay_params = [
15     p.name
16     for n, p in model.named_parameters()
17     if not any(nd in n for nd in ["bias", "norm"]) ]
18 # 定义优化器
```

```
19  optimizer = paddle.optimizer.AdamW(learning_rate=5e-5, parameters=model.parameters(),
20      weight_decay=0.0, apply_decay_param_fun=lambda x: x in decay_params,)
21  # 实例化RunnerV3
22  runner = RunnerV3(model, optimizer, criterion, metric)
23  # 训练
24  runner.train(train_loader, dev_loader, num_epochs=3, log_steps=100, eval_steps=500,
        save_path="./checkpoint/model_best.pdparams")
```

图8.18展示了训练过程中的损失和准确率变化曲线.

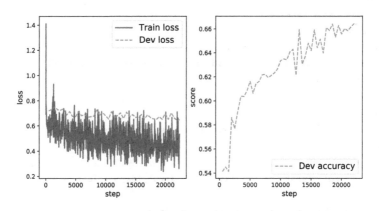

图 8.18 基于Transformer模型的语义匹配任务的损失和准确率变化趋势

从输出结果看,随着训练过程的进行,模型在训练集和测试集上的损失不断下降.

8.3.4 模型评价

模型评价使用test_loader进行评价,并输出准确率.

```
1  runner.load_model("./checkpoint/model_best.pdparams")
2  accuracy, _ = runner.evaluate(test_loader)
3  print(f"Evaluate on test set, Accuracy: {accuracy:.5f}")
```

输出结果为:

Evaluate on test set, Accuracy: 0.66485

动手练习 **8.6**

叠加多层的 Transformer 组块,观察对比实验效果.

8.3.5　模型预测

从测试的数据集中取出一条数据,先用word2id_dict编码变成ID的形式,再输入到模型中进行预测输出,代码实现如下:

```
 1  text_a = "电脑怎么录像? "
 2  text_b = "如何在计算机上录视频"
 3  # [CLS]转换成id
 4  cls_id = word2id_dict["[CLS]"]
 5  # [SEP]转换成id
 6  sep_id = word2id_dict["[SEP]"]
 7  # text_a转换成id的形式
 8  input_ids_a = [
 9      word2id_dict[item] if item in word2id_dict else word2id_dict["[UNK]"]
10      for item in text_a ]
11  # text_b转换成id的形式
12  input_ids_b = [
13      word2id_dict[item] if item in word2id_dict else word2id_dict["[UNK]"]
14      for item in text_b ]
15  # 两个句子拼接成id的形式
16  input_ids = [cls_id]+ input_ids_a + [sep_id] + input_ids_b + [sep_id]
17  # 分段id的形式
18  segment_ids = [0]*(len(input_ids_a)+2)+[1]*(len(input_ids_b)+1)
19  # 转换成张量
20  input_ids = paddle.to_tensor([input_ids])
21  segment_ids = paddle.to_tensor([segment_ids])
22  inputs = [input_ids, segment_ids]
23  # 模型预测
24  logits = runner.predict(inputs)
25  # 取概率值最大的索引
26  label_id = paddle.argmax(logits, axis=1).numpy()[0]
27  print('预测的label标签 {}'.format(label_id))
```

输出结果为:

预测的label标签 1

可以看到预测的标签是"1",表明这两句话是相似的,这说明预测的结果是正确的.

8.3.6　注意力可视化

为了验证注意力机制学到了什么,本节把注意力机制的权重提取出来,然后进行可视化分析.代码实现如下:

```
 1  # 加载模型
```

```
 2  model_path = "./checkpoint/model_best.pdparams"
 3  loaded_dict = paddle.load(model_path)
 4  model.load_dict(loaded_dict)
 5  model.eval()
 6  # 输入一条样本
 7  text_a = '电脑怎么录像？'
 8  text_b = '如何在计算机上录视频'
 9  texts = ['CLS']+list(text_a)+['SEP']+list(text_b)+['SEP']
10  # text_a和text_b分别转换成id的形式
11  input_ids_a = [
12      word2id_dict[item] if item in word2id_dict else word2id_dict["[UNK]"]
13      for item in text_a ]
14  input_ids_b = [
15      word2id_dict[item] if item in word2id_dict else word2id_dict["[UNK]"]
16      for item in text_b ]
17  # text_a和text_b拼接
18  input_ids = [cls_id]+ input_ids_a + [sep_id] + input_ids_b + [sep_id]
19  # 分段编码的id的形式
20  segment_ids = [0]*(len(input_ids_a)+2)+[1]*(len(input_ids_b)+1)
21  print("输入的文本：{}".format(texts))
22  print("输入的id形式：{}".format(input_ids))
23  # 转换成张量
24  input_ids = paddle.to_tensor([input_ids])
25  segment_ids = paddle.to_tensor([segment_ids])
26  inputs = [input_ids, segment_ids]
27  # 开启评价模式
28  model.eval()
29  # 模型预测
30  with paddle.no_grad():
31      pooled_output = model(inputs)
32  # 获取多头自注意力权重
33  atten_weights = model.attention_weights.numpy()
```

将注意力权重atten_weights进行可视化. 代码实现如下:

```
 1  data_attention = atten_weights[0]
 2  plt.clf()
 3  font_size = 25
 4  font = FontProperties(fname="simhei.ttf", size=font_size)
 5  # 可视化其中的head, 总共heads_num个head
 6  for head in range(heads_num):
 7      data = pd.DataFrame(data=data_attention[head], index=texts, columns=texts)
 8      f, ax = plt.subplots(figsize=(13, 13))
 9      # 使用heatmap可视化
10      sns.heatmap(data, ax=ax, cmap="OrRd", cbar=False)
```

```
11      # y轴旋转270度
12      label_y = ax.get_yticklabels()
13      plt.setp(label_y, rotation=270, horizontalalignment="right", fontproperties=font)
14      # x轴旋转0度
15      label_x = ax.get_xticklabels()
16      plt.setp(label_x, rotation=0, horizontalalignment="right", fontproperties=font)
17      plt.show()
```

图8.19给出了4个头的注意力权重矩阵的可视化.

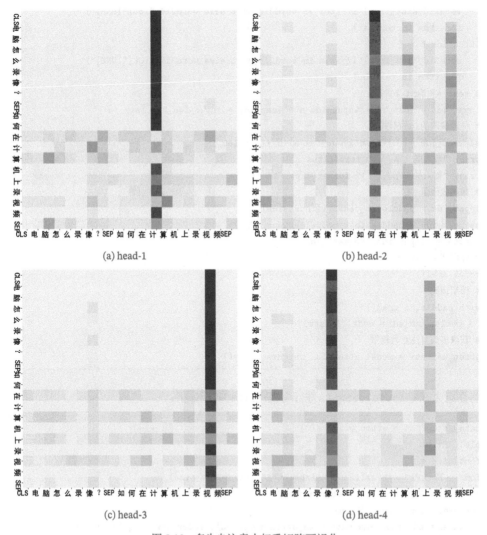

图 8.19 多头自注意力权重矩阵可视化

可视化图中的颜色越深,表示对应的权重越高,可以看到第一个位置的 [CLS] 跟"计""视""像""何"

的关系比较大. 另外, 第二句话里面的"计"与"视"跟第一句话里面的"录像""电脑"等词关系比较大. 对于同一个句子内,"视"和"频"的关系很大等.

动手练习 8.7

在练习 8.4 中, 我们尝试将 LSTM 层去掉, 只是用注意力层进行文本分类实验. 这里进一步使用 Transformer 编码器进行文本分类实验. 注意, 当处理一般的分类任务时, 嵌入层中可以不需要分段编码.

8.4 小结

本章介绍注意力机制的基本概念和代码实现. 首先在上一章实践的基础上引入注意力机制来改进文本分类任务的效果, 并进一步实现了多头自注意力模型来提高神经网络能力.

在实践部分, 我们进一步利用多头自注意力复现了 Transformer 编码器模型. 由于自注意力模型本身无法建模序列中的位置信息, 因此 Transformer 模型引入了位置编码、分段编码等信息. 最后, 我们用 Transformer 编码器模型完成一个文本语义匹配任务.

推荐阅读

神经网络与深度学习

书号: 978-7-111-64968-7 作者: 邱锡鹏 著 定价: 149.00元

豆瓣评分9.4、GitHub万星的"蒲公英书"
广为流传的深度学习讲义官方正式版
复旦大学计算机学院邱锡鹏教授潜心力作
人工智能领域大咖周志华、李航联袂推荐

本书是深度学习领域的入门教材,系统地整理了深度学习的知识体系,并由浅入深地阐述了深度学习的原理、模型以及方法,使得读者能全面地掌握深度学习的相关知识,并提高以深度学习技术来解决实际问题的能力。

邱锡鹏博士是自然语言处理领域的优秀青年学者,对近年来广为使用的神经网络与深度学习技术有深入钻研。这本书是他认真写就,对该领域初学者大有裨益。

—— 周志华(南京大学计算机系主任、人工智能学院院长,欧洲科学院外籍院士)

近十年来,得益于深度学习技术的重大突破,人工智能领域得到迅猛发展,取得了许多令人惊叹的成果。邱锡鹏教授撰写的《神经网络和深度学习》是国内出版的第一部关于深度学习的专著。邱教授在自然语言处理、深度学习领域做出了许多业界领先的工作,他所讲授的同名课程深受学生们的好评,该课程的讲义也在网上广为流传。本书是基于他多年来研究、教学第一线的丰富经验撰写而成,内容详尽,叙述严谨,图文并茂,通俗易懂。确信一定会得到广大读者的喜爱。强烈推荐!

—— 李航(字节跳动AI Lab Director,ACL Fellow,IEEE Fellow)

推荐阅读

机器学习：从基础理论到典型算法（原书第2版）

作者：[美]梅尔亚·莫里 等 ISBN：978-7-111-70894-0 定价：119.00元

情感分析：挖掘观点、情感和情绪（原书第2版）

作者：[美] 刘兵 ISBN：978-7-111-70937-4 定价：129.00元

优化理论与实用算法

作者：[美]米凯尔·J.科申德弗 等 ISBN：978-7-111-70862-9 定价：129.00元

机器学习：贝叶斯和优化方法（原书第2版）

作者：[希]西格尔斯·西奥多里蒂斯 ISBN：978-7-111-69257-7 定价：279.00元

神经机器翻译

作者：[德]菲利普·科恩 ISBN：978-7-111-70101-9 定价：139.00元

对偶学习

作者：秦涛 ISBN：978-7-111-70719-6 定价：89.00元